教育部高等学校轻工类专业教学指导委员会“十四五”规划教材

U0888772

# 印刷质量与标准化

郑元林　等编著

第2版

化学工业出版社
·北京·

**内容简介**

本书以印刷品质量检测与控制的标准化为目标，系统地介绍了印刷质量标准化的基本内容、方法、手段以及印刷认证等内容。本书介绍了印刷质量标准化的基础，主要包括 PDF 文件、颜色模式、阶调值、灰平衡、色序与叠印率等；结合 ISO 标准介绍了印刷品主观评价的条件、软打样显示器的要求以及软打样系统的要求等内容；结合国家标准和印刷行业实际介绍了用于各工艺的测控条，并以 GATF 和 Altona 测试版为例介绍了印刷测试版等内容；结合标准介绍了印刷品质量的抽样规则，以及不同类型印刷品的评价规范，给出了印刷品的综合检测方法，并简要介绍了印刷质量检测系统；讲解了标准与标准化，特别是印刷标准化中用到的特性化数据，并结合 ISO 标准介绍了印刷的质量控制规范；介绍了印刷工业中几个重要的认证。

本书可作为高等院校印刷类专业本科、专科教材，印刷工程专业方向的研究生教材，也可作为从事印刷科研和生产管理的工程技术人员的参考书。

**图书在版编目（CIP）数据**

印刷质量与标准化 / 郑元林等编著. -- 2 版.
北京 : 化学工业出版社，2025. 7. -- (教育部高等学校轻工类专业教学指导委员会“十四五”规划教材).
ISBN 978-7-122-47893-1

Ⅰ. TS807

中国国家版本馆 CIP 数据核字第 2025TV1859 号

责任编辑：李玉晖　　　　文字编辑：林　丹　陈立璞
责任校对：李露洁　　　　装帧设计：张　辉

出版发行：化学工业出版社
（北京市东城区青年湖南街 13 号　邮政编码 100011）
印　　装：大厂回族自治县聚鑫印刷有限责任公司
787mm×1092mm　1/16　印张 10¼　彩插 12　字数 246 千字
2025 年 10 月北京第 2 版第 1 次印刷

购书咨询：010-64518888　　售后服务：010-64518899
网　　址：http://www.cip.com.cn
凡购买本书，如有缺损质量问题，本社销售中心负责调换。

定　　价：52.00 元

版权所有　违者必究

# 前言

标准化是促进技术和管理的交流与合作、推动产业升级、提高产业竞争力、实现可持续发展的重要手段，印刷工业也不例外。目前，印刷工业已经进入充分竞争时代。印刷标准化作为现代印刷企业持续发展的原动力，不仅在成本控制、生产效率、产品质量以及安全生产等方面发挥着举足轻重的作用，而且可以使企业不断提高和强化市场竞争力，实现企业的发展战略目标，推进企业长足发展。因此，印刷企业实行标准化是印刷企业发展的重要技术支撑，标准化程度的高低直接关系着印刷品质量水平的高低。在印刷工程教育中，印刷质量与标准化课程也被作为核心课程列在教学计划中。

本书结合 ISO 标准、国家标准、行业标准等，系统介绍了实施印刷质量标准化的基础知识，评价和控制的方法、手段、规范等一系列内容。在编写过程中既注重本科教学的理论性，又尽可能地结合了印刷工业的生产实际，同时注重将印刷质量相关的新技术、新方法、新标准等引入本教材。本书作为教材的参考学时为 40 学时，在实际教学中可以根据教学安排适当调整。

本书第 1 版 2018 年 7 月出版。近几年来，相关标准的更新工作进展很快，例如新制订了 GB/T 41466—2022《印刷技术 彩色软打样系统要求》、GB/T 41467—2022《印刷技术 专色阶调值的测量与计算》、GB/T 41468—2022《印刷技术 印前数据交换 阶调调整曲线》、GB/T 41598—2022《印刷技术 彩色打样用显示器 性能指标》等国家标准，CY/T 251—2022～CY/T 261—2022 等行业标准，以及 ISO 23498:2022、ISO 28178:2022、ISO 5776:2022 等国际标准，在本书中对相关内容进行了更新。本次修订结合工业实践补充了知识点，例如在相关标准及认证中越来越多使用色度差 $\Delta C_h$ 来评价，因此在修订时增加了该内容。由于印刷相关认证已经成了企业发展的必由之路，本次修订还强化了认证相关的内容，力争使本书成为认证的实用指导书。本书同步开发数字教材，以适应数字赋能新形态教学改革的发展。

本书编写分工如下：第一、六章由齐鲁工业大学褚夫强编写，第二章由湖南工业大学钟云飞编写，第三章由天津科技大学张正健编写，第四章由西安真原色图像科技有限公司谢雨林编写，第五章由西安理工大学李怀林编写，第七章由哈尔滨商业大学王君编写，第八章由西安理工大学郑元林编写，第九章由富士胶片商业创新（中国）有限公司赵广编写。全书由郑元林统稿。

本书由齐鲁工业大学林茂海老师主审。

限于编者学识水平，书中难免有不足之处，恳请各位专家学者及广大读者批评指正。

编　者

# 目 录

# ·第一章·

# 绪　论

## 一、质量与印刷质量

GB/T 19000—2016《质量管理体系　基础和术语》指出，质量是“客体的一组固有特性满足要求的程度”。这里的“客体”是可感知或可想象的任何事物，它可以是物质的或想象的，例如，产品、服务、过程、人员、组织、体系、资源等；“特性”是可区分的特征，它可以是固有的或赋予的，也可以是定性的或定量的；“要求”则是明示的、通常隐含的或必须履行的需求或期望。一个关注质量的组织倡导一种通过满足顾客和其他有关相关方的需求和期望来实现其价值的文化，这种文化将反映在其行为、态度、活动和过程中。产品和服务的质量不仅包括其预期的功能和性能，而且还涉及顾客对其价值和受益的感知。

印刷质量是指印刷产品满足消费者需要的各种图文信息复制质量特性的总和，包含印刷最终产品的质量（即印刷品质量）以及印刷过程的质量（即印刷复制质量）。

印刷品质量的内涵包括以下几个方面：

① 印刷品接近原稿的程度；

② 印张对付印样的接近程度；

③ 同批印刷品的合格率和同批印刷品之间的一致程度。

前两项和印刷品的绝对质量有关，后一项和印刷品的相对质量有关。

印刷复制质量是指整个印刷复制过程中图文信息再现的质量，包括图像质量和文字质量，是印刷品质量的主要评判标准。图像质量和文字质量的特征参数既是质量评价的参数，也是质量管理中的目标参数。

### 1. 图像质量特征参数

图像质量特征参数可分为下列四种：阶调与色彩再现、图像分辨率、外观质量，以及表面特性。下面按此顺序进行说明。

阶调和色彩再现是指印刷复制图像的阶调平衡、色彩外观跟原稿相对应的情况。就黑白复制来说，通常都用原稿和复制品间的密度对应关系表示阶调再现的情况（复制曲线）。就彩色复制品来说，色相、饱和度与明度数值更具有实际意义。印刷图像的阶调与色彩再现能力不仅受到所用的油墨、承印材料以及实际印刷方法固有特性的影响，而且也常受到经济方面的制约。例如在多色印刷时，采用高保真印刷工艺就能够取得比较高的复制质量，可那是以提高成本为代价的。所以对以画面为主题的印刷品来说，所谓阶调与色彩的最佳复制就是在印刷装置的各种制约因素与能力极限之内，综合原稿主题的各种要求，产生出多数人认为是高质量印刷图像的工艺与技术。关于阶调与色彩的最佳复制问题后边还将比较详细地叙述。

最佳复制中的图像分辨率问题，包括分辨率与清晰度两方面的内容。印刷图像的分辨率主要取决于网目线数，但网目线数是受承印材料与印刷方法制约的。人的眼睛能够分辨的网目线数可以达到每英寸（1in=0.0254m）250 线，但实际生产中，并不总能采用最高网线数。此外，分辨率还受到套准变化的影响。清晰度是指阶调边缘上的反差。在分色机上，通过电子增强方法能够调整图像的清晰度。但是，人们至今还不知道清晰度的最佳等级是什么。倘若增强太多，会使风景或肖像之类的图像看起来与实际不符，但像织物及机械产品的图像却能提高表现效果与感染力。

龟纹、杠子、颗粒性、水迹、墨斑等都会影响图像的外观质量。在网点图像中，有些龟纹图形（如玫瑰斑）是正常的，但当网目角度发生偏差时，就会产生不好的龟纹图形。影响图像颗粒性的因素很多，纸张平滑度、印版的砂目粗细都与图像的颗粒性相关。从技术角度讲，除龟纹与颗粒图形之外，人们可以使其他多数引起图像外观不均匀性的斑点与故障图形接近于零。

印刷图像的表面特性包括光泽度、纹理等。对光泽度的要求依据原稿性质与印刷图像的最终用途而定。一般来说，复制照相原稿时，使用高光泽度的纸张效果较好。在实际印刷中，有时需要使用亮油来增强主题图像的光泽度。光泽度高，会降低表面的光散射，从而增强色彩饱和度与暗度。然而，用高光泽度的纸张来复制水彩画或铅笔画时效果并不太好，使用非涂料纸或者无光涂料纸却可以产生较好的复制效果。纸张的纹理会在某种程度上损坏图像，通常应避免使用有纹理的纸张复制照相原稿。但使用非涂料纸复制美术品时，纸张原有的纹理会使印刷品产生更接近于原稿的感觉。

### 2. 文字质量特征参数

最佳文字质量的定义是非常明确的，它们必须没有下列物理缺陷：堵墨、字符破损、白点、边缘不清、多余墨痕等。

文字的密度应该很高。实际上，文字的密度受可印墨层厚度的限制。

笔画和字面的宽度应该同设计人员绘制的原始字体一致。字体的笔画与字面宽度也受墨层厚度的影响。墨层比较厚的时候，产生的变形就会比较大，在一定的墨层厚度条件下，小号字产生的变形要比大号字产生的变形明显得多。为了获得最佳的复制效果，笔画宽度的变化应该保持在字体设计人员或制造人员所定规范的 5%以内，字符尺寸应保持在原稿规范的0.025～0.050mm 以内。

综上所述，图像质量特征参数包括阶调与色彩再现、图像分辨率、外观质量以及表面特性。印刷图像的表面特性包括光泽度、纹理和平整度，龟纹、水迹、墨斑等都会影响印刷品的外观质量。文字质量特征参数包括字迹不糊，无缺笔断画、斑点、滋墨等缺陷，文字密度符合标准。印刷生产是批量生产，保证印刷品之间的一致性是非常重要的内容。评价同一批印刷品的质量时，应该包括印刷品质量的一致性和对每件印刷品质量评价的内容，这是印刷品质量管理的要点。

## 二、印刷质量评判的演化

### 1. 传统的评判方式到现代的评判方式

评价方式经历了从传统的用眼睛、靠直觉、凭经验、描述感受的主观评判方式到现代的用仪器、靠数据、凭标准、描述异同的客观评判方式的发展过程。

### 2. 定性为主到定量为主的评判标准

过去定性要求多，文字描述为主，具体如下：

① 画面整洁，无水迹、油迹和条痕；

② 无墨皮、纸毛、背面蹭脏、重影、飞墨、浮脏等；

③ 文字、线条轮廓清晰完整，网点光洁，失真少；

④ 充分体现和反映原稿的风格与特点，质地感强；

⑤ 墨层色泽柔和、层次分明，景深清楚，拼接整齐，墨色协调一致；

⑥ 无褶皱、折角、糊版和花版，不堆墨等；

⑦ 不偏色，不发闷，人物肤色纯真，真实感强，实地平服；

⑧ 套印准确，边框正反面对齐等。

现在多以定量要求为主，具体如下：

① 墨色的实地密度；

② 表征图像阶调、层次、反差的印刷相对反差值和网点扩大值；

③ 呈现同色效果的同色密度偏差，同批同色色差；

④ 叠印率、灰平衡以及油墨的色偏、色效率、灰度、色强度等；

⑤ 影响图文清晰度的套印误差等。

### 3. 单一的评判方式到“三结合”的评判方式

“三结合”是指传统与现代相结合，定性与定量相结合，主观与客观相结合。它们的关系是：现代的评判方式为主，传统的评判方式为辅；定量要求为主，定性要求为辅；客观评判为主，主观评判为辅。

### 4. 印刷标准日趋完善

为了规范印刷品质量，全国印刷标准化技术委员会制定和修订了很多国家标准，如GB/T 7707—2008《凹版装潢印刷品》、GB/T 7706—2008《凸版装潢印刷品》、GB/T 7705—2008《平版装潢印刷品》、GB/T 22113—2008《印刷技术 印前数据交换 用于图像技术的标签图像文件格式（TIFF/IF）》、GB/T 20439—2006《印刷技术 印前数据交换 用于四色印刷特征描述的输入数据》等。同时，全国印刷标准化技术委员会在一些企业建立了标准化研究与推广基地、标准化试验基地等，为全国印刷的标准化工作奠定了基础。

## 三、评判过程与场合

### 1. 客户对送审样的评判

在这一场合，评判的主角是客户。客户的要求即客户提供的原稿是否被圆满地复制出来，是决定印制质量优劣以及客户是否同意在送审样上（一般为打样样张，如单色样和多色样或蓝图本）签字付印的主要根据。客户具有否决权。

一般来说，这个过程要几上几下才能满足客户提出的要求（通常批注在送审样上），使其最终签字认可印前工作，从而正式转入印刷阶段。

### 2. 印刷现场的评判

正式开印前，一般由值班工段长、车间主任或技术（生产）副厂长现场评判，签出付印样。签字的依据是客户认可的送审样。个别客户到印刷现场签付印样（又称机上打样）。

以付印样为基准，在印样与付印样对照比较时，若有偏差应及时调整。要勤抽样检查，尽可能使在印印张与付印样张一致。

印刷时往往发现刚刚印出来的印张视觉效果色彩鲜艳、墨层厚实，但是过半个小时以后再看就感到色彩变差，墨层不如原先厚实，变得浅薄了等。这种被称为干退密度现象，给印刷现场评判质量带来了难题。实际操作时，必须做到勤抽样检查（必须以付印样为标准），且必须给在印样一个提高量，使之略深于付印样。这样，经过一段时间，在印样的颜色就退到和付印样一样了。因此，目测墨色时，要凭经验估计。这种经验估计，往往误差大，没有数据，只可意会、不可言传。此时的质量评判不仅要准，而且要快速及时，否则停机时间就太长，损失也就大了。

### 3. 印后加工现场的评判

在上光、覆膜、烫金、压凹凸、折页、装订、模切、压痕、制盒等期间，对在制印刷品的评判和检查。

### 4. 印刷品出厂前的评判

成品车间对出厂前的印刷品进行检查，剔除废、次品，清点数量等。客户接收产品的核查依据是客户亲自认可的送审样。

### 5. 消费者对印刷品的评判

消费者针对印刷品的残次质量所做的投诉、调换、退货、诉讼等举措。

### 6. 各种各类印刷品质量的等级评判

由制版、印刷专家定期或不定期地对各种各类印刷品（平印、凸印、凹印、孔印等类印刷品，书刊、画册、杂志、连环画、图片、纸盒等）分门别类地进行印刷质量优劣等级的评比。评比依据是各种各类印刷品的原稿或客户事先（印前）要求。

行业公认的普遍质量要求包括套印准确，色泽均匀，无斑点墨皮、背面蹭脏、褶皱、色差、花版、脏版、条痕、剥纸等问题。

上述六种场合，都需要适当的评判项目和一定的评比标准，以及统一的、标准的照明光源。

到目前为止，上述六种场合的判断大多还是凭经验、靠肉眼感受以及文字描述的质量评价要求。

这种以主观评价为主的评价印刷质量的经验方法，又称印刷质量评判的传统方法。人们主要依据长期实践所积累的经验来从事这项工作，虽有一定的准确性，但因评判人员的视觉生理差别、心理素质差别以及情绪因素等的影响，或多或少地存在印象分的成分。同时，由于缺乏客观的质量数据资料，说服力不强。有时对某些产品的评定，评判人员的看法也不一，各执一词，迟迟不能统一。

正因为这样，现在有些单位和主管部门已着手采用测控条和测量仪器相结合的定量检测方法，并制定了相应的印刷质量标准。例如，由中华人民共和国国家质量监督检验检疫总局和中国国家标准化管理委员会发布并实施的国家标准（GB）《平版装潢印刷品》《凸版装潢印刷品》等，由中华人民共和国国家新闻出版广电总局发布的行业标准（CY）《绿色印刷 通用技术要求与评价方法 第 1 部分：平版印刷》等。发展领先的印刷企业凭借自身的技术优势，制定本企业的标准。有些企业甚至成为我国印刷标准的先行者，例如雅昌为中国印刷标准化技术应用与推广的基地。

### 7. 客户与印刷企业就印刷质量看法不同发生的仲裁评判

由于事先甲、乙双方对印刷品质量要求的某些方面没有明确，或者明确得不够、有疏漏，在印刷品交付时甲、乙双方可能会产生“不合格和合格”的不同看法，甚至诉诸法院。此时，必须由某权威的印刷质量检测机构作为真正独立的第三方出面，做出公平、公正、公开的仲裁性质量评判，供法院作为判决的依据。第三方进行质量评判的依据是公认的行业标准（或企业标准）以及甲、乙双方事先的书面约定。评判人员应是和甲、乙双方毫无关系的业内评审质量的权威人士。被评审的样张是甲、乙双方有不同看法的印刷品。

### 8. 国际性、地区性书展或印制大奖赛上的印刷质量评判

例如，德国莱比锡国际书展、美国印制大奖赛（Premier Print Awards）、香港印制大奖赛等。被评比的各种各类印刷品是由参赛国或地区选送的（通常是各参赛国或地区百里挑一、精心选择的）。评审的专家是世界印刷业质量检测方面的权威和知名人士，评判的标准是国际公认的质量要求和艺术效果，以及是否是满足适用性、装帧设计、包装创意、创新程度（新材料、新工艺、新技术）、民族特色、环保程度等要求的精品力作。

## 四、印刷质量检测的意义

### 1. 意义

印刷质量检测是印刷质量管理向数据化、规范化和标准化方向发展的必然需要。印刷质量管理由定性为主发展为定量为主，必然要求印刷质量要有数据和规范、标准来表征其优劣，印刷质量检测是顺理成章之事。

印刷质量既要上乘，又要稳定，印刷质量检测是重要前提，它必然要求：操作要规范，仪器和测试项目要统一，规范标准要科学，管理要严格，操作人员的素质要提高。

印刷质量检测是客户与企业之间业务交往的重要环节，它使印刷质量的评价以客观为主、主观为辅，减少了随意性。

若要和国际先进印刷水平接轨，使印刷质量要求可操作性强、重复性好，必然要求实施印刷质量检测数据化、规范化和标准化。

通过对一系列印刷质量数据的测定、分析和归纳，可确定评价印刷质量的规范标准，为稳定和提高印刷质量创造良好条件。

印刷质量检测可使整个印刷工艺流程的上、下工序责任分明、衔接紧密，既提高工作效率又避免相互推诿，使企业的全面质量管理上一个新的台阶。

在生产中，对印刷质量及时进行数据测定和分析，便于迅速而准确地找出和解决影响印刷质量的关键因素，可使损耗大幅下降，降低成本，提高经济效益。

质量检测是实施全面质量管理，实现 ISO 9000 质量管理体系的基础，也是 ISO 14000 系

列认证和实施的前提，更是 OHSAS 18000 职业安全卫生标准认证和实施的前期工作。

### 2. 检测与控制的关系

对印刷品的质量进行适时的检测是为了及时了解在印品的质量状态，以便发现问题并及时做出正确的相应调整，使生产质量始终处于稳定、受控、达标、废次品尽可能少的程度。这种适时的调整和控制，在以往主要是靠作业人员的感觉和目测比较，然后手工进行的，其反应速度的快慢和准确性取决于人们的经验、责任心和团队精神。而现在和往后，将越来越多地借助仪器设备的智能化检测和控制以及在线质量检测和控制，做到检测和控制的密切结合。这种结合简称为测控。

### 3. 测控与适性的关系

检测与控制的紧密结合是真正意义上的测控。适性这里指的是印刷适性。所谓印刷适性是指承印物、印刷油墨以及其他材料与印刷条件相匹配，适合印刷作业的总性能。前后两者密不可分，适性匹配在前，测控在后，相互制约、相互促进。测控与印刷适性的密切结合才是可持续发展的必然特征和客观需要。

## 复习思考题

（1）印刷质量的评判方式是如何演化的？

（2）印刷质量评判的各个场合进行质量评判的异同点有哪些？

· 第二章 ·

# 印刷标准化基础

## 第一节 文件格式

### 一、PDF

#### 1. PDF 版本

PDF 是 portable document format 的缩写，即“便携文件格式”，由 Adobe 系统公司于 1993 年发布。PDF 因跨平台兼容一致性、不易修改、安全性、不失真、支持多种压缩方式等优点被广泛应用。目前，PDF 已经成了印刷工业印前数据交换的标准格式。

PDF 规范已经从最初的 PDF1.0 发展到现在的 PDF 2.0，每次的版本升级都会加入一些新的特性。表 2-1 为 PDF 版本的介绍。

表 2-1 PDF 版本

| PDF 版本 | 发布时间 | 支持软件 | 特性更新 |
|---|---|---|---|
| PDF 1.0 | 1993 年 | Adobe Acrobat 1.0 | |
| PDF 1.1 | 1994 年 | Adobe Acrobat 2.0 | 加入了文档加密（40 字节）、线索树、名字树、外部链接、设备无关色（PDF1.0 仅支持 RGB） |
| PDF 1.2 | 1996 年 | Adobe Acrobat 3.0 | 增加了表单、多媒体特性、Unicode 码支持、OPI 1.3 支持，改进了颜色支持（CMYK 颜色空间以及专色都可以用），嵌入了半色调函数支持以及叠印 |
| PDF 1.3 | 1999 年 | Adobe Acrobat 4.0 | 增加了 2 位 CID 字体、OPI 2.0 支持、其他颜色空间（基于 ICC 的颜色）、平滑阴影、注释、数字签名、逻辑结构、JavaScript 动作、RC4 加密［40 位（Acrobat 4.0）和 56 位（Acrobat 4.05）］ |
| PDF 1.4 | 2001 年 | Adobe Acrobat 5.0 | 增加了文件加密（128 位）、透明，改进了对 JavaScript 的支持，支持标签式 PDF，支持 JBIG2 压缩 |
| PDF 1.5 | 2003 年 | Adobe Acrobat 6.0、Adobe Reader 6.0 | 改进了压缩技术，如对象流和 JPEG 2000 压缩，增强了 Xref 表格、支持层，改进了标签式 PDF，支持 XFA（XML Forms Architecture）、用 PDF 演示时的额外 12 种转换 |
| PDF 1.6 | 2005 年 | Adobe Acrobat 7.0、Adobe Reader 7.0 | 支持 AES 加密，定义了专色的多通道机制（NChannel），增强了注释和标记，集成了 OpenType 字体，不再必须集成 TrueType 或 Type 1 字体，集成了 3D 数据，增加了 XML 表格，可以当作文件“容器” |

续表

| PDF 版本 | 发布时间 | 支持软件 | 特性更新 |
|---|---|---|---|
| PDF 1.7 | 2006 年 | Adobe Acrobat 8.0、Adobe Reader 8.0 | 改进了对安全性和注释的支持、对 3D 的注释，集成了默认打印机设置 |
| PDF 2.0 | 2017 年 | | 增强了安全性、可访问性、地理空间、3D 和多媒体，增加了印刷中的页面输出设置、黑场补偿、光谱色定义等内容 |

PDF1.7 以后，Adobe 系统公司将 PDF 标准的发表转移给了国际标准化组织（ISO），这就意味着 Adobe 系统公司不再发布新的 PDF 版本，PDF 2.0 是由 ISO 发布的。

为了满足不同行业的应用需求，PDF 又分出了 6 个子集，分别是 PDF/A、PDF/E、PDF/VT、PDF/UA、PDF/Raster 1.0、PDF/X。

PDF/A 是 2005 年 10 月发布的长期文档保存和记录标准化子集。它要求文档中的所有字体必须嵌入 PDF，不允许使用非嵌入字体，不允许嵌入音频、视频、JavaScript 等信息，不允许加密。

PDF/E 是 PDF1.6 的一个子集，于 2008 年发布，是为工程和技术文档设计的，支持交互式媒体，如动画、二维渲染和三维模型等。

PDF/VT 是适用于可变数据印刷的 PDF 子集，VT 是 variable and transactional 的简写。PDF/VT 是建立在 PDF/X-4 之上的，于 2010 年推出，适用于变量和票据印刷。例如，可变数据打印允许用户印刷多封邀请信，同时可自动更改收件人的姓名和地址；票据印刷指根据客户的信息打印具有不同数据的表格（例如电话账单）。

PDF/UA 于 2012 年推出，旨在保证通过技术辅助的残疾人能够访问 PDF 的电子内容。

PDF/Raster 1.0 是随着 PDF 2.0 发布最新推出的 PDF 子集。它主要用于存储、传输、交换多页的栅格图像文档（特别是扫描文档），兼具了 PDF 和 TIFF 的优点。

PDF/X 是 PDF 的一个子集，适用于印刷行业，由 CGATS（Committee for Graphic Arts Technology Standards，美国印刷技术标准委员会）于 2001 年推出。PDF/X 要求必须嵌入印刷条件，但是不能包含表单、签名、评论、多媒体等不适合印刷的内容。随着 PDF 版本的更新，PDF/X 也在不停更新。

### 2. PDF/X 版本

PDF/X 既是规范化的 PDF 文件格式，又是一种应用标准，由 CGATS、ANSI（美国国家标准学会）、ISO 共同推出，目的是使印刷数据交换更可靠。目前 PDF/X 有 PDF/X-1、PDF/X-2、PDF/X-3、PDF/X-4 和 PDF/X-5 等较多的规范版本，而且还存在不同的子标准，如表 2-2 所示。例如，PDF/X-1 标准就有 CGATS 和 ANSI 于 1999 年发布的 PDF/X-1:1999，ISO 于 2001 年发布的 PDF/X-1:2001、PDF/X-1a:2001 以及后来发布的 PDF/X-1a:2003 等 4 个不同的版本；又如，PDF/X-4 有 PDF/X-4、PDF/X-4p 两个不同的版本，而 PDF/X-5 有 PDF/X-5g、PDF/X-5pg 及 PDF/X-5n 3 个不同的版本。

PDF/X-1。PDF/X-1:1999 是 CGATS 和 ANSI 基于 PDF 1.2 制定的 PDF/X 标准的最早版本。由于 PDF/X-1:1999 不支持专色及双色调图像处理，已经被淘汰。PDF/X-1:2001 和 PDF/X-1a:2001 是 ISO 于 2001 年在 PDF/X-1:1999 的基础上，采用 PDF1.3 修订出来的 PDF/X 标准，支持 CMYK 颜色模式、灰度模式和专色模式，禁止使用 RGB 或 Lab 颜色模式的图像。

表 2-2　PDF/X 版本

| PDF/X 版本 | 对应的 ISO 15930 标准号 | 完全数据交换 | 运行色彩管理数据 | 支持的印刷特性化颜色空间 | 基础 PDF 版本 |
|---|---|---|---|---|---|
| PDF/X-1:2001 | ISO 15930-1 | 是 | 否 | CMYK | 1.3 |
| PDF/X-1a:2001 | ISO 15930-1 | 是 | 否 | CMYK | 1.3 |
| PDF/X-1a:2003 | ISO 15930-4 | 是 | 否 | CMYK | 1.4 |
| PDF/X-3:2002 | ISO 15930-3 | 是 | 是 | Gray, RGB, CMYK | 1.3 |
| PDF/X-3:2003 | ISO 15930-6 | 是 | 是 | Gray, RGB, CMYK | 1.4 |
| PDF/X-4 | ISO 15930-7 | 是 | 是 | Gray, RGB, CMYK | 1.6 |
| PDF/X-4p | ISO 15930-7 | 否 | 是 | Gray, RGB, CMYK | 1.6 |
| PDF/X-5g | ISO 15930-8 | 否 | 是 | Gray, RGB, CMYK | 1.6 |
| PDF/X-5n | ISO 15930-8 | 否 | 是 | n-colourant | 1.6 |
| PDF/X-5pg | ISO 15930-8 | 否 | 是 | Gray, RGB, CMYK | 1.6 |
| PDF/X-6 | ISO 15930-9 | 是 | 是 | Gray, RGB, CMYK | 2.0 |
| PDF/X-6p | ISO 15930-9 | 否 | 是 | Gray, RGB, CMYK | 2.0 |
| PDF/X-6n | ISO 15930-9 | 否 | 是 | n-colourant | 2.0 |

PDF/X-1:2001 采用的是 OPI（Open Press Interfance，开放式印前接口）技术，PDF/X-1a:2001 则禁止了 OPI 与文件加密技术，并要求所用到的所有字体必须嵌入文件之中。PDF/X-1a:2003 是基于 PDF1.4 修订出来的，但是它不支持透明度和 JBIG2 高倍率压缩技术。

PDF/X-2。PDF/X-2 是 ISO 基于 PDF1.4 制定的 PDF/X 标准。它以 PDF/X-1a 和 PDF/X-3 为基础，并与二者兼容，可以像 PDF/X-3 一样使用 CMYK、Lab 等多种颜色模式进行数据处理和转换，支持 ICC 色彩管理技术、文件中的透明层效果和 OPI 外部对象，但不像 PDF/X-1a 和 PDF/X-3 标准那样所用的字体必须完全嵌入文件，只需嵌入指定的字体即可。

PDF/X-3。PDF/X-3 标准是 ISO 发布的，具有 PDF/X-3:2002（基于 PDF1.3）和 PDF/X-3:2003（基于 PDF1.4）两个版本，都是兼容 PDF/X-1a 标准的扩展集，但是不支持 PDF1.4 的透明度和 JBIG2 压缩技术。该标准同样要求所用到的所有字体必须嵌入文件保存。需要注意，PDF/X-3 的应用灵活性比 PDF/X-1a 大。它不仅可以使用 CMYK 颜色模式和专色数据，还可以使用 RGB 颜色模式和与设备无关的颜色数据，比如 Lab 颜色模式，并可对这些颜色数据实施色彩管理。采用 PDF/X-3 标准的 PDF 文件，既可以用于印刷输出，也可以用于 RGB 设备、组合打印等的输出。但是，这种适合多种应用设计输出的方式虽能提升印前数据文件交流与使用的灵活性，不过，也会增加出错的概率，应用时要特别注意。

PDF/X-4。PDF/X-4 是 2008 年由 ISO 基于 PDF1.6 制定的 PDF/X 标准。PDF/X-4 的特点是规定了所用到的所有字体、图像数据必须嵌入文件内（允许嵌入 OpenType 字体），允许使用透明度处理及图层技术，CMYK、RGB、Lab、灰阶、专色或基于 ICC 的颜色模式，允许有选择地使用 16 位的图像数据（可能在某些 RIP 系统中会出现计算错误），不支持 OPI 技术和文件加密技术，不允许包含 JavaScript 代码、音乐、视频或不可打印的说明信息。由于 PDF/X-4 标准的应用灵活性也较大，同样也会增加出错的概率。PDF/X-4 与 PDF/X-3 相似，但 PDF/X-3 不支持透明对象和图层技术。当 ICC 文件采用内嵌方式时，则属于标准的 PDF/X-4 文件；当 ICC 文件采用外联方式时，则属于 PDF/X-4p 文件。

PDF/X-5。PDF/X-5 是 ISO 于 2008 年基于 PDF1.6 以及 PDF1.7 制定的 PDF/X 标准，是 PDF/X-4 的扩展。它与 PDF/X-4 的最大区别是 PDF/X-5 允许在文件中使用 OPI 对象，并支持 *n* 通道颜色。PDF/X-5 又分为 PDF/X-5g、PDF/X-5n、PDF/X-5pg 3 个子版本。PDF/X-5n 支持 *n* 通道颜色；PDF/X-5g 是 PDF/X-4 的扩展，PDF/X-5pg 是 PDF/X-4p 的扩展，二者都支持 OPI 对象。PDF/X-5 可以接受 RGB、灰阶以及 CMYK 等颜色模式，但是，这个特点可能会引起不必要的印前色彩问题。

PDF/X-6。PDF/X-6 是基于 PDF 2.0 制定的 PDF/X 标准。它允许在页面的可印刷区域中添加注释，包括数字签名、表单字段和视频。PDF/X-6 要求嵌入所有的描述印刷条件特征的 ICC 特性文件。PDF/X-6p 和 PDF/X-6n 均允许在交换文件的外部维护输出 ICC 特性文件，但 PDF/X-6n 的特性文件使用的是多色而不仅仅是灰、RGB 或 CMYK。如果 ICC 文件比交换文件大得多，有非常多的交换文件具有相同的印刷条件、色调、色域压缩以及黑版生成，或者存在妨碍嵌入的许可证问题，那这种外部链接 ICC 文件就特别有用。

### 二、PostScript

严格来说，PostScript 是页面描述语言，是一种可以应用在 Adobe InDesign 或 Microsoft Office Word 等应用程序与配备 PostScript 解释器的激光打印机或 CTP 系统等输出设备之间进行通信的协议。另外，PostScript 还可以用在应用程序之间交换数据。它构成了 PDF 文件格式的基础。

PostScript 是 Adobe 系统公司于 20 世纪 80 年代初开发的，并且一直在改进，直到 2000 年初。它有三个不同的版本，即 PostScript level 1、PostScript level 2 和 PostScript 3。

PostScript 主要用于页面描述。它的指令集经过了优化，可以定义图形对象（文本、线条、图像等）如何放置在二维页面上。它是一种与设备无关的语言，页面内容的描述不参考任何特定的设备功能（如分辨率或激光打印机上必须使用的纸盒）。从理论上讲，PostScript 文件可以发送到任何设备。

目前，只有极少数的人还在坚持使用 PostScript，它离彻底退出市场不远了。

## 第二节　颜色空间与色差公式

### 一、颜色空间

1931 年，国际照明委员会（CIE）根据莱特和吉尔德实验的结果，取其光谱三刺激值的平均值创建了 CIE 1931 RGB 颜色空间；为了避免 CIE 1931 RGB 颜色空间负刺激带来的工业应用不便，CIE 又推出了 CIE 1931 XYZ 颜色空间。但是 CIE 1931 XYZ 颜色空间存在不均匀性。在完善其均匀性的过程中，出现了 CIE 1960 UCS 以及 CIE 1964 UVW 颜色空间，最终 CIE 推出了均匀颜色空间 CIELAB 和 CIELUV。

在印刷行业中，应用比较多的是 CIE 1931 XYZ 和 CIELAB，但随着软打样的日益普及，多用于发光色评价的 CIELUV 的应用也逐渐多了起来。

#### 1. CIE 1931 XYZ

CIE 1931 XYZ（简写为 CIE 1931）颜色空间是色度学领域的基础颜色空间。在该空间中，假定理想的三原色分别是理想红、理想绿、理想蓝。视觉实验中某颜色相匹配的理想红、理想绿、理想蓝的量即为该颜色的三刺激值，用 $X$、$Y$、$Z$ 表示，为了方便描述，用 $x$、$y$、$z$ 表示色度坐标，它们的关系如式（2-1）所示。

$$\begin{cases} x = \dfrac{X}{X+Y+Z} \\ y = \dfrac{Y}{X+Y+Z} \\ z = \dfrac{Z}{X+Y+Z} \end{cases} \tag{2-1}$$

由于色度坐标 $x$、$y$、$z$ 具有相关性，不能表示一个三维空间中的颜色，因此常用 $XYZ$ 或 $Yxy$ 表示。CIE 1931 XYZ 颜色空间的 $Yxy$ 三维色度图如图 2-1 所示，$xy$ 二维色度图如彩插图 2-2 所示。

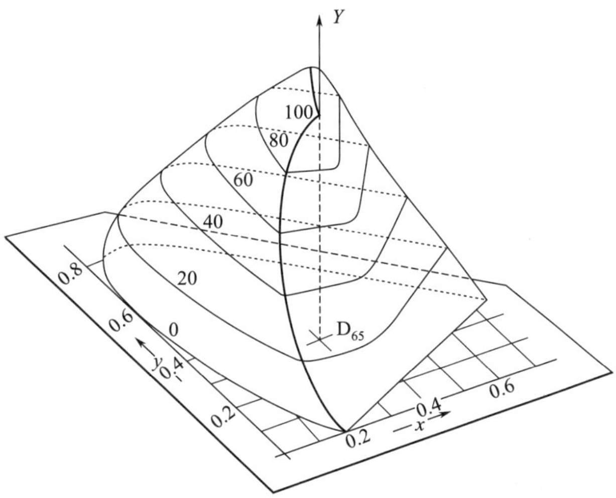


图 2-1　CIE 1931 XYZ 颜色空间的 $Yxy$ 三维色度图

## 2. CIELAB

1976 年，CIE 推荐了主要用于表面色工业颜色评价的 CIE 1976 $L^*a^*b^*$（简写为 CIELAB）均匀颜色空间。其优点是，当颜色的色差大于视觉的识别阈值而又小于孟塞尔系统中的相邻两级色差时，可以较好地反映物体色的心理感受效果。

CIELAB 均匀颜色空间可以按下面的方程计算：

$$\begin{cases} L^* = 116f(Y/Y_0) - 16 \\ a^* = 500[f(X/X_0) - f(Y/Y_0)] \\ b^* = 200[f(Y/Y_0) - f(Z/Z_0)] \end{cases} \tag{2-2}$$

其中

$$f(I) = \begin{cases} I^{1/3} & I > (6/29)^3 \\ (841/108)I + 4/29 & I \leqslant (6/29)^3 \end{cases} \tag{2-3}$$

式中　$X$，$Y$，$Z$——颜色样品的三刺激值；

$X_0$，$Y_0$，$Z_0$——CIE 标准照明体的三刺激值；

$L^*$——心理明度，或称明度指数；

$a^*$，$b^*$——心理色度，是神经节细胞的红-绿、黄-蓝反映。

从上述公式中可以看出，由 $X$、$Y$、$Z$ 向 $L^*$、$a^*$、$b^*$变换时含有立方根的项，这是一种非线性变换。经过非线性变换后，原来 CIE 1931 XYZ 色度图的马蹄形光谱轨迹则不复存在。对于这种非线性变换，通常用“心理颜色空间”来表示，它是基于赫林的四色对立颜色视觉理论，所以，这种坐标系统又称为对立色坐标或心理颜色空间，如彩插图 2-3 所示。在方程式（2-2）中，心理色度 $a^*$、$b^*$包含 $X$-$Y$ 和 $Y$-$Z$ 项目，$a^*$可以理解为神经节细胞的红-绿反映，$b^*$可以理解为神经节细胞的黄-蓝反映，心理明度 $L^*$仅仅是对 $r$ 的非线性变换，它是神经节细胞的黑-白反映。在这一系统中，$+a^*$表示红色，$-a^*$表示绿色，$+b^*$表示黄色，$-b^*$表示蓝色，$L^*$表示颜色的明度。

经过对颜色三刺激值 $X$、$Y$、$Z$ 的非线性变换，马蹄形的二维平面色度图演变为了彩插图 2-4 所示的形状，CIELAB 的均匀性相比 CIE 1931 XYZ 也得到了很大的改善，如图 2-5 所示。

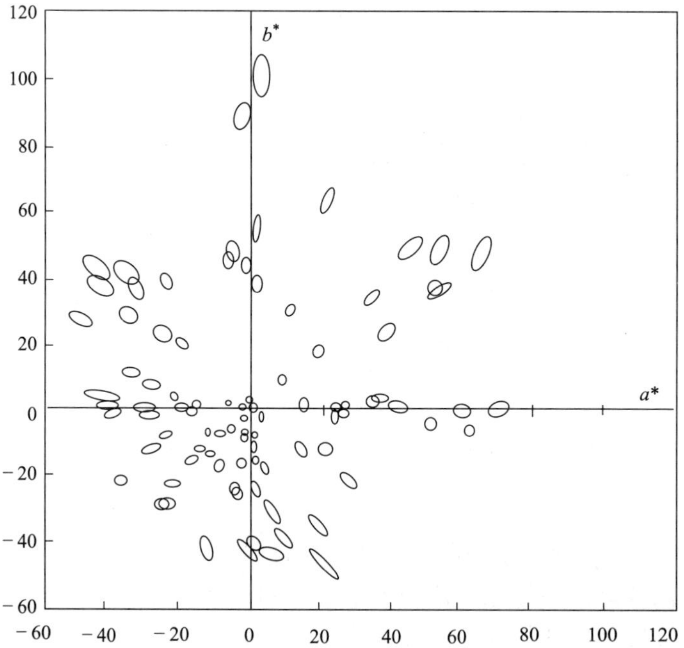


图 2-5　CIELAB 色差公式的宽容量椭圆

此外，CIE 还定义了彩度、色相角。

彩度 $C_{ab}^*$：

$$C_{ab}^* = [(a^*)^2 + (b^*)^2]^{1/2} \tag{2-4}$$

色相角 $h_{ab}^*$：

$$h_{ab}^* = \arctan(b^* / a^*)(\text{rad}) = \frac{180}{\pi}\arctan(b^* / a^*)(°) \tag{2-5}$$

由数学定义可知反正切函数 arctan 的值域为（−90°,90°），而色相角的范围是［0°,360°），因此，式（2-5）修正为

$$h_{ab}^{*}=\begin{cases}\frac{180}{\pi}\arctan(b^{*}/a^{*}) & a^{*}>0且b^{*}\geqslant 0\\ \frac{180}{\pi}\arctan(b^{*}/a^{*})+360 & a^{*}>0且b^{*}<0\\ \frac{180}{\pi}\arctan(b^{*}/a^{*})+180 & a^{*}<0\\ 90 & a^{*}=0且b^{*}>0\\ 270 & a^{*}=0且b^{*}<0\\ 0 & a^{*}=0且b^{*}=0\end{cases} \tag{2-6}$$

3. CIELUV

CIE 1976 $L^*u^*v^*$（简写为CIELUV）均匀颜色空间是由CIE 1931 XYZ颜色空间和CIE 1964匀色空间改进而产生的。首先用数学方法对 $Y$ 值做非线性变换，使其向代表视觉等间距的孟塞尔系统靠拢，然后将转换后的 $Y$ 值与 $u$、$v$ 结合并扩展即可得到 CIELUV 三维均匀颜色空间。其定义公式如下：

$$\begin{cases}L^{*}=\begin{cases}116(Y/Y_0)^{1/3}-16 & Y/Y_0>(6/29)^3\\ (29/6)^3(Y/Y_0) & Y/Y_0\leqslant(6/29)^3\end{cases}\\ u^{*}=13L^{*}(u'-u'_0)\\ v^{*}=13L^{*}(v'-v'_0)\end{cases} \tag{2-7}$$

其中

$$\left.\begin{aligned}u'=u=\frac{4x}{-2x+12y+3}=\frac{4X}{X+15Y+3Z}\\ v'=1.5v=\frac{9y}{-2x+12y+3}=\frac{9Y}{X+15Y+3Z}\end{aligned}\right\} \tag{2-8}$$

式中　$L^*$——心理明度；

$u^*$，$v^*$——色度；

$u'$，$v'$——色度坐标；

$x$，$y$——CIE 1931 系统的色度坐标；

$u'_0$，$v'_0$——测色所用光源的色度坐标，用式（2-8）计算；

$X$，$Y$，$Z$——样品色的三刺激值。

用色度坐标 $u'$、$v'$绘制的色度图（彩插图 2-6）仍然保持了马蹄形的光谱轨迹。$u'v'$色度图和 $xy$ 色度图相比，视觉上的均匀性有了很大的改善。

$L^*$、$u^*$、$v^*$也是直角坐标系，可用色度指数 $u^*$、$v^*$画出“CIELUV 图”，如图 2-7 所示。

此外，CIE 还定义了饱和度、彩度、色相角。

饱和度 $S_{uv}$：

$$S_{uv}=13[(u'-u'_0)^2+(v'-v'_0)^2]^{1/2} \tag{2-9}$$

彩度 $C^*_{uv}$：

$$C^{*}_{uv}=[(u^{*})^2+(v^{*})^2]^{1/2}=L^{*}S_{uv} \tag{2-10}$$

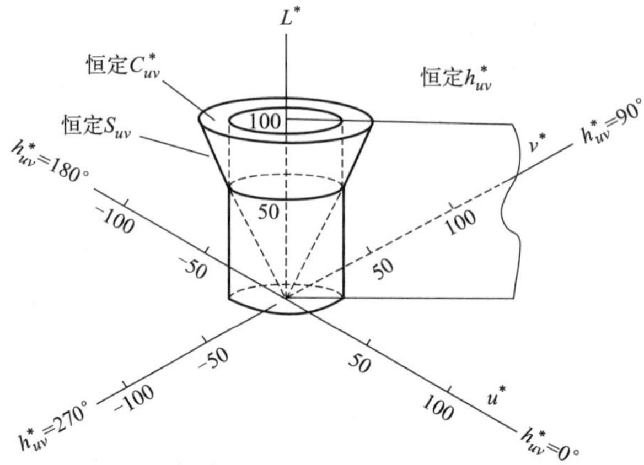


图 2-7　CIELUV 色空间

色相角 $h_{uv}^*$：

$$h_{uv}^* = \arctan(v^* / u^*) \tag{2-11}$$

同理，由于反正切函数的值域和色相角的范围不同，式（2-11）可参考式（2-6）修正。

## 二、色差公式

印刷质量评判中一个很重要的因素就是印刷品与原稿或者 OK 样的颜色差别，即色差。理想的色差公式应该基于真正视觉感知均匀的颜色空间，其预测的色差应该与目视判别有良好的一致性，而且可以采用统一的色差宽容度来进行颜色质量的控制。现在印刷行业常用的色差公式有 CIELAB 色差公式以及 CIEDE2000 色差公式。

### 1. CIELAB 色差公式

CIELAB 色差公式是基于 CIELAB 颜色空间的色差公式。

若两个颜色都按照 CIELAB 颜色空间标定，则两者的总色差及单项色差可用下列公式计算。

明度差：

$$\Delta L^* = L_1^* - L_2^* \tag{2-12}$$

色度差：

$$\Delta a^* = a_1^* - a_2^* \tag{2-13}$$

$$\Delta b^* = b_1^* - b_2^* \tag{2-14}$$

总色差表示的是三维空间中两个颜色的点的空间距离，其计算公式如下：

$$\Delta E_{ab}^* = \sqrt{(\Delta L^*)^2 + (\Delta a^*)^2 + (\Delta b^*)^2} \tag{2-15}$$

彩度差表示的是三维空间中两个颜色的点与 $L^*$轴的距离差，其计算公式如下：

$$\Delta C_{ab}^* = C_{ab,1}^* - C_{ab,2}^* \tag{2-16}$$

色度差 $\Delta C_h$ 表示的是三维空间中两个颜色的点在 $a^*b^*$平面的投影点的距离差，其计算公式如下：

$$\Delta C_h = \sqrt{(\Delta a^*)^2 + (\Delta b^*)^2} \tag{2-17}$$

要注意色度差 $\Delta C_h$ 和彩度差 $\Delta C^*_{ab}$ 定义不同，也具有不同的物理意义，如图 2-8 所示。

色相角差：

$$\Delta h^*_{ab} = h^*_{ab,1} - h^*_{ab,2} \tag{2-18}$$

色相差：

$$\Delta H^*_{ab} = \sqrt{(\Delta E^*_{ab})^2 - (\Delta L^*)^2 - (\Delta C^*_{ab})^2} \tag{2-19}$$

对式(2-19)进行推导可以得到

$$\Delta H^*_{ab} = 2(C^*_{ab,1} C^*_{ab,2})^{1/2} \sin\frac{\Delta h^*_{ab}}{2} \tag{2-20}$$

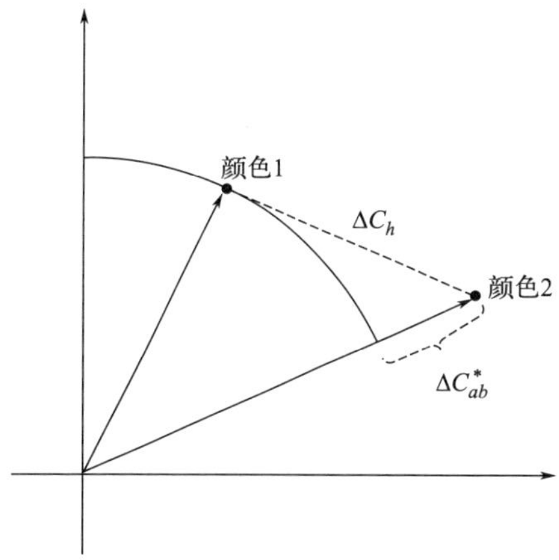


图 2-8 $\Delta C^*_{ab}$ 和 $\Delta C_h$ 的区别

### 2. CIEDE2000 色差公式

为了进一步改善工业色差评价的视觉一致性，CIE 专门成立了工业色差评价的色相和明度相关修正技术委员会 TC 1-47，并在 2000 年提出了一个新的色彩评价公式。该公式于 2001 年得到了国际照明委员会的推荐，称为CIE2000色差公式，简称CIEDE2000，色差符号为 $\Delta E_{00}$。CIEDE2000 是目前官方最新的色差公式。

CIEDE2000 色差公式为

$$\Delta E_{00} = \sqrt{\left(\frac{\Delta L'}{K_L S_L}\right)^2 + \left(\frac{\Delta C'}{K_C S_C}\right)^2 + \left(\frac{\Delta H'}{K_H S_H}\right)^2 + R_T \left(\frac{\Delta C'}{K_C S_C}\right)\left(\frac{\Delta H'}{K_H S_H}\right)} \tag{2-21}$$

其计算过程如下：

首先，由式（2-2）和式（2-4）计算 $L^*$、$a^*$、$b^*$、$C^*_{ab}$。

然后可得

$$L' = L^* \tag{2-22}$$

$$a' = (1+G)a^* \tag{2-23}$$

其中

$$G = 0.5\left(1 - \sqrt{\frac{\overline{C^*_{ab}}^7}{\overline{C^*_{ab}}^7 + 25^7}}\right) \tag{2-24}$$

式中，$\overline{C^*_{ab}}$ 是一对样品色 $C^*_{ab}$ 的算术平均值。

$$b' = b^* \tag{2-25}$$

$$C' = \sqrt{a'^2 + b'^2} \tag{2-26}$$

新的色相角 $h'$ 参照公式（2-6）计算。

由此可得

$$\Delta L' = L'_{\mathrm{b}} - L'_{\mathrm{s}} \tag{2-27}$$

$$\Delta C' = C'_{\mathrm{b}} - C'_{\mathrm{s}} \tag{2-28}$$

$$\Delta H' = 2\sqrt{C'_{\mathrm{b}}C'_{\mathrm{s}}}\sin\frac{\Delta h'}{2} = 2\sqrt{C'_{\mathrm{b}}C'_{\mathrm{s}}}\sin\frac{h'_{\mathrm{b}} - h'_{\mathrm{s}}}{2} \tag{2-29}$$

式中，下标“s”表示颜色对中的标准色，“b”表示样品色。

$$S_{\mathrm{H}} = 1 + 0.015\overline{C'}T \tag{2-30}$$

其中

$$T = 1 - 0.17\cos(\overline{h'} - 30°) + 0.24\cos(2\overline{h'}) + 0.32\cos(3\overline{h'} + 6°) - 0.20\cos(4\overline{h'} - 63°) \tag{2-31}$$

$$S_{\mathrm{L}} = 1 + \frac{0.015(\overline{L'} - 50)^2}{\sqrt{20 + (\overline{L'} - 50)^2}} \tag{2-32}$$

$$S_{\mathrm{C}} = 1 + 0.045\overline{C'} \tag{2-33}$$

式中，$\overline{L'}$、$\overline{C'}$、$\overline{h'}$ 是一对色样 $L'$、$C'$、$h'$的算术平均值。

$$R_{\mathrm{T}} = -\sin(2\Delta\theta)R_{\mathrm{C}} \tag{2-34}$$

其中

$$\Delta\theta = 30\exp\left[-\left(\frac{\overline{h'} - 275°}{25}\right)^2\right] \tag{2-35}$$

$$R_{\mathrm{C}} = 2\sqrt{\frac{\overline{C'}^7}{\overline{C'}^7 + 25^7}} \tag{2-36}$$

$K_{\mathrm{L}}$、$K_{\mathrm{H}}$、$K_{\mathrm{C}}$ 为校正因子，印刷行业中取值为 1。

最后，由式（2-21）计算色差值。

CIEDE2000 色差公式的宽容量椭圆如图 2-9 所示。

### 3. 印刷质量测控中色差公式的应用

在 ISO 标准中，正在逐步用 CIEDE2000 色差公式取代 CIELAB 色差公式。ISO 12647 标准各部分在质量评价时采用的色差公式如表 2-3 所示。

表 2-3 ISO 12647 标准各部分规定的色差公式

| 项目 | 方法 | 色差公式 |
|---|---|---|
| ISO 12647-2:2013 | 胶印 | 规范：CIELAB<br>参考：CIEDE2000（不推荐） |
| ISO 12647-3:2013 | 新网纸 | |
| ISO 12647-4:2014 | 出版凹印 | |
| ISO 12647-5:2015 | 丝网 | |
| ISO 12647-6:2020 | 柔印 | CIEDE2000 |
| ISO 12647-7:2016 | 打样 | |
| ISO 12647-8:2021 | 校正印刷 | |
| ISO 12647-9:2021 | 金属印刷 | |

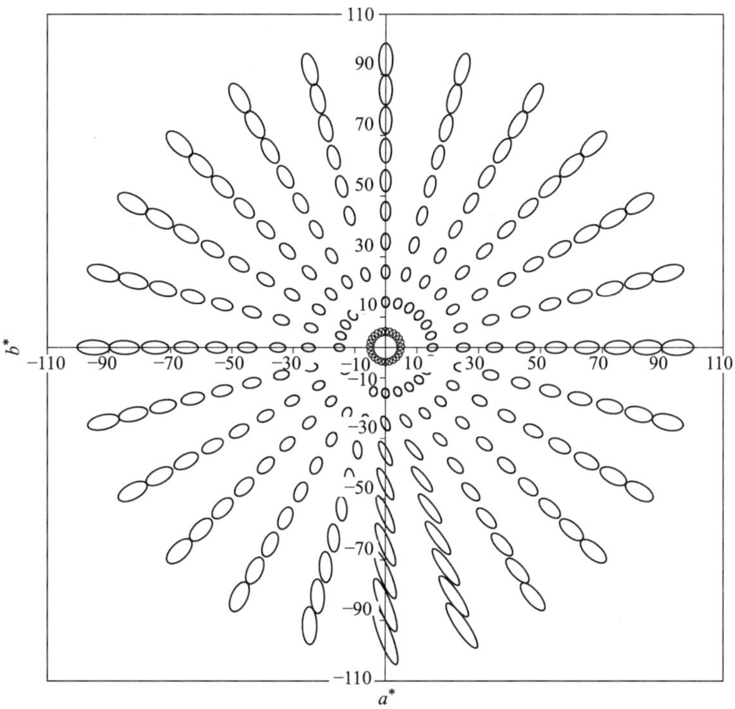


图 2-9　CIEDE2000 色差公式的宽容量椭圆

# 第三节　颜色模式

## 一、RGB

RGB 是最常用的颜色模式，也被称为真彩色模式。RGB 代表红、绿、蓝三原色，每一个颜色代表一个通道。24 位（8 位/通道）的 RGB 颜色模式下，每个像素占用 3 个字节（每个字节 8 位，每个像素共 24 位），*R* 值、*G* 值、*B* 值的范围均为 0～255，即纯白色的 *R* 值、*G* 值、*B* 值都是 255，黑色的 *R* 值、*G* 值、*B* 值都是 0。也就是该模式下，符合色光加色法越加越亮的特点，*R* 值、*G* 值、*B* 值越大，颜色也就越亮。24 位 RGB 图像最多可以表示 16777216（$2^{24}$）种颜色。为了提高图像色彩的表现力，又有了 48 位（16 位/通道）和 96 位（32 位/通道）RGB 图像。RGB 是设备相关的颜色模式，按照色域不同，又可以分为 sRGB、eci RGB、Adobe RGB、Apple RGB 等。

### 1. sRGB

sRGB 是惠普和微软合作创建的用于显示器、打印机和互联网的 RGB 颜色空间，随后由国际电工委员会（IEC）标准化为 IEC 61966-2-1:1999。它通常被用作图像的“默认”颜色空间，特别是图像被存储为 8 位的整数时。sRGB 也被称为“互联网标准色空间”，与普通计算机显示器的特性相匹配，普通计算机显示器一般无法再现超过 sRGB 色域的图像。一般的 JPEG 文件采用的就是 sRGB，被摄物若过于鲜艳，色彩有溢出的可能。拍摄后不进行后期处理，只是网上传递、屏幕浏览、打印输出或不需要制版印刷时，应使用 sRGB 颜色空间。但不建议 sRGB 用于印前制作，因为其色域受限。

sRGB 定义了红色、绿色和蓝色的色度，如表 2-4 所示。sRGB 的色域是三角形，如彩插图 2-10 所示。与其他 RGB 的色域一样，sRGB 的 $R$、$G$ 和 $B$ 也是非负值，也不可能表示该三角形之外的颜色。sRGB 所表达的颜色完全在三色视觉正常的人可见的颜色范围内。印刷出版专业人员有时会避免使用 sRGB，因为其色域不够大，特别是在蓝绿色区域，不能涵盖印刷中 CMYK 再现的所有颜色。

**表 2-4 不同 RGB 三原色和白点的色度**

| 颜色 | | 红 | 绿 | 蓝 | 白点 | 伽马值 |
|---|---|---|---|---|---|---|
| sRGB | $x$ | 0.640 | 0.300 | 0.150 | 0.3127 | 2.2 |
| | $y$ | 0.330 | 0.600 | 0.060 | 0.3290 | |
| Adobe RGB | $x$ | 0.640 | 0.210 | 0.150 | 0.3127 | 2.2 |
| | $y$ | 0.330 | 0.710 | 0.060 | 0.3290 | |
| eciRGB（2008） | $x$ | 0.670 | 0.210 | 0.140 | 0.3457 | $L^*$ |
| | $y$ | 0.330 | 0.710 | 0.080 | 0.3585 | |
| ProPhoto RGB | $x$ | 0.735 | 0.160 | 0.037 | 0.3457 | 1.8 |
| | $y$ | 0.265 | 0.840 | 0 | 0.3585 | |
| ColorMatch RGB | $x$ | 0.630 | 0.295 | 0.15 | 0.3457 | 1.8 |
| | $y$ | 0.340 | 0.605 | 0.075 | 0.3585 | |
| Apple RGB | $x$ | 0.625 | 0.280 | 0.155 | 0.3127 | 1.8 |
| | $y$ | 0.340 | 0.595 | 0.070 | 0.3290 | |
| WideGamut RGB | $x$ | 0.7347 | 0.1152 | 0.1566 | 0.3457 | 2.2 |
| | $y$ | 0.2653 | 0.8264 | 0.0177 | 0.3585 | |
| DCI-P3 | $x$ | 0.680 | 0.265 | 0.150 | 0.3127 | 2.6 |
| | $y$ | 0.320 | 0.690 | 0.060 | 0.3290 | |
| NTSC | $x$ | 0.670 | 0.210 | 0.140 | | |
| | $y$ | 0.330 | 0.710 | 0.080 | | |
| Rec.2020 | $x$ | 0.708 | 0.170 | 0.131 | 0.3127 | 2.4 |
| | $y$ | 0.292 | 0.797 | 0.046 | 0.3290 | |

sRGB 还定义了原色与实际存储的数据之间的非线性变换。该变换类似于 CRT 显示器的伽马响应曲线。这种非线性转换意味着 sRGB 可以合理有效地使用基于整数的图像文件中的值来显示人类可辨别的光照水平。与大多数其他 RGB 颜色空间不同，sRGB 的伽马值不是单个数值［式(2-39)］，但整体伽马值约为 2.2。

IEC 61966-2-1:1999 是官方正式的 sRGB 规范，定义了 CIE 1931 和 sRGB 的变换。

（1）从 CIE 1931 到 sRGB 的前向变换

从 CIE $Yxy$ 坐标系计算 sRGB 中的三原色，首先需要用式（2-37）将它变换到 CIE 1931 XYZ 的三刺激值。

$$\begin{cases} X = \dfrac{x}{y}Y \\ Y = Y \\ Z = \dfrac{1-x-y}{y}Y \end{cases} \tag{2-37}$$

$$\begin{bmatrix} R_{\text{linear}} \\ G_{\text{linear}} \\ B_{\text{linear}} \end{bmatrix} = \begin{bmatrix} 3.2410 & -1.5374 & -0.4986 \\ -0.9692 & 1.8760 & 0.0416 \\ 0.0556 & -0.2040 & 1.0570 \end{bmatrix} \begin{bmatrix} X \\ Y \\ Z \end{bmatrix} \tag{2-38}$$

$R_{\text{linear}}$、$G_{\text{linear}}$与$B_{\text{linear}}$的取值范围为［0,1］。sRGB 的$R_{\text{srgb}}$、$G_{\text{srgb}}$或者$B_{\text{srgb}}$用式（2-39）计算。

$$C_{\text{srgb}} = \begin{cases} 12.92C_{\text{linear}} & C_{\text{linear}} \leqslant 0.0031308 \\ (1+a)(C_{\text{linear}})^{1/2.4} - a & C_{\text{linear}} > 0.0031308 \end{cases} \tag{2-39}$$

式中，$a$=0.055；$C_{\text{linear}}$表示$R_{\text{linear}}$、$G_{\text{linear}}$、$B_{\text{linear}}$；$C_{\text{srgb}}$表示$R_{\text{srgb}}$、$G_{\text{srgb}}$、$B_{\text{srgb}}$。

这些经过伽马校正的值范围为 0～1。如果需要 0～255 的取值范围，如用于视频显示或者 8 位图形图像，通常将它乘以 256 后取整。

（2）逆向变换

将$R_{\text{srgb}}$、$G_{\text{srgb}}$、$B_{\text{srgb}}$归一化为 0～1，具体如下：

$$C_{\text{linear}} = \begin{cases} \dfrac{C_{\text{srgb}}}{12.92} & C_{\text{srgb}} \leqslant 0.04045 \\ \left(\dfrac{C_{\text{srgb}} + a}{1+a}\right)^{2.4} & C_{\text{srgb}} > 0.04045 \end{cases} \tag{2-40}$$

$$\begin{bmatrix} X \\ Y \\ Z \end{bmatrix} = \begin{bmatrix} 0.4124 & 0.3576 & 0.1805 \\ 0.2126 & 0.7152 & 0.0722 \\ 0.0193 & 0.1192 & 0.9505 \end{bmatrix} \begin{bmatrix} R_{\text{linear}} \\ G_{\text{linear}} \\ B_{\text{linear}} \end{bmatrix} \tag{2-41}$$

## 2. eciRGB

（1）eciRGB 1.0

eciRGBs 是欧洲颜色联盟（European Color Initiative，ECI）推荐用于广告机构、出版商、复制和印刷厂的 RGB 工作颜色空间和颜色数据交换格式。

ECI 于 1999 年推出了 eciRGB 1.0。之所以要推出 eciRGB，是因为下列几点原因。

① 在 Adobe Photoshop 5.5 之前，工作颜色空间的默认值是运行 Photoshop 的计算机的监视器特性文件。事实证明，这是一种不太完美的方法，因为每台计算机都可能有不同的监视器特性文件，并且工作颜色空间不应依赖给定计算机的显示器特性文件的情况，而应该总是一样的，至少在给定的工作流程里是一样的。

② 显示器特性文件通常涵盖不了印刷机常用的颜色。与印刷相比，显示器的主要劣势在于青色区域。

③ 保留扫描仪特性文件的颜色空间意义不大，因为扫描仪的颜色空间通常是不均匀的，这样的数据不适合任何校正或编辑。

④ 理论上，Lab 看起来是一个很好的替代方案，但几乎没有广泛使用的软件（ECI 推出 eciRGB1.0 前）支持编辑和修饰 16 位 Lab 数据或导入 16 位 Lab 图像（虽然 PostScript/EPS 支持最多 12 位 Lab 数据，但在 PDF 中，16 位图像数据在 1.5 版本中才推出，早期版本最多只能支持 8 位），8 位 Lab 数据效率太低，因为所有可能的 Lab 颜色达不到现实世界中颜色的 1/3，这意味着在 8 位中，实际使用的只有 6 位多一点，这根本不够。

⑤ 虽然当时也有了其他 RGB 工作颜色空间，但 ECI 希望的 RGB 工作颜色空间是下列

这样的。

- 色域涵盖所有可以印刷的颜色（无论何种纸张），但色域不能超出太多（为了不浪费从未真正使用过的颜色数据位数的精度）；
- 当红、绿和蓝的值相等时，就会产生中性灰色；
- 均匀性，即 eciRGB 中两个颜色值之间的相同差异可以反映人眼看到这些颜色时感知到的相等差异；
- 基于 1.8 的伽马值和 5000K 的光源。

（2）eciRGB 2.0

2008 年，ECI 对 eciRGB 1.0 进行了改进，推出了 eciRGB 2.0。其特性文件命名为 eciRGB_v2 最主要的改进是，亮度以等距的方式编码，解决了数据和人眼之间的“转换损失”，1.8 的伽马值已被理论上理想的 CIELAB 颜色空间中使用的 $L^*$特征取代。这种改进的编码效率在暗调中具有显著的优势。在当前技术可行的情况下，尽可能减少由颜色空间转换引起的错误。

eciRGB_v2 特性文件的重点仍然是印刷和出版行业，eciRGB_v2 特性文件的色域及其白点与 eciRGB 1.0 特性文件的色域和白点相同。

通常，ECI 建议在新项目或创建新数据时始终使用 eciRGB_v2 特性文件。当从原始数据（RAW）或 16 位图像数据进行转换时尤其如此。

2023 年，eciRGB 2.0 即 eciRGB（2008）作为 ISO 标准正式发布为 BS ISO 22028-4。

eciRGB 2.0 红、绿、蓝及白点的色度如表 2-4 所示，其色域如图 2-11 所示。

（3）CIE 1931 向 RGB 的转换

第一步，把 $X$、$Y$、$Z$ 归一化，要把显示器黑点的三刺激值归一化为（0,0,0），参考白的值归一化为（0.9642，1.000，0.8249）：

$$\begin{cases} X_a = \dfrac{(X - X_K)X_W}{(X_W - X_K)Y_W} \\ Y_a = \dfrac{Y - Y_K}{Y_W - Y_K} \\ Z_a = \dfrac{(Z - Z_K)Z_W}{(Z_W - X_K)Y_W} \end{cases} \tag{2-42}$$

式中 $X_a$，$Y_a$，$Z_a$——归一化后的 $X$、$Y$、$Z$ 值；

$X$，$Y$，$Z$——CIE 1931 XYZ 系统的三刺激值；

$X_W$，$Y_W$，$Z_W$——白点的 CIE 1931 XYZ 系统的 $X$、$Y$、$Z$ 值；

$X_K$，$Y_K$，$Z_K$——黑点的 CIE 1931 XYZ 系统的 $X$、$Y$、$Z$ 值。

第二步，把归一化的 $X_a$、$Y_a$、$Z_a$ 转换为 $R$、$G$、$B$：

$$\begin{bmatrix} R \\ G \\ B \end{bmatrix} = \begin{bmatrix} 1.788760 & -0.496985 & -0.269010 \\ -0.959362 & 1.947800 & -0.027581 \\ 0.085932 & -0.174467 & 1.322830 \end{bmatrix} \begin{bmatrix} X_a \\ Y_a \\ Z_a \end{bmatrix} \tag{2-43}$$

由于 $R$、$G$、$B$ 的范围都是 0～1，因此如果公式（2-43）计算的 $R$、$G$、$B$ 大于 1，则要赋值为 1。

第三步，把线性 $R$、$G$、$B$ 转化为 $R'$、$G'$、$B'$：

$$R' = \begin{cases} 1.16\sqrt[3]{R} - 0.16 & R \geqslant 0.008856 \\ 9.033R & R < 0.008856 \end{cases}$$

$$G' = \begin{cases} 1.16\sqrt[3]{G} - 0.16 & G \geqslant 0.008856 \\ 9.033G & G < 0.008856 \end{cases} \tag{2-44}$$

$$B' = \begin{cases} 1.16\sqrt[3]{B} - 0.16 & B \geqslant 0.008856 \\ 9.033B & B < 0.008856 \end{cases}$$

第四步，把 $R'$、$G'$、$B'$转化为每通道 8 位或 16 位的整数：

$$\begin{cases} R_8' = \text{Round}(255R') \\ G_8' = \text{Round}(255G') \\ B_8' = \text{Round}(255B') \end{cases} \tag{2-45}$$

式中，$R_8'$、$G_8'$、$B_8'$ 即为 8 位/通道的 eciRGB（2008）编码。

（4）RGB 向 CIE 1931 的转换

第一步，把 24 位编码的 eciRGB（2008）数据 $R_8'$、$G_8'$、$B_8'$ 转化到 0～1 之间：

$$\begin{cases} R' = R_8' / 255 \\ G' = G_8' / 255 \\ B' = B_8' / 255 \end{cases} \tag{2-46}$$

如果编码不是 24 位，即 8 位/通道，则公式(2-46)的除数要用 $2^n-1$，$n$ 为每通道的位数。

第二步，把 $R'$、$G'$、$B'$转化为 $R$、$G$、$B$ 刺激值，范围也是 0～1：

$$R = \begin{cases} 0.1107R' & R' < 0.08 \\ (0.8621R' + 0.1379)^3 & R \geqslant 0.08 \end{cases}$$

$$G = \begin{cases} 0.1107G' & G' < 0.08 \\ (0.8621G' + 0.1379)^3 & G' \geqslant 0.08 \end{cases} \tag{2-47}$$

$$B = \begin{cases} 0.1107B' & B' < 0.08 \\ (0.8621B' + 0.1379)^3 & B' \geqslant 0.08 \end{cases}$$

第三步，把 $R$、$G$、$B$ 刺激值转换为归一化的 $X_a$、$Y_a$、$Z_a$ 刺激值：

$$\begin{bmatrix} X_a \\ Y_a \\ Z_a \end{bmatrix} = \begin{bmatrix} 0.650204 & 0.178077 & 0.135938 \\ 0.320250 & 0.602071 & 0.077679 \\ 0.000000 & 0.067839 & 0.757173 \end{bmatrix} \begin{bmatrix} R \\ G \\ B \end{bmatrix} \tag{2-48}$$

第四步，把归一化的 $X_a$、$Y_a$、$Z_a$ 转换为 CIE 1931 XYZ 系统的三刺激值：

$$\begin{cases} X = X_a\left(X_W - X_K\right)\dfrac{Y_W}{X_W} + X_K \\ Y = Y_a\left(Y_W - Y_K\right) + Y_K \\ Z = Z_a\left(Z_W - Z_K\right)\dfrac{Y_W}{Z_W} + Z_K \end{cases} \tag{2-49}$$

### 3. Adobe RGB

Adobe RGB 是 Adobe 系统公司于 1998 年推出的颜色空间标准。它拥有宽广的颜色空间和良好的色彩层次表现，包含了 sRGB 没有完全覆盖的 CMYK 颜色空间，因此在印刷等领域具有更明显的优势。另外，Adobe RGB 的色域大约是 Lab 色域的 50%，相对于 sRGB 空间而言，在青-绿区域的色域变大了。由于其包含了 CMYK 颜色空间，为以后在输出及分色时留有极大优势和方便，可以更好地还原原稿的色彩，适用于对图像要求较高的商业印刷等。Adobe RGB 红、绿、蓝及白点的色度如表 2-4 所示，其色域如图 2-11 所示。它的色域大约为 CIE *xy* 色域的 52.10%。

在 Adobe RGB 中，颜色用 *R*、*G*、*B* 定义，每个分量的范围都在 0～1 之间。在显示器上显示时，要明确白点（1、1、1）、黑点（0、0、0）及三原色［（1、0、0）等］。另外，显示器上的白点应该是 160cd/m$^2$，黑点为 0.5557cd/m$^2$，对比度应达到 287.9。环境照明应该在 32lx。

为了评估成像系统的色彩复制、图像输出设备、图像处理算法等，ISO 12640-4 给出了高分辨率、16 位/通道的 Adobe RGB 模式图像，并提供了每一幅图像的色域图。

### 4. Apple RGB

Apple RGB 的色域与 sRGB 属于同一档，两者都是采用较窄的色域范围。Apple RGB 红、绿、蓝及白点的色度如表 2-4 所示，其色域如图 2-11 所示。Apple RGB 主要是基于老式的 Apple Trinitron 彩色显示器，对于不使用这种显示器的人来说，不建议使用这个颜色空间。

### 5. ColorMatch RGB

ColorMatch RGB 的色域要比 Adobe RGB 的色域小，但是却比 sRGB 和 Apple RGB 的色域大。其红、绿、蓝及白点的色度如表 2-4 所示，色域如图 2-11 所示。ColorMatch RGB 既是一个保证颜色质量的业界标准，也是颜色业界的知名空间，这个空间中也包含了 CMYK 打印色域。对于主要使用 CMYK 打印的人来说，仍应使用宽色域颜色空间创建图像的主控文档，在准备输出时再将其转换至 CMYK（这要比一开始就工作在 CMYK 色域中好得多）。

### 6. ProPhoto RGB

ProPhoto RGB 是一种色域非常宽的工作空间，其色域比 Adobe RGB 大得多。ProPhoto RGB 红、绿、蓝及白点的色度如表 2-4 所示，其色域如图 2-11 所示。ProPhoto RGB 是 Eastman Kodak 提出的一种规范，用于描述某些 Ektachrome 正片能够重现的各种饱和度非常高的颜色。以前，在大多数情况下不推荐将其用作工作空间（Ektachrome 正片的高端扫描照片除外），因为其色域比大多数捕捉和输出设备大得多。由于其色域较大，在需要尽可能多地保留颜色信息时非常适合。

### 7. WideGamut RGB

WideGamut RGB 也称为 Adobe WideGamut RGB，其红、绿、蓝及白点的色度如表 2-4 所示，色域如图 2-11 所示。由于 WideGamut RGB 的色域较大，当前绝大多数显示器都无法完整地显示。

### 8. NTSC

经常能在一些手机或者 PC 厂商标注屏幕色域时看到以 NTSC 为标准，如某手机显示参数中描述“广色域显示 NTSC 103.8%”。

NTSC 由美国国家电视标准委员会于 1953 年推出，目的是给当时刚出现不久的 CRT 彩色电视制定一套标准。由于实在是太过于古老，它早已不适用于现代显示器。更最重要的是对于 PC（广义的）和移动设备来说，几乎没有内容创作者是以 NTSC 为工作颜色空间的，它保留下来最多的用途还是用于比较其他的颜色空间。

其色域如图 2-11 所示。从图中可以看出，NTSC 的色域和 Adobe RGB 比较相似，但在 R 和 B 处有少许不同（这一点从表 2-4 中也可以看出）。sRGB 覆盖了 NTSC 大约 72%的色域，但是 72% NTSC 并不相当于 100% sRGB，因为 72% NTSC 所覆盖的颜色不一定在 sRGB 覆盖的范围之内。

9. DCI-P3

DCI-P3 是美国电影行业推出的一种广色域标准，是目前数字电影回放设备的颜色标准之一。它的色域较大，与 sRGB 相比，绿色和红色的范围更广。DCI-P3 的色度坐标见表 2-4，色域如图 2-11 所示。

随着技术的发展，越来越多的屏幕已达到或超过 100% sRGB。DCI-P3 的颜色范围远远大于 sRGB。用 NTSC 标准来衡量的话，DCI-P3 相当于 96% NTSC，DCI-P3 的色域比 sRGB 大了 25%。

从图 2-11 中也可以看出，相较于 sRGB，DCI-P3 覆盖了更多的红色和绿色。因此覆盖 DCI-P3 色域的显示器对绿色和红色的还原能力更强，而且更加锐利，能更好地展现人眼能看到的真实色彩。

10. Rec.2020

ITU-R Recommendation BT.2020 简称 Rec.2020，是基于国际电信联盟无线电通信部门 BT.709 制定的超高清电视（UHDTV-UHD）的颜色标准。

Rec.2020 三原色的色度坐标如表 2-4 所示，其色域如图 2-11 所示。

## 二、灰度

灰度模式中只存在灰度，在计算机中一般用 8 位表示，因此最多可以达到 256 级灰度。当一个彩色文件被转换为灰度模式的文件时，Photoshop 会将图像中的色相及饱和度等有关色彩的信息消除掉，只留下亮度信息。尽管 Photoshop 允许将一个灰度模式的文件转换为彩色文件，但已经不可能将原来的颜色恢复回去了，所以在转换前应该做一个备份。

对于一个图像，可以将任何一种颜色模式转为灰度模式，也可以将灰度模式转为任何一种颜色模式。尤其是要将彩色模式转为双色调模式或位图模式时，必须先转换为灰度模式，然后再由灰度模式转换为双色调模式或位图模式。

## 三、位图

位图（bitmap）有两个含义：一是指点阵图像，即由称作像素的单个点组成的图像，与之对应的概念是图形。图形是指在一个二维空间中可以用轮廓划分出的若干空间形状。图形是空间的一部分，不具有空间的延展性，它是受局限的可识别的形状。位图放大后在图像轮廓边缘就会出现锯齿边，进一步放大可以看见构成整个图像的无数单个像素；图形放大后，轮廓边缘依然保持原有的清晰。二是指 Photoshop 的位图模式，用来表示最简单的黑白图，即每个像素占用 1 位，非黑即白。不过，尽管图像中只包含黑色和白色，但通过像素的疏密排列，仍可将图像组合成近似视觉上的灰度图。

需要注意的是，只有灰度模式图像或多通道（multichannel）模式图像才能转换化为位图模式图像，其他的颜色模式图像必须先转换成这两种模式，然后才能转换成位图模式。转换时，在 Photoshop 中会提示设置文件的输出分辨率和转换方式。转换方式（method）主要有下列几种。

50%Threshold（临界值）：大于 50%灰度的像素将变为黑色，而小于等于 50%灰度的像素将变为白色。

Pattern Dither（图像抖动）：使用一些随机的黑、白像素点来抖动图像。用这种方式生成的图像很难看，而且像素之间几乎没有什么空隙。

Diffusion Dither（扩散抖动）：此项用以生成一种颗粒效果。它将采用一种发散过程来把一个像素变成单色，此结果是一种粒状的效果，当使用低分辨率的激光打印机输出时图像会变暗。

Halftone Screen（半调网屏）：产生一种半色调网版印刷的效果。网线数可以设定为 85～200lpi，报纸通常用 85lpi，彩色杂志通常用 133～175lpi；网角可设为−180°～180°，连续色调或半色调网版通常使用 45°。

Custom Pattern（自定义图案）：这种转换方式允许把一个定制的图案（用 Edit 菜单中的 Define Pattern 命令定义的图案）加到位图模式图像上。

注意：将图像转换到位图模式后，有许多编辑方式无法执行，而且也无法再将位图模式图像复原到灰度模式图像，因此在转换之前最好做一个备份。

## 四、CMYK

CMYK 是基于色料减色法的颜色模式，在印刷行业应用广泛。CMYK 模式是四通道的，每个通道代表一种颜色的油墨，即青（C）、品红（M）、黄（Y）、黑（K），每个像素的每种印刷油墨都会被分配一个百分比值，范围为 0%～100%。最亮（高光）颜色分配较低的百分比值，较暗（暗调）颜色分配较高的百分比值。例如，明亮的红色可能会包含 2%青色、93%品红、90%黄色和 0% 黑色。在 CMYK 模式图像中，当 4 种分量的值都是 0%时，就会产生纯白色。

CMYK 的颜色是和印刷条件密切相关的，相同的 $C$ 值、$M$ 值、$Y$ 值、$K$ 值在不同的印刷条件下颜色是不一样的。表 2-5 给出了 Coated FOGRA27、Coated FOGRA39、Coated GRACoL 2006、Japan Color 2001 Coated、Japan Color 2001 Uncoated、Japan Color 2002 Newspaper、Japan Color 2003 Web Coated、Japan Web Coated、US Sheetfed Coated、US Sheetfed Uncoated、US Web Coated SWOP、US Web Uncoated 等 12 种印刷条件下 CMYK 实地色以及二次色 RGB 实地色和三色实地黑色的 $L^*$、$a^*$、$b^*$值（数据来源于 Photoshop 中相应的 ICC 文件）。从表中可以看出，同样是 100%的青色，在不同的印刷条件下，其色度数据是不一样的，甚至差别比较大。例如，US Sheetfed Coated 中实地青色的 $L^*$、$a^*$、$b^*$值为 58.0、−37.7、−46.3，而 Japan Color 2002 Newspape 为 57.4、−22.3、−26.5。如果计算两者的色差，则 $\Delta E_{00}$ 为 41.2，差别非常明显。

**表 2-5 不同印刷条件下印刷基本色的 $L$、$a$、$b$ 值**

| 印刷条件 | 颜色 | C | M | Y | K | B（C+M） | G（C+Y） | R（M+Y） | C+M+Y |
|---|---|---|---|---|---|---|---|---|---|
| Coated FOGRA27 | $L^*$ | 55.2 | 47.2 | 89.7 | 16.8 | 24.4 | 48.5 | 47.3 | 21.9 |
| | $a^*$ | −39.8 | 76.0 | −4.4 | 1.2 | 16.6 | −67.2 | 69.1 | −5.2 |
| | $b^*$ | −50.8 | −4.2 | 94.0 | −2.2 | −47.5 | 27.2 | 43.7 | −0.4 |

续表

| 印刷条件 | 颜色 | C | M | Y | K | B（C+M） | G（C+Y） | R（M+Y） | C+M+Y |
|---|---|---|---|---|---|---|---|---|---|
| Coated FOGRA39 | $L^*$ | 55.0 | 48.0 | 89.0 | 16.0 | 24.0 | 50.0 | 47.0 | 23.0 |
| | $a^*$ | −37.0 | 74.0 | −5.0 | −0.1 | 22.0 | −65.0 | 68.0 | −0.1 |
| | $b^*$ | −50.0 | −3.0 | 93.0 | 0.0 | −46.0 | 27.0 | 48.0 | 0.0 |
| Coated GRACoL 2006 | $L^*$ | 55.0 | 47.9 | 88.9 | 14.9 | 24.1 | 50.1 | 47.4 | 23.0 |
| | $a^*$ | −37.1 | 74.1 | −5.0 | 0.2 | 17.2 | −68.4 | 68.3 | 0.2 |
| | $b^*$ | −50.0 | −3.0 | 93.2 | −0.1 | −46.1 | 25.0 | 48.8 | −0.3 |
| Japan Color 2001 Coated | $L^*$ | 53.2 | 45.2 | 85.8 | 16.3 | 21.9 | 48.3 | 45.5 | 21.6 |
| | $a^*$ | −35.7 | 72.2 | −7.1 | 2.6 | 21.1 | −68.9 | 65.9 | −4.4 |
| | $b^*$ | −49.4 | −4.5 | 91.8 | 1.5 | −48.2 | 24.2 | 45.2 | −3.5 |
| Japan Color 2001 Uncoated | $L^*$ | 57.9 | 54.5 | 88.8 | 38.4 | 37.8 | 52.7 | 52.5 | 35.0 |
| | $a^*$ | −23.0 | 54.6 | −6.3 | 0.4 | 5.9 | −43.9 | 52.4 | −3.1 |
| | $b^*$ | −40.3 | −0.5 | 71.3 | 3.1 | −27.2 | 11.7 | 23.6 | −6.8 |
| Japan Color 2002 Newspaper | $L^*$ | 57.4 | 53.8 | 77.0 | 32.7 | 41.9 | 53.9 | 51.2 | 40.1 |
| | $a^*$ | −22.3 | 42.8 | −4.2 | 0.5 | 5.2 | −35.0 | 40.4 | −2.7 |
| | $b^*$ | −26.5 | 0.2 | 59.3 | 4.9 | −20.9 | 18.9 | 24.2 | 1.3 |
| Japan Color 2003 Web Coated | $L^*$ | 52.3 | 46.6 | 87.0 | 15.3 | 21.0 | 47.0 | 46.6 | 20.6 |
| | $a^*$ | −35.8 | 74.6 | −5.7 | 1.0 | 21.3 | −68.5 | 69.0 | −3.7 |
| | $b^*$ | −48.7 | −3.3 | 89.0 | 1.9 | −47.4 | 23.6 | 46.3 | −4.9 |
| Japan Web Coated | $L^*$ | 52.1 | 44.5 | 84.7 | 18.8 | 22.0 | 46.2 | 45.0 | 20.2 |
| | $a^*$ | −33.6 | 66.3 | −5.8 | 2.0 | 16.6 | −63.9 | 61.7 | −5.3 |
| | $b^*$ | −44.2 | −6.6 | 86.1 | 1.4 | −44.6 | 22.6 | 41.0 | −1.5 |
| US Sheetfed Coated | $L^*$ | 58.0 | 50.5 | 90.9 | 15.0 | 21.6 | 51.4 | 48.5 | 18.5 |
| | $a^*$ | −37.7 | 69.8 | −5.9 | −0.2 | 26.2 | −66.2 | 64.4 | 9.2 |
| | $b^*$ | −46.3 | 0.7 | 92.0 | 1.1 | −43.6 | 30.2 | 50.6 | 1.2 |
| US Sheetfed Uncoated | $L^*$ | 57.3 | 49.7 | 85.3 | 30.5 | 33.5 | 51.7 | 48.2 | 32.4 |
| | $a^*$ | −27.3 | 55.9 | −5.0 | −0.4 | 9.6 | −46.2 | 52.3 | 2.8 |
| | $b^*$ | −41.9 | 2.6 | 72.5 | −0.2 | −24.6 | 14.6 | 23.4 | −5.8 |
| US Web Coated SWOP | $L^*$ | 55.9 | 47.2 | 84.3 | 18.6 | 26.4 | 51.6 | 46.8 | 24.6 |
| | $a^*$ | −37.5 | 68.6 | −5.9 | 0.9 | 17.9 | −61.1 | 62.8 | 0.3 |
| | $b^*$ | −40.3 | −3.6 | 83.4 | 1.3 | −41.3 | 26.4 | 42.2 | 0.2 |
| US Web Uncoated | $L^*$ | 57.3 | 49.7 | 85.3 | 30.5 | 33.5 | 51.7 | 48.2 | 32.4 |
| | $a^*$ | −27.3 | 55.9 | −5.0 | −0.4 | 9.6 | −46.2 | 52.3 | 2.8 |
| | $b^*$ | −41.9 | 2.6 | 72.5 | −0.2 | −24.6 | 14.6 | 23.4 | −5.8 |

为了清晰，图 2-12 仅给出了 Coated FOGRA27、Japan Color 2001 Uncoated、Japan Color 2002 Newspaper、US Sheetfed Coated 4 种条件下的色域。从图中也可以看出，在不同印刷条件下，虽然都是 100%CMYK，但产生的颜色差别是很大的。因此，CMYK 是有条件的，也叫相关色。

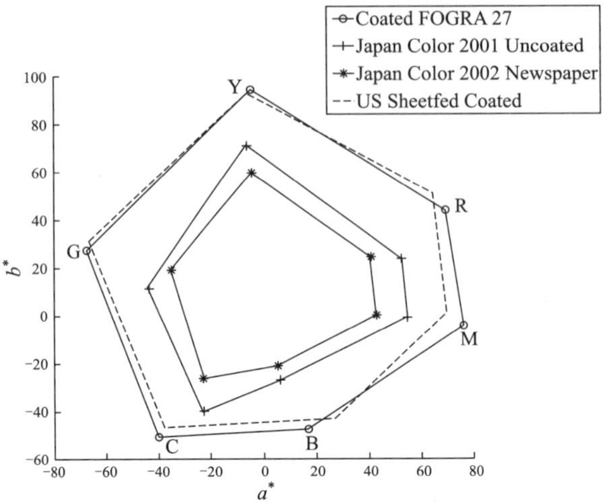


图 2-12　不同印刷条件下的色域图

## 五、双色调

双色调模式是 Photoshop 中常用的一种颜色模式，即将原本彩色的图像应用两种彩色油墨，破坏原有图像的色彩，重新混合色阶而产生特殊的效果。在双色调菜单下还可以衍生三色调或四色调即 3～4 种油墨的混合色阶效果。

## 六、索引

索引模式下只能存储一个 8 位色彩深度的文件，即图像中最多含有 256 种颜色，而且这些颜色都是预先定义好的。一幅图像的所有颜色都在其索引文件里定义，即将所有色彩映射到一个色彩盘中，称为彩色对照表。因此，当打开图像文件时，彩色对照表也被读入 Photoshop 中。Photoshop 将从彩色对照表中找出最终的色彩值。

使用此种模式不但可以有效地缩减图像文件的大小，而且可以适度保持图像文件的色彩品质，很适合制作放置在 Web 页面上的图像文件或丝网印刷中使用的图像文件。

## 七、Lab

Lab 模式是依据 CIELAB 创建的一种色彩模式。Lab 模式由三个通道组成：第一个通道表示心理明度，即 $L$，其取值范围是 0～100，数值越大，颜色的明度值越大。另外两个通道表示色度，即 $a$ 和 $b$。$a$ 表示颜色的红-绿反映，$b$ 则表示颜色的黄-蓝反映，$a$ 和 $b$ 的取值范围为−128～127。对于 $a$ 来讲，数值越大，颜色越红，反之，数值越小越偏绿色；对于 $b$ 值来讲，数值越大，颜色越黄，反之，数值越小越偏蓝色。

和 RGB 模式、CMYK 模式相比，Lab 模式的色域最大，其次是 RGB 模式，CMYK 模式的色域最小。因此，Lab 模式是 Photoshop 在不同颜色模式之间转换时使用的内部颜色模式。为了评估成像系统的色彩复制、图像输出设备、图像处理算法等，ISO 12640-3 给出了高分辨率、16 位/通道的 Lab 模式图像，有兴趣的可以查阅使用。

## 八、多通道

多通道模式包含了多种灰阶通道，每一通道均由 256 级灰阶组成。这种模式通常用来处理特殊打印需求，例如将某一灰阶图像以专色印刷或将双色调模式的图像文件转换之后印刷。

下列准则适用于将图像转换为多通道模式：

- 可以将一个以上通道合成的任何图像转换为多通道模式图像，原来的通道被转换为专色通道。
- 将彩色图像转换为多通道模式时，新的灰度信息基于每个通道中像素的颜色值。
- 将 CMYK 模式图像转换为多通道模式可创建青、品红、黄和黑专色通道。
- 将 RGB 模式图像转换为多通道模式可创建青、品红和黄专色通道。
- 从 RGB 模式、CMYK 模式或 Lab 模式图像中删除一个通道，该图像会自动转换为多通道模式。

### 九、HSB

这是根据人体视觉开发的一种颜色模式，算是最接近人类大脑对色彩辨认思考的模式。许多用传统技术工作的画家或设计者习惯使用此种模式。

在 HSB 颜色模式中，H 代表色相，S 代表饱和度，B 代表亮度。

H（hue）就是纯色，即组成可见光谱的单色，红色在 0°，绿色在 120°，蓝色在 240°。它基本上是 RGB 模式全色度的饼状图。

S（saturation）就是色彩的纯度，为 0 时即灰色。白、黑和灰色都没有饱和度。最大饱和度时是每一色相最纯的色光。在 Photoshop 中，纯度的最大值取 100。

B（brightness）就是色彩的明亮度，为 0 时即黑色。最大亮度是色彩最鲜明的状态。其取值范围为 0～100%。

## 第四节 阶调值与阶调值增加

网点是组成图像的基本单位，通过改变网点的大小或调整单位面积内网点的数目可再现原稿的浓淡效果。不同程度群集起来的网点所产生的视觉感觉上的明暗变化可用网点面积率来表示。网点面积率是指单位面积上群集的所有网点面积之和与总面积的比值。现在越来越多地用阶调值来代替网点面积率，这是因为网点面积率仅适用于半色调产品，不适用于数字图像、连续调图像等。

ISO 12647-1 用公式给出了数据文件、色度、印刷中阶调值的定义，在印刷中阶调值等价于网点面积率。

### 一、密度公式

对于印刷品的反射网点面积率 $a$ 的计算，假定印刷网点内的吸收密度为无穷大（即无反射光），而承印物（如纸张）空白部分全部反射（不吸收），则其反射率为 $1-a$。由于实际印刷品上油墨的吸收密度受纸张、墨层厚度及颜色等因素的影响，印刷油墨的实地密度 $D_s$ 通常只有 1.00～1.70。因此，印刷品的网点反射密度 $D_t$ 将受到实地密度 $D_s$ 的影响。

实地密度 $D_s$ 对应的反射率为 $\rho_s$（图 2-13），由此单位面积内网点的反射率为 $a\rho_s$。因此，单位面积内网点和空白部分之和的总反射率为

$$\rho = (1-a) + a\rho_s \tag{2-50}$$

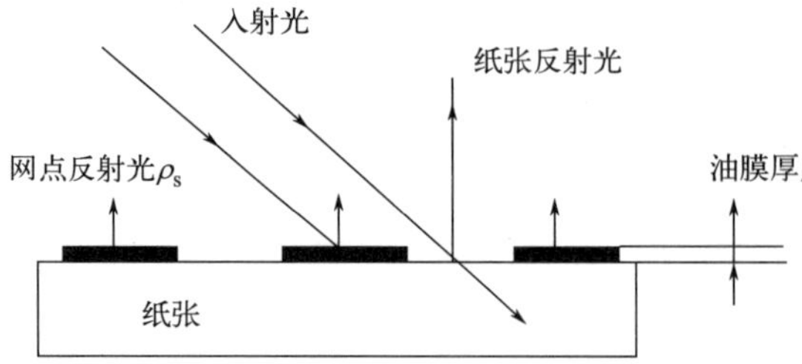


图 2-13　印刷网点反射

所以，印刷网点面积率为 $a$ 的反射密度 $D_t$ 为

$$D_t = \lg\frac{1}{\rho} = \lg\frac{1}{1-a(1-\rho_s)} \tag{2-51}$$

因为 $D_s = \lg\frac{1}{\rho_s}$，所以 $\rho_s = 10^{-D_s}$，代入式（2-51）得

$$D_t = \lg\frac{1}{1-a(1-10^{-D_s})} \tag{2-52}$$

对于任意群集网点，若能测知其反射密度 $D_t$，则可依据式（2-52）换算成印刷品的网点面积率，具体如下：

$$10^{D_t} = \frac{1}{1-a(1-10^{-D_s})} \tag{2-53}$$

$$1-a(1-10^{-D_s}) = 10^{-D_t} \tag{2-54}$$

$$a = \frac{1-10^{-D_t}}{1-10^{-D_s}} \tag{2-55}$$

公式（2-55）计算的结果是以百分比表示的印刷品的网点面积率，但是为了表达更简单，通常将其乘以 100，即

$$a = 100\times\frac{1-10^{-D_t}}{1-10^{-D_s}} \tag{2-56}$$

式中　$a$——所测印刷品的阶调值；

$D_t$——所测印刷品的网点反射密度；

$D_s$——所测印刷品的实地密度。

此公式即为网点面积率和网点密度换算的一般公式，称为默里-戴维斯（Murry-Davis）公式，简称 MD 公式。

这里默认承印物的反射率是 100%，密度为 0，实际上，纸张的密度 $D_0$ 不会为 0，如果去除纸张的影响，则 MD 公式就变为式（2-57），也称为相对密度公式［式（2-56）也可以称为绝对密度公式］。

$$a = \frac{1-10^{-(D_t-D_0)}}{1-10^{-(D_s-D_0)}} \tag{2-57}$$

尤尔（J. A. C. Yule）和尼尔逊（W. J. Nielsen）通过修正系数 $n$ 对 MD 公式进行了改进，结果见式（2-58），即尤尔-尼尔逊公式（YN 公式）。

$$a=\frac{1-10^{-D_t/n}}{1-10^{-D_s/n}} \tag{2-58}$$

由于 $n$ 值并没有取值标准，在实际的使用过程中容易混乱，因此 YN 公式在国际标准和国家标准中都没有被推荐使用。GB/T 18720—2002 推荐使用公式(2-56)，GB/T 17934.1—2021、GB/T 18722—2002、ISO 12647-1:2013(E)等推荐使用公式（2-57）。

## 二、反射率公式

从前文可以知道，密度是由反射率计算得到的，并且，在忽略次要因素影响的情况下，反射率和吸收率之和为 1。由公式（2-57）和公式（2-51）可以得到

$$a=100\times\frac{A_t-A_p}{A_s-A_p}=100\times\frac{R_p-R_t}{R_p-R_s} \tag{2-59}$$

式中 $A_t$——半色调区域的吸收率；
$A_p$——纸张的吸收率；
$A_s$——油墨或染料的实地的吸收率；
$R_t$——半色调区域的反射率；
$R_p$——纸张的反射率；
$R_s$——油墨或染料的实地的反射率。

## 三、数字图像阶调值

大多数的数据文件中阶调值可以用公式（2-60）计算。

$$a=\frac{V_p-V_0}{V_{100}-V_0}\times 100 \tag{2-60}$$

式中 $V_0$——0%数据，为整数值；
$V_p$——整数像素值；
$V_{100}$——100%数据，为整数值。

例如，对于 8 位存储的颜色其范围为 0～255，若某颜色为 123，则其阶调值为

$$a=\frac{123-255}{0-255}\times 100=51.8$$

## 四、色度公式

印刷品的阶调值也可以采用色度值进行计算，各色的计算公式为式（2-61）～式（2-63）。色度值 $X$、$Y$、$Z$ 的测量条件必须是 $D_{50}$ 照明，CIE 1931 XYZ 2°观察者 0°/45°几何条件。

青色的阶调值：

$$a=100\times\frac{X_0-X_t}{X_0-X_s} \tag{2-61}$$

品红和黑色的阶调值：

$$a = 100 \times \frac{Y_0 - Y_t}{Y_0 - Y_s} \tag{2-62}$$

黄色的阶调值：

$$a = 100 \times \frac{Z_0 - Z_t}{Z_0 - Z_s} \tag{2-63}$$

式中　$X_0$，$Y_0$，$Z_0$——空白承印物的三刺激值；

$X_t$，$Y_t$，$Z_t$——半色调网点处的三刺激值；

$X_s$，$Y_s$，$Z_s$——实地部位的三刺激值。

青色的阶调值计算误差较大，ISO/TS 10128 给出的校正方法是用 $X$−0.55$Z$ 代替 $X$，则式（2-61）修正为

$$a = 100 \times \frac{(X_0 - 0.55Z_0) - (X_t - 0.55Z_t)}{(X_0 - 0.55Z_0) - (X_s - 0.55Z_s)} \tag{2-64}$$

印刷品的阶调值还可以采用图像分析的方法得到，但这个阶调值只包含几何的网点增大，不包含光学的网点增大。

## 五、专色阶调值

印刷工业中越来越多地采用专色印刷，但专色的阶调值（spot colour tone value，SCTV。在 ISO/TS 10128 中也叫彩色阶调值，即 colour tone value，CTV）用 MD 公式、色度公式等计算误差都很大。ISO 20654 给出了专色阶调值的计算方法。

SCTV 的计算要用到专色实地、承印材料、专色色块的色度值，计算公式如下：

$$\text{SCTV} = 100 \times \sqrt{\frac{(V_{xt} - V_{xp})^2 + (V_{yt} - V_{yp})^2 + (V_{zt} - V_{zp})^2}{(V_{xs} - V_{xp})^2 + (V_{ys} - V_{yp})^2 + (V_{zs} - V_{zp})^2}} \tag{2-65}$$

式中　$V_{xs}$，$V_{ys}$，$V_{zs}$——专色实地的 $V_x$、$V_y$、$V_z$ 值，计算方法详见公式（2-66）；

$V_{xp}$，$V_{yp}$，$V_{zp}$——承印材料的 $V_x$、$V_y$、$V_z$ 值；

$V_{xt}$，$V_{yt}$，$V_{zt}$——专色色块的 $V_x$、$V_y$、$V_z$ 值。

$$\begin{cases} V_x = f\left(\dfrac{X}{X_0}\right) \times 116 - 16 \\ V_y = f\left(\dfrac{Y}{Y_0}\right) \times 116 - 16 \\ V_z = f\left(\dfrac{Z}{Z_0}\right) \times 116 - 16 \end{cases} \tag{2-66}$$

式中　$X$，$Y$，$Z$——相应颜色的三刺激值；

$X_0$，$Y_0$，$Z_0$——颜色测量时光源的三刺激值，印刷工业一般用 $D_{50}$。

$f(\bullet)$的计算如式（2-67）所示。

$$f(u)=\begin{cases}u^{1/3} & u>(6/29)^3\\(941/108)\times u+4/29 & u\leqslant(6/29)^3\end{cases}\tag{2-67}$$

## 六、阶调值增加

在印刷工程中，网点不断被传递。以胶印为例，网点通过印版和橡皮布从胶片转移到承印物上。因为各种因素的影响，网点的几何尺寸会发生变化，从而导致阶调发生改变，称为阶调值增加（TVI），也称为网点增大。阶调值增加指的是印刷品的阶调值和胶片的阶调值差值。对于 CTP 直接制版或者数字印刷，阶调值增加指的是印刷品的阶调值和数据文件的阶调值差值。

网点增大分为两种：几何增大和光学增大。几何增大是在力的作用下网点尺寸产生扩张的现象。在印刷中，如果油墨、纸张的特性及其他印刷条件发生变化也会引起几何网点增大。几何增大在网点的周边发生。由印刷故障造成的几何网点增大可能是不规则的，如重影和滑版造成的网点增大。

如果入射到空白部位和网点部位的光被反射后仍从各自的入射面出射，并不会引起光学增大。若一些光线从网点之间的空白区域射入，在纸张中发生散射，并从纸张中反射到油墨层，被油墨吸收，印刷表面看起来会比实际物理上暗一些，目视或者测量的网点尺寸会比实际的几何尺寸大一些，这就是所谓的光学增大现象，也称为“光陷”。由图 2-14 可以得知，造成光学增大的原因主要是由纸面入射的光线被油墨层吸收了。光学网点增大发生在靠近网点和纸面交界线的地方。

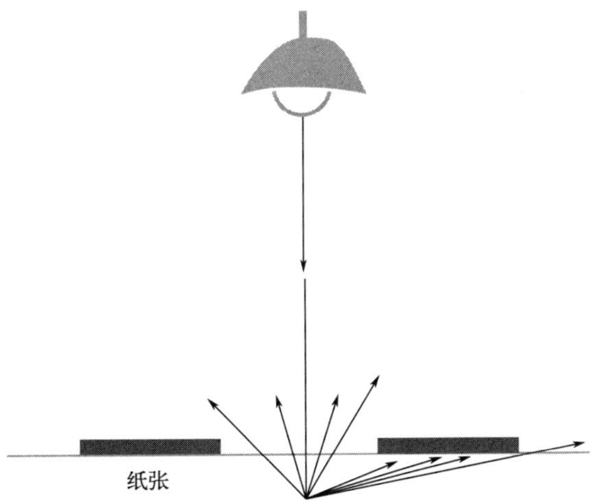


图 2-14　网点光学增大机理

ISO 12647—2:2013 给出了 5 条阶调值增加曲线，如表 2-6、图 2-15 所示。印刷条件不同，承印物不同，其 TVI 曲线也不同。例如，高级涂布纸调幅加网印刷时，TVI 目标曲线为 $A$；新网纸印刷时，TVI 目标曲线为 $C$；调频加网印刷时，TVI 目标曲线为 $E$。

ISO 12647 的其他部分在给出相应印刷方式的质量规范的同时，也给出了相应的 TVI 曲线或典型数据，如 ISO 12647-3:2013 给出了冷固新网纸胶印的阶调值增加数据，如表 2-7 和图 2-16 所示。

表 2-6 ISO 12647-2:2013 给出的 5 条阶调值增加数据

| 阶调值/% | 阶调值增加/% | | | | |
|---|---|---|---|---|---|
| | *A* | *B* | *C* | *D* | *E* |
| 0 | 0.0 | 0.0 | 0.0 | 0.0 | 0.0 |
| 5 | 3.3 | 4.6 | 5.8 | 6.4 | 6.8 |
| 10 | 6.1 | 8.3 | 10.6 | 11.6 | 12.6 |
| 20 | 10.5 | 13.9 | 17.2 | 19.3 | 21.2 |
| 30 | 13.5 | 17.2 | 20.9 | 23.7 | 26.4 |
| 40 | 15.3 | 18.8 | 22.3 | 25.4 | 28.5 |
| 50 | 16.0 | 19.0 | 22.0 | 25.0 | 28.0 |
| 60 | 15.6 | 17.9 | 20.3 | 22.8 | 25.3 |
| 70 | 14.0 | 15.7 | 17.4 | 19.1 | 20.7 |
| 80 | 11.0 | 12.1 | 13.2 | 14.0 | 14.7 |
| 90 | 6.5 | 7.0 | 7.5 | 7.7 | 7.7 |
| 95 | 3.5 | 3.8 | 4.0 | 4.0 | 3.9 |
| 100 | 0.0 | 0.0 | 0.0 | 0.0 | 0.0 |

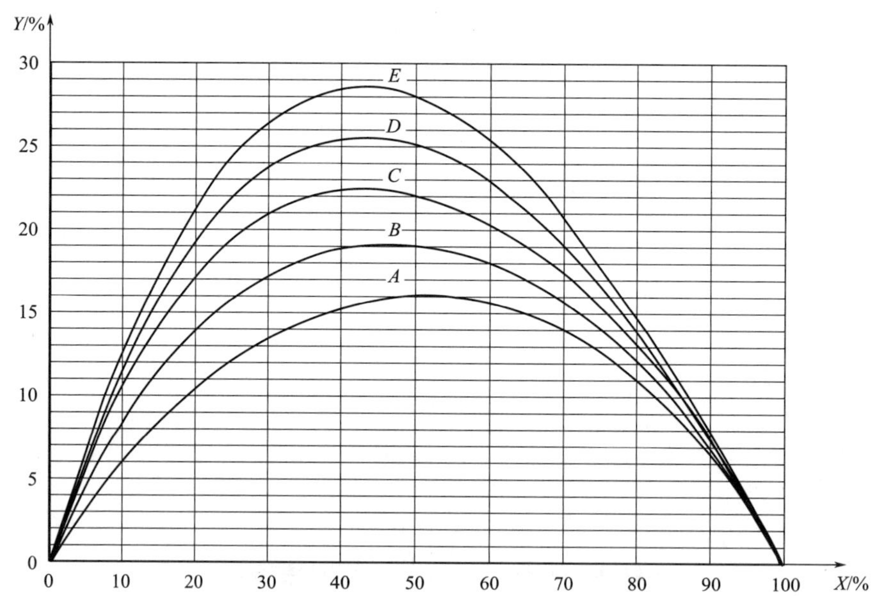


图 2-15 ISO 12647-2:2013 给出的 5 条阶调值增加曲线

表 2-7 ISO 12647-3:2013 给出的冷固新闻纸胶印的阶调值增加数据

| 阶调值/% | 阶调值增加/% |
|---|---|
| 0 | 0 |
| 5 | 6.0 |
| 10 | 11.1 |
| 20 | 19.0 |
| 30 | 23.9 |

续表

| 阶调值/% | 阶调值增加/% |
| --- | --- |
| 40 | 26.2 |
| 50 | 26.0 |
| 60 | 23.8 |
| 70 | 19.8 |
| 80 | 14.3 |
| 90 | 7.6 |
| 95 | 3.9 |
| 100 | 0 |

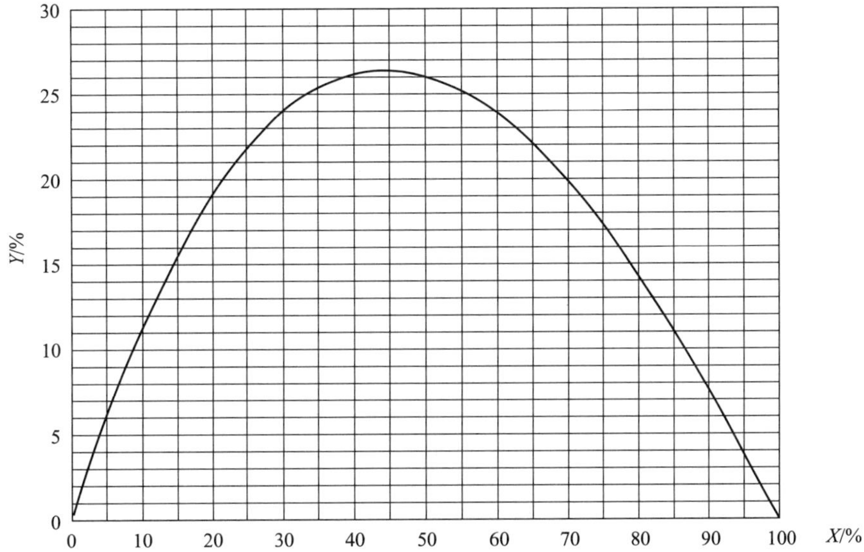


图 2-16 ISO 12647-3:2013 给出的冷固新网纸胶印的阶调值增加曲线

# 第五节 中性灰与灰平衡

## 一、中性灰定义

中性灰也称为中性色、灰等，是指在感知上没有色相颜色。研究表明，在色度图中，人眼在中性灰区域附近对颜色变化的宽容度要明显小于彩度较高的区域，如图 2-5 所示。因此，人眼对灰色的变化比较敏感。所以，印刷中只要控制好由黄、品红、青油墨叠印的中性灰，那么整个印刷的色彩控制也就没有问题了。

对灰的定义，曾有过争论，在印刷界，传统的中性灰用下列条件之一定义。

① CIELAB 色度值 $a^*$=0 且 $b^*$=0，即彩度 $C^*_{ab}$ 为 0；

② 三滤色片密度相同，即 $D_R = D_G = D_B$；

③ 具有和承印材料相同 $a^*$和 $b^*$的颜色；

④ 具有和用黑墨印刷的具有近似 $L^*$值的颜色相同的 $a^*$和 $b^*$的颜色。

在工业实践中发现，满足了上述中性灰定义的颜色有时候看起来不像灰，特别是彩色承印物的情况下，按照上述③定义的灰在亮调区域符合人的视觉感受，在中间调和暗调给人的感觉偏承印物的补色，定义④则与定义③相反。

因此，ISO 12647-2:2013 给出了中性灰新的定义公式，具体如下：

$$\begin{cases} a^* = a^*_{paper}[1-0.85(L^*_{paper}-L^*)/(L^*_{paper}-L^*_{CMY})] \\ b^* = b^*_{paper}[1-0.85(L^*_{paper}-L^*)/(L^*_{paper}-L^*_{CMY})] \end{cases} \tag{2-68}$$

式中 $a^*$，$b^*$——待判断色的 CIELAB 色度值；

$L^*$——待判断色的 CIELAB 明度值；

$L^*_{paper}$，$a^*_{paper}$，$b^*_{paper}$——纸张的 CIELAB 明度值和色度值；

$L^*_{CMY}$——三色实地叠印色块的明度值；

0.85——对纸白有 85%的视觉适应性。

假设纸张的 $L^*_{paper}$=95、$a^*_{paper}$=1、$b^*_{paper}$=−4，三色实地叠印色块的 $L^*_{CMY}$=25，对于介于纸白和三色叠印的最黑的颜色之间的任意 $L^*$值，可计算其中性灰色度值。计算结果如图 2-17 所示。

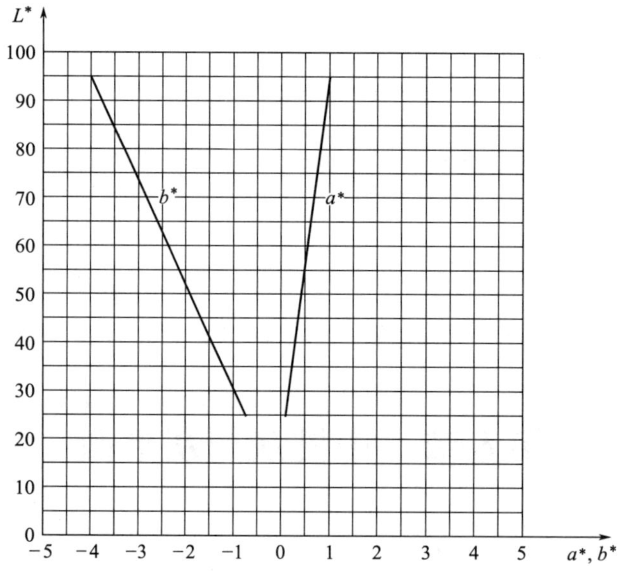


图 2-17 中性灰色度值曲线

G7 对中性灰采用了不同的定义方式，中性灰的颜色是纸张颜色的加权函数，随着颜色的加深，灰梯尺的 $a^*$和 $b^*$逐渐减小为 0，如式（2-69）所示。

$$\begin{cases} a^* = a^*_{paper}(1-C) \\ b^* = b^*_{paper}(1-C) \end{cases} \tag{2-69}$$

式中 $a^*$，$b^*$——在青的阶调值为 $C$ 时，灰色应满足的色度值；

$a^*_{paper}$，$b^*_{paper}$——纸张的色度值；

$C$——青的阶调值，范围为0～100%。

例如，当纸张的 $a^*=2.0$、$b^*=-6.0$ 时，25%、50%和75%CMY灰梯尺处的 $a^*$ 和 $b^*$ 值如表2-8所示。任意阶调下的 $a^*$ 和 $b^*$ 值也可以通过图2-18获取。

**表2-8　25%、50%和75%CMY灰梯尺处的目标 $a^*$ 和 $b^*$ 值**

| 灰梯尺 | 1–$C$ | 目标 $a^*$ | 目标 $b^*$ |
|---|---|---|---|
| 25% | 75% | +1.5 | −4.5 |
| 50% | 50% | +1.0 | −3.0 |
| 75% | 25% | +0.5 | −1.5 |

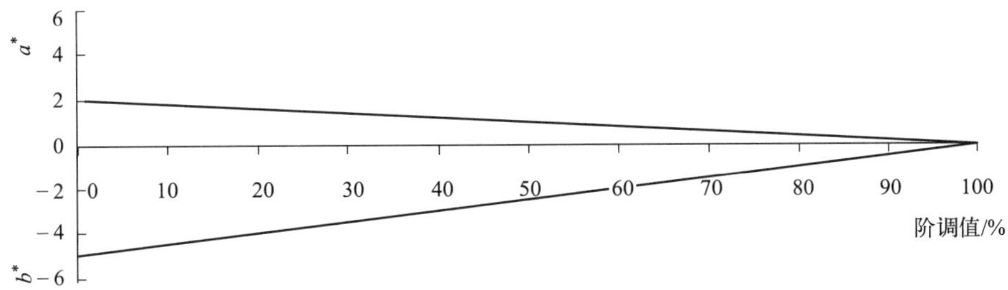


图2-18　G7中性灰目标色度值变化曲线

## 二、灰平衡

所谓灰平衡，就是将青（C）、品红（M）、黄（Y）三原色油墨叠印，或以一定比例的网点面积套印获得中性灰色。

理想的CMY油墨等量混合就是中性灰色，但是实际的三原色油墨密度不够，与理想油墨有很大差别，因此要想得到正确的各梯级的灰色，则必须根据油墨的实际特性，改变CMY油墨的叠印比例。

灰平衡是图像复制最重要的控制条件之一。它是彩色图像印刷中色彩再现的标尺，是衡量分色制版和颜色套准是否正确的一种尺度，是复制全过程中各个工序进行数据化、规范化生产共同遵守和实施的原则。它能够表示彩色印刷复制中由浅到深的整个画面色彩还原程度的好坏，是印刷生产中控制产品质量的一种重要手段。

研究灰平衡数据，一方面是为了在色彩合成中稳定纸张和油墨的呈色性能、墨层密度、网点增大与叠印效率对色彩还原的影响；另一方面也是为了在分色时对色彩数据进行全面调整和补偿，保证灰平衡的再现，避免印刷品出现色偏的现象。

表2-9是ISO/TS 10128中的灰平衡数据示例。例如，青为20%、品红为15%、黄为15%时，三者叠印就可以得到阶调值20%的中性灰。要特别注意，灰平衡是有条件的，若印刷条件（如纸张、油墨、印刷设备），甚至是环境发生变化，灰平衡的数据也会发生变化。彩插图2-19展示了表2-9中数据的曲线，横坐标为中性灰的阶调值，纵坐标为青、品红、黄的阶调值。在本示例中，品红和黄曲线刚好重合。通常情况下，构成灰平衡的三原色中，青油墨的比例要比品红和黄油墨大，亮调部分会高出3%左右，中间调部分会高出10%左右。

表 2-9 ISO/TS 10128 中的灰平衡数据示例 单位：%

| 中性灰的阶调值 | 阶调值 | | |
|---|---|---|---|
| | 青 | 品红 | 黄 |
| 0 | 0 | 0 | 0 |
| 2 | 2 | 1 | 1 |
| 4 | 4 | 3 | 3 |
| 6 | 6 | 4 | 4 |
| 8 | 8 | 5 | 5 |
| 10 | 10 | 7 | 7 |
| 15 | 15 | 11 | 11 |
| 20 | 20 | 15 | 15 |
| 25 | 25 | 19 | 19 |
| 30 | 30 | 23 | 23 |
| 35 | 35 | 27 | 27 |
| 40 | 40 | 31 | 31 |
| 45 | 45 | 36 | 36 |
| 50 | 50 | 40 | 40 |
| 55 | 55 | 45 | 45 |
| 60 | 60 | 50 | 50 |
| 65 | 65 | 55 | 55 |
| 70 | 70 | 60 | 60 |
| 75 | 75 | 66 | 66 |
| 80 | 80 | 72 | 72 |
| 85 | 85 | 78 | 78 |
| 90 | 90 | 84 | 84 |
| 95 | 95 | 92 | 92 |
| 98 | 98 | 97 | 97 |
| 100 | 100 | 100 | 100 |

## 三、灰平衡曲线绘制

### 1. 灰平衡测试图

要绘制灰平衡曲线，首先得设计出印刷测试图，可以根据需要用 Photoshop、Illustrator 或程序设计语言自行设计，也可以借用相关机构发布的灰平衡测试图，这里以 GATF 灰平衡测试图为例进行介绍，如彩插图 2-20 所示。

GATF 灰平衡测试图由 C、M、Y 三色以不同阶调值叠加后形成的一系列色块组成。GATF 灰平衡测试图共分为四个区域，每个区域所有的色块都有等量的青墨，其阶调值在左上角的网格中给出，分别为 7%、30%、80%和 60%；在每一区域中，每一列的色块都有等量的黄墨，其阶调值在上方的网格中给出，每一行的色块都有等量的品红墨，其阶调值在左侧的网格中给出。例如，在第二个矩阵中，青墨的量为 30%时，其对应的品红墨、黄墨的量为 28%～16%

（按 2%的顺序递减）。通常，当达到灰平衡时，青墨的量要比品红墨、黄墨大，所以品红墨、黄墨量的最大值比青墨量少 2%，不需要将品红、黄的阶调值取得比青高，可减少测控条中的色块总数。

### 2. 印刷灰平衡测试图

灰平衡是有条件的，条件发生改变时，灰平衡就可能发生改变，因此在绘制灰平衡曲线时，要在需要的印刷条件下印刷灰平衡测试图。

### 3. 确定中性灰的判定原则

根据前面的叙述可以知道，中性灰有多种定义方式，不同的定义方式得到的中性灰数据是不一样的。为了简便起见，这里以 G7 中的中性灰定义，即公式(2-69)为准则来确定中性灰。

### 4. 找中性灰色块

首先计算 GAFT 灰平衡测试图中 7%、30%、60%、80%阶调处中性灰的 $a^*$、$b^*$值，然后逐一测量每一个区域中每一个色块的色度值，确定出符合该区域阶调 $a^*$、$b^*$值的色块，最后找到该色块对应的 C、M、Y 阶调值，并记录在表 2-10 中。

**表 2-10　灰平衡数据记录表**

| 目标阶调值 | 阶调值 | | |
|---|---|---|---|
| | C | M | Y |
| 0% | 0 | 0 | 0 |
| 7% | | | |
| 30% | | | |
| 60% | | | |
| 80% | | | |
| 100% | 100% | 100% | 100% |

### 5. 绘制曲线

当表 2-10 完成后，就可以绘制灰平衡曲线了。纵坐标为目标阶调值，和青色的阶调值相同，横坐标为各原色的阶调值，将表 2-10 中的各点描在图中，再把相同原色的各阶调值的点连接起来，即为灰平衡曲线，和图 2-19 类似。

# 第六节　色序与叠印率

## 一、印刷色序

印刷品的色彩由具有不同色相的油墨叠印而成，叠印油墨的次序称为印刷色序。根据排列组合原理，四色（黄、品红、青、黑）印刷可以有 24 种不同的印刷色序。由于相互叠印、油墨本身的缺陷以及纸张质量等方面的因素，不同的印刷色序直接影响印刷品的质量以及所呈现的颜色。因此，科学合理地安排印刷色序，才能获得正确、柔和、层次丰富以及色调正确的优质印刷品，满足客户的需求。

在彩色印刷工艺中，后一色油墨附着在前一色油墨的膜层上的能力，称为油墨的叠印率。

叠印率是影响颜色复制的一个很重要的因素。平版胶印的彩色印刷品，一般是通过面积不同的黄、品红、青、黑油墨印刷的网点重叠或并列而呈现颜色的。因此，印刷品的色彩再现效果与油墨的印刷色序及叠印的墨量有着密切的关系。如彩插图 2-21（a）所示，第一色油墨干燥后再印第二色，称为干叠印或者湿压干印刷。如图 2-21（b）和（c）所示，第一色油墨未干燥就印第二色，称为湿叠印或者湿压湿印刷。单色机印刷为干叠印，多色机印刷大多为湿叠印。干叠印时第二色油墨能 100%印到第一色油墨上。湿叠印时第二色油墨不能全部印到第一色油墨上，叠印的颜色会产生偏色。例如，青油墨叠印到品红油墨上时，颜色偏红；品红油墨叠印到青油墨上时，颜色偏青。叠印率作为度量油墨叠印程度的物理量，其数值越高，叠印效果越好。

确定印刷色序的一般原则主要有以下几种。

① 遵循行业标准。比如 ISO12647-2 中规定了平版胶印的印刷色序为 KCMY 或者 CMYK。

② 根据油墨的黏度确定印刷色序。单色机是在第一色油墨干燥后再印第二色，而多色机是湿压湿印刷，因此应当控制好油墨的黏度和下墨量，黏度大的油墨先印，黏度小的油墨后印，否则容易产生逆套印现象。

③ 根据纸张的性质确定印刷色序。各种纸张的平滑度、白度、纤维松散度、表面强度和吸墨性不同。对于吸墨性好的纸张，先印暗色，后印亮色；对于吸墨性差的纸张，先印亮色，后印暗色。这是因为像黄墨这样的亮色油墨可以遮盖掉毛、掉粉等纸张缺陷。报纸印刷常用的色序为 YCMK，这是因为第一色印刷黄油墨可以遮盖新闻纸，为青油墨叠印提供更光滑的表面，而最后一色印刷黑油墨时，前三种油墨已经遮盖了纸张的缺陷，可以得到最大的黑度及对比度。

④ 根据机型确定印刷色序。印刷机机型不同，其叠印状态也不同。这是因为先印的单元和后印的单元存在一个时间差，会影响前色油墨的干燥状况。另外，印刷单元之间是否有干燥单元（红外干燥、紫外干燥）也会影响前色油墨的干燥状况。因此印刷色序的安排也有所不同。湿压干印刷的叠印率要比湿压湿印刷高。一般情况下，单色机和双色机的印刷色序以明暗色相互交替为宜，四色印刷机一般先印暗色，后印亮色。

⑤ 根据三原色油墨的透明度和遮盖力确定印刷色序。油墨的透明度和遮盖力取决于颜料和连结料的折射率之差。透明度较差、遮盖力较强的油墨对叠印后的色彩影响较大，如果后印就不易显出正确的色彩，达不到好的混色效果。所以一般来讲，透明度差、遮盖力强的油墨先印，透明度强、遮盖力差的油墨后印。

⑥ 根据网点覆盖面积确定印刷色序。前面的油墨覆盖率越高，后面的油墨越不容易叠印。因此，一般情况下，网点面积率小的先印，网点面积率大的后印。

⑦ 根据分色技术确定印刷色序。胶印的传统印刷色序为 KCMY，这是因为以前人们将扫描的 RGB 模式图像转换为 CMYK 模式图像使用的分色方法是底色去除（UCR）。底色去除的特点就是分色形成的单色图像中，黑版成分是最少的，黄版成分较多。因此，第一色印刷黑版意味着印刷青墨时有大面积未印刷的、干燥的纸张，青墨可以得到更好的叠印效果。黄墨覆盖率大，而且是透明的，最后印可以使印刷品获得类似上光的效果。现在的图像处理软件中大多使用灰成分替代（GCR）的分色方式，这种分色方式为了降低昂贵的彩墨的使用，加大了黑墨的用量。

⑧ 根据印刷方式确定印刷色序。凹版印刷和柔版印刷的油墨不同，干燥方式不同，因此使用的印刷色序也不同。

⑨ 如果印刷颜色多于四色，而专色和原色没有叠印的话，专色通常最后印刷。如果印刷颜色多于四色，而专色和原色叠印的话，若专色是非透明的，专色要最先印刷；若专色是透明的，专色和与它叠印的原色距离安排要尽量远（例如第一色和第五色），以保证先印的油墨充分地干燥，尽可能为干叠印，这样也会减少印刷中的墨斑。

⑩ 大多数印刷厂四色以上的印刷机通常第一色空着，印刷四色一般使用最后的四个印刷单元，因此高保真印刷一般采用其他色加印刷四色。

⑪ 干叠印获得的色域一般大于湿叠印，印刷色序的改变会影响二次色的呈色，因此改变印刷色序可以用来增强某种二次色。四色印刷中叠印效果差的话，颜色复制会产生色域变小、色偏、饱和度变低以及二次色上出现墨斑等现象。

## 二、叠印率的测定

叠印率的测量方法有多种，主要分为重量法和表观法，在印刷过程控制中通常采用表观法。目前为止，表观法都是采用密度测量方法计算油墨的叠印率，而目前色度测量在印刷过程控制中的使用越来越多。这里只介绍油墨叠印率的密度测量方法，如图 2-22 所示。

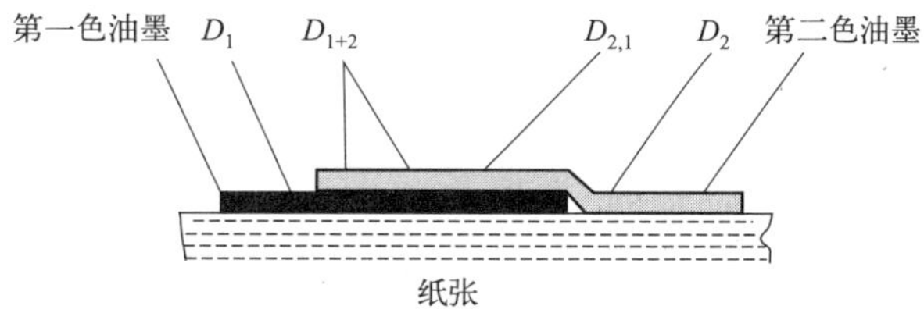


图 2-22　叠印率计算

如果将两个相互连接的印刷过程 1 和 2（例如第一色和第二色，但也有第一色和第四色印刷过程等）中叠印的色密度用 $D_{1+2}$ 表示，而第一个印刷过程第一色产生的色密度用 $D_1$ 表示，随后的印刷过程第二色产生的色密度用 $D_2$ 表示，那么，叠印率 $f_{1,2}$ 为

$$f_{1,2}=\frac{D_{1+2}-D_1}{D_2}\times 100\% \tag{2-70}$$

这个百分比说明了后印刷的油墨印在先印的油墨上与其印在空白的承印物上被接受的情况是同样好（$f_{1,2}\approx 100\%$）还是差一些（$f_{1,2}<100\%$）。三个色密度值 $D_1$、$D_2$ 和 $D_{1+2}$ 都用同样的测量滤色片进行测定，而且必须选择后印刷的油墨颜色的补色滤色片。承印物（纸张）作为测量的基准白度。

为了按照式(2-70)计算油墨叠印率，需要测定 $D_1$、$D_2$ 和 $D_{1+2}$。这三个密度全部是用第二色的补色滤色片测量得到的。例如在黄墨上叠印品红墨呈现红色，应该测定 $D_Y$、$D_M$ 和 $D_{Y+M}$，需要使用品红墨的补色滤色片，即绿滤色片。品红墨反射的品红光是由红光和蓝光混合而成的，能全部被绿滤色片吸收，黄墨反射的黄光是由红光和绿光混合而成的，其中的红光被绿滤色片吸收，所以密度计测得的 $D_{Y+M}$ 也包含了黄墨中被绿滤色片吸收的红光密度，这个密度值就等于用绿滤色片测得的直接印在纸张上的黄墨的密度 $D_Y$，$D_{Y+M}-D_Y$ 即消除了黄墨的干扰。同理，可以用红、绿、蓝滤色片分别测得下列叠印率公式中的各个密度。

使用红滤色片可以测青墨在品红墨上的叠印率［式（2-71）］以及青墨在黄墨上的叠印率［式（2-72）］。

$$f_{M,C}=\frac{D_{M+C}-D_M}{D_C}\times 100\% \tag{2-71}$$

$$f_{Y,C}=\frac{D_{Y+C}-D_Y}{D_C}\times 100\% \tag{2-72}$$

使用绿滤色片可以测品红墨在黄墨上的叠印率［式（2-73）］以及品红墨在青墨上的叠印率［式（2-74）］。

$$f_{Y,M}=\frac{D_{Y+M}-D_Y}{D_M}\times 100\% \tag{2-73}$$

$$f_{C,M}=\frac{D_{C+M}-D_C}{D_M}\times 100\% \tag{2-74}$$

使用蓝滤色片可以测黄墨在品红墨上的叠印率［式（2-75）］以及黄墨在青墨上的叠印率［式（2-76）］。

$$f_{M,Y}=\frac{D_{M+Y}-D_M}{D_Y}\times 100\% \tag{2-75}$$

$$f_{C,Y}=\frac{D_{C+Y}-D_C}{D_Y}\times 100\% \tag{2-76}$$

在印刷质量控制过程中，密度检测法可用来相对评价叠印色的效果，但应注意下列几个方面。

① 叠印率的测量有多种方法，各个方法其实都是有争议的，因此，计算的结果并不需要看得特别重要。

② 叠印率对印刷过程中的质量检测，特别是同一批次的质量检测很重要，叠印率越高，叠印性能就越好。

## 复习思考题

（1）印刷中常用的 PDF/X 各版本有何差异？

（2）在色差的评判中，为什么建议采用 CIEDE2000 色差公式？

（3）Adobe RGB、sRGB、eciRGB 之间有何区别？

（4）RGB 模式图像向 CMYK 模式图像转换时需要注意什么？

（5）四个印刷色块及所用纸张的三刺激值和各滤色片的密度如下所示，试用绝对密度公式、相对密度公式、色度公式计算这四个色块的阶调值。

| 颜色 | $X$ | $Y$ | $Z$ | $D_B$ | $D_G$ | $D_R$ | $D_v$ |
|---|---|---|---|---|---|---|---|
| 1 | 59.76 | 64.85 | 11.12 | 0.91 | 0.17 | 0.12 | 0.14 |
| 2 | 32.29 | 22.25 | 30.53 | 0.57 | 0.89 | 0.27 | 0.57 |
| 3 | 28.91 | 37.88 | 70.75 | 0.18 | 0.33 | 0.78 | 0.53 |
| 4 | 21.80 | 23.22 | 26.70 | 0.61 | 0.63 | 0.65 | 0.64 |

续表

| 颜色 | $X$ | $Y$ | $Z$ | $D_B$ | $D_G$ | $D_R$ | $D_V$ |
|---|---|---|---|---|---|---|---|
| 纸张 | 77.30 | 81.69 | 89.86 | 0.08 | 0.09 | 0.09 | 0.09 |
| 黑实地 | 2.43 | 2.61 | 2.92 | 1.57 | 1.57 | 1.61 | 1.59 |
| 黄实地 | 56.57 | 61.39 | 6.69 | 1.09 | 0.19 | 0.14 | 0.16 |
| 品实地 | 26.97 | 16.07 | 21.99 | 0.73 | 1.20 | 0.31 | 0.67 |
| 青实地 | 20.57 | 29.57 | 65.44 | 0.21 | 0.41 | 1.16 | 0.69 |

（6）灰的定义有哪些？各有什么优缺点？

（7）如何绘制灰平衡曲线？

（8）确定印刷色序的基本原则有哪些？

（9）印刷色序为CMYK，各色滤色片的密度如下，计算M在C上的叠印率以及Y在M上的叠印率。

| 色别 | $D_R$ | $D_G$ | $D_B$ |
|---|---|---|---|
| C | 1.03 | 0.32 | 0.11 |
| M | 0.09 | 1.16 | 0.55 |
| Y | 0.03 | 0.08 | 1.07 |
| R | 0.12 | 1.22 | 1.57 |
| G | 1.00 | 0.39 | 1.15 |
| B | 1.07 | 1.44 | 0.57 |

# · 第三章 ·

# 印刷品主观评价

印刷品在一定程度上可以说是视觉产品，同时兼具了文化传递、包装、广告等功能，因此，它给人的主观感受是非常重要的，印刷质量的优劣需要进行主观评价。主观评价就是评价者以印刷质量标准为依据，将印刷品对照印样或原稿，根据自己的学识、审美观点和爱好等做出评价。定性标准主要包括阶调层次、色彩、墨层、光泽、网点、套印、文字清晰度、外观、尺寸等。

主观评价印刷质量主要靠目测，通过放大镜观察印刷网点从印版到印刷品的传递过程中形状和面积的变化，从而对网点进行定性的评估。另外，还可以观察印刷套准情况等。主观评价的结果往往以定性指标的方式表示出来，对各个印刷品区分等级或者打分。主观评价虽有一定的准确性，但因评价人员的视觉生理差别、心理素质差别以及情绪因素等的影响，或多或少地存在印象分的成分。同时，由于缺乏客观的质量数据资料，说服力不强。有时对某些产品的评定，评价人员的看法也不一致，各执一词，迟迟不能统一。因此，在主观评价中强调要将观察条件客观化，尽量与客观评价相一致。

## 第一节　印刷品对比和单独主观评价观察条件

在印刷过程中，对印刷质量进行控制的最佳观察条件应该与印刷品最终的观察环境相符。如果十分清楚最终的观察环境，印刷工作人员就可以在相同的条件下进行印刷品的品质监控了。但是这种情况一般不太可能，尤其是最终的观察条件不允许我们对原稿、照片或合同样张、最终印刷品件进行直接的对比。因为在光源和相关观察条件下，每一种材料的显色方式都直接影响最终的图像效果，为了避免对色彩复制效果的误解，在产品复制过程中使用稳定的观察条件是十分必要的。观察环境的周围物体或存在的物体表面，其颜色和亮度也在很大程度上影响着观察者对观察对象的节点色彩感觉。有时，人们使用标准观察箱进行观察。但是一般的观察台建在房子的某一部分，所以，对观察环境的控制十分重要。

为确保在所有的复制环节中使用统一的观察条件，推荐统一的观察标准势在必行。对于彩色印刷品和照片的观察条件，推荐的标准是 ISO 3664。

ISO 3664 规定了用于反射和透射媒体图像的观察条件，如印刷品和透明胶片以及在彩色显示器上独立显示的图像，特别适合用于下列情况。

① 透明片、反射摄影照片或印刷品和/或其他物体和图像的关键性比较；

② 在照度和实际应用相似的情况下，印刷品和透明片阶调复制与颜色的评估，包括例行检查；

③ 投影观测的透明片和印刷品、物体或其他复制品的关键性比较；

④ 不和其他硬拷贝比较的彩色显示器上的图像评估。

ISO 3664 不适合用于未印刷的纸张。

ISO 3664:2009 给出了 5 种观察条件，即印刷品比较观察条件（P1）、印刷品实际评估条件（P2）、透射直接观察条件（T1）、透射片的投影观察条件（T2）、显示器上的图像评估条件，具体要求如表 3-1 所示。P1 是通常用于原稿和复制品之间或者两个复制品之间比较的观察条件，比较的图像可以在相同的媒介上或不同的媒介上（包括摄影作品或印刷品和印刷机打样稿或非印刷机打样稿）。P2 是用于单个图像的阶调评估、摄影图像检查和印刷品判定的观察条件。T1 是通过漫射照明直接观察胶片的条件，T2 是通过投影观察胶片的条件。由于印刷胶片几乎被淘汰，T1 和 T2 不做过多探讨。彩色显示器上的图像评估条件适合用于单个图像在显示器上的观察，不适合用于显示器图像和印刷图像的对比观察。

**表 3-1 ISO 3664:2009 的观察条件**

<table>
<tr><th colspan="2">观察条件</th><th>印刷品比较观察条件（P1）</th><th>透射直接观察条件（T1）</th><th>印刷品实际评估评价（P2）</th><th>透射片的投影观察条件（T2）</th><th>彩色显示器上的图像评估条件</th></tr>
<tr><td rowspan="2">参考照明体</td><td>照明体</td><td>CIE 照明体 $D_{50}$</td><td>CIE 照明体 $D_{50}$</td><td>CIE 照明体 $D_{50}$</td><td>CIE 照明体 $D_{50}$</td><td>CIE 照明体 $D_{65}$</td></tr>
<tr><td>色度容差</td><td>0.005</td><td>0.005</td><td>0.005</td><td>0.005</td><td>0.025</td></tr>
<tr><td rowspan="2">亮度/照度</td><td>照度/lx</td><td>2000±500<br>（2000±250）</td><td>—</td><td>500±125</td><td>—</td><td>—</td></tr>
<tr><td>亮度/(cd/m$^2$)</td><td></td><td>1270±320<br>（1270±160）</td><td></td><td>1270±320</td><td>>80（>160）</td></tr>
<tr><td rowspan="2">符合 CIE13.3-1995 的显色指数</td><td>一般显色指数</td><td>≥90</td><td>≥90</td><td>≥90</td><td>≥90</td><td rowspan="2">不适用</td></tr>
<tr><td>样本 1～8 的特殊显色指数</td><td>≥80</td><td>≥80</td><td>≥80</td><td>≥80</td></tr>
<tr><td rowspan="2">符合 ISO 23603 的同色异谱指数</td><td>视觉</td><td>C 或更好<br>（B 或更好）</td><td>C 或更好<br>（B 或更好）</td><td>C 或更好<br>（B 或更好）</td><td>C 或更好<br>（B 或更好）</td><td rowspan="2">不适用</td></tr>
<tr><td>UV</td><td><1.5（<1）</td><td>—</td><td><1.5（<1）</td><td>—</td></tr>
<tr><td rowspan="2">照度均匀性<br>（最小：最大）</td><td>平面≤1m×1m</td><td>≥0.75</td><td rowspan="2">≥0.75</td><td rowspan="2">≥0.75</td><td rowspan="2">≥0.75</td><td rowspan="2">不适用</td></tr>
<tr><td>平面>1m×1m</td><td>≥0.6</td></tr>
<tr><td colspan="2">环境照明的反射率/照度/亮度</td><td><60%（中性灰、无光泽）</td><td>5%～10%的亮度水平（中性灰，并向外延伸 50mm）</td><td><60%（中性灰、无光泽）</td><td>亮度水平为 5%～10%（中性灰，并向各方向延伸 50mm）</td><td>中性灰、暗灰或黑</td></tr>
</table>

## 一、光源

光源是人感知颜色的首要条件。现实中的光源，无论是自然光还是人工光源，差异都非常明显。为了颜色测量与观测的标准化，国际照明委员会规定了一系列标准照明体，与之对应的实体光源即为相应的标准光源。在工业应用中，大多使用标准光源 $D_{65}$ 和 $D_{50}$。

$D_{65}$和 $D_{50}$ 都可以模拟日光的效果，$D_{50}$ 光源的色温为 5000K，$D_{65}$ 光源的色温为 6500K。它们的相对光谱功率分布如图 3-1 所示。从图中可以看出，在小于 560nm 的波段上，$D_{65}$ 的相对光谱功率分布要大于 $D_{50}$；在大于 560nm 的波段，$D_{65}$ 的相对光谱功率分布则小于 $D_{50}$。也就是说，$D_{65}$ 相对于 $D_{50}$ 要偏蓝一些，$D_{50}$ 要偏暖一些。在造纸、纺织、电视等行业中，推荐使用的光源是 $D_{65}$；在印刷行业中，推荐使用的光源是 $D_{50}$。这两个光源在 2°视场和 10°视场的三刺激值如表 3-2 所示。在传统印刷中，根据待评估样品的主要透射或反射特性，可以分为两种不同类型的观察条件：透射介质观察条件和反射介质观察条件。对于透射介质，比如传统印刷行业中的分色片（大多呈现中性灰色），用 2800～4000K 色温的钨丝灯照明是比较合适的；对于反射样品，观察条件最好是在自然光下。自然光的光谱功率分布并不均匀，也不是永恒不变的，它随着时间而变化。根据研究，色温 6500K 的 $D_{65}$ 光源代表了北半球的平均日光（或者北窗光），适合代替自然光用于颜色评估或对比。因此，观察透视片的最佳色温是 3000K，观察反射样品的最佳色温约 6500K。而在同一个行业用两种色温的光源显然是不合适的，因为人眼的视觉适应需要一个稳定的参考条件，直接比较两幅具有不同“白点”的图像会产生明显不同的感知，所以，人们达成了妥协，统一采用平均观察色温 5000K。这样印刷厂就不必在印前和印刷车间安装不同色温的光源灯了。其他行业则没有这些问题，一直采用 $D_{65}$ 作为参考光源。

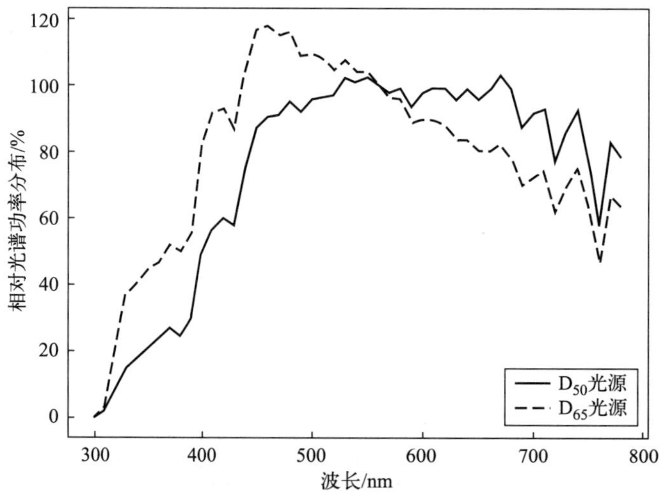


图 3-1　$D_{50}$ 和 $D_{65}$ 的相对光谱功率分布

**表 3-2　$D_{50}$ 和 $D_{65}$ 的三刺激值及色度坐标**

| 光源 | 视场 | $X$ | $Y$ | $Z$ | $x$ | $y$ |
|---|---|---|---|---|---|---|
| $D_{50}$ | 2° | 96.42 | 100 | 82.51 | 0.34568 | 0.35851 |
| | 10° | 96.72 | 100 | 81.43 | 0.34773 | 0.35952 |
| $D_{65}$ | 2° | 95.04 | 100 | 108.88 | 0.31271 | 0.32903 |
| | 10° | 94.81 | 100 | 107.32 | 0.31381 | 0.33098 |

表 3-1 中的色度容差可用式（3-1）计算。

$$\Delta C = \sqrt{(u'_{10,s} - u'_{10,t})^2 + (v'_{10,s} - v'_{10,t})^2} \tag{3-1}$$

式中 $u'_{10,s}$，$v'_{10,s}$——$D_{50}$ 在 CIELUV 中的色度坐标，$u'_{10,s}=0.2102$，$v'_{10,s}=0.4889$；

$u'_{10,t}$，$v'_{10,t}$——所用照明体在 CIELUV 中的色度坐标。

## 二、显色指数

显色性是指与参照光源比较，光源显现物体颜色的特性，它用来表征光源下物体颜色对人产生的视觉效果。光源显色性直接影响物体颜色的外貌。光源显色指数是反映光源显色性的颜色保真度的定量描述，以被测光源下物体颜色和参考照明体下物体颜色的相符合程度来表示，一般小于等于 100。

按照 GB/T 5702—2019《光源显色性评价方法》，计算显色指数时要用到 15 个颜色样本，每个颜色样本在被测光源和标准照明体下的色彩为 $\Delta E_i$，$100-4.6\Delta E_i$ 即为每个颜色样本的特殊显色指数，第 1～8 个颜色样本的特殊显色指数的平均值即为一般显色指数。GB/T 5702 与 CIE 13.3 是一致的，区别是 CIE 13.3 只有 14 个颜色样本。我国在制定光源显色性评价方法的国家标准时，既采用了 CIE 推荐的光源显色性评价方法，又考虑到我国人肤色的特征，增加了我国女性面部肤色，即第 15 号样本。因此我国的光源显色性评价方法既具有国际通用性，又符合中国人的视觉心理。

表 3-1 中 P1 和 P2 的显色性要求一般显色指数要大于等于 90，并且样本 1～8 的每个特殊显色指数要大于等于 80。

## 三、同色异谱指数

同色异谱是指两个颜色样本在可见光谱内的分布不同，而对于特定的标准观察者和特定的照明具有相同的三刺激值。表 3-1 要求的同色异谱指数由 ISO 23603 计算。在该标准中，给出了 5 个样本用于计算视觉同色异谱指数和 3 个样本用于计算紫外同色异谱指数，并给出了这些样本在 $D_{50}$、$D_{55}$、$D_{65}$、$D_{75}$ 等标准照明体下的光谱分布。用待测光源分别计算标准样本和对应照明体的 CIELAB 色度，然后计算色差并求平均值，根据色差的大小，可将光源分为 A、B、C、D、E 共 5 个等级，其中 A 为最高等级。P1 和 P2 要求等级至少为 C，最好是 B 或更高。

## 四、照度及其均匀性

照度是指物体被照亮的程度。在接收面上一点处的光照度等于照射在包括该点在内的一个面元上的光通量与该面元的面积之比，单位为勒克斯（lx）。当 1lm 的光通量均匀地照射在 $1m^2$ 的面上时，这个面上的照度就是 1lx，即 $1lx=1lm/m^2$。

表 3-1 要求 P1 的照度应在(2000±500)lx，即进行印刷品和原稿对比时，照度在 1500～2500 lx 之间。但是这个范围太大了，最好是(2000±250)lx。在整个样张表面照度要尽量均匀。对于达到 $1m^2$ 的观察区域，任意一点的照度都不能小于中心的 75%。对于更大的观察区域，最低下限为 60%。评估照度均匀性至少要测量 9 个观察平面上均匀分布的点。对于观察单个印刷品的 P2 条件，不需要很高的照度，(500±125)lx 即可。

## 五、周围环境

周围场和背衬应当是中性灰的及无光泽的。周围场的光反射系数（入射光通量和反射光通量的比值）应在10%～60%之间。对于担心观察眩光的关键性评估，推荐用20%的灰。在多个地方评估图像时，各自的周围场要一致，各周围场的反射比要在(1.0±0.2)∶1范围内。

观察环境一定要尽可能小地影响观察任务，观察者要避免进到新的照明环境中立即进行评估。这是因为视觉适应要花几分钟时间。重要的是要消除印刷品或胶片视觉评估的外部影响，不管是来自光源还是物体表面反射的外部光线都必须要挡住，以免影响观察和照射在印刷品、胶片或者其他被评估的图像上。另外，有强烈颜色的表面（如衣服）也不要进入评估环境。在视场范围内的墙、天花板、地面和表面要挡住，或者涂成反射率60%或者更低的中性灰。需要注意的是，用一个观察箱就可以很容易地把这些问题降至最低，避免过度地观察眩光。然而，即使用这些装置，也要注意避免外部光。

### 六、P1和P2条件对比

从表3-1可以看出，P1和P2的光源、显色指数、同色异谱指数、照度均匀性、周围环境等要求完全一致或基本一致，最大的区别在于照度。用于印刷品对比时照度要求高，用于模拟印刷品最终的观察条件时不需要很高的照度。

需要注意的是，P2的相对光谱功率分布特征和P1完全相同。因此，在P1下匹配的图像在P2下也会匹配。但是反过来就不一定了，特别是有明显的暗调范围时。

经验表明，P1的高照度水平会在图像的阶调复制和颜色方面给人错误的感觉。这些图像最终要在低照度水平的情况下被消费者应用，在很高的照度下能够让人非常乐于接受的图像在常规的照度水平时不见得让人满意。为了避免这个问题，检查印刷品的照度水平可以任意设置，印刷用户常常把样张拿到未知条件的低照度水平下核实阶调复制是否可接受。因为照度水平和照明特征都是不可控制的，这就给工艺带来了不确定性，不便于有效交流。规定的观察条件用于办公室、图书馆或相对明亮的住宅照明条件下的阶调复制评估、摄影图像检查或印刷品判定。通过这些条件下的图像评估，基本可以保证满意的阶调复制。这种判定不可能在P1规定的高照度条件下准确地做出。

在印刷工业中，主要的观察应用就是印品与原稿或印刷品间的比较，这要用P1条件。但是阶调复制要在低照度水平下评定时，建议用P2或实际照明条件补充P1。

## 第二节 显示图像的主观评价

### 一、软打样显示器的性能要求

软打样已经是印刷行业越来越重要的需求。所谓软打样就是使用显示器对彩色图像数据可视化，以在规定的照明和观察条件下对其进行质量评判或者作为原稿以便于印刷追样。软打样最重要的就是彩色显示器。彩色显示器上彩色图像的外观除了受到环境的影响，还受到许多物理因素的影响，其中最重要的是均匀性、尺寸和分辨率（以便以接近其正常尺寸和在正常观看距离下在硬拷贝上可见的最精细细节的方式再现校样）、随观察方向变化的电光特性、无闪烁和眩光（具有不同图像的镜面反射）、显示器的光电子校准及其显示驱动软件的设置。在这方面，能让大家接受的打样系统，显示器需要具备这些特性。ISO 12646给出了软打样显示器的性能要求。

### 1. 基本要求

软打样显示器评测时，最好把显示器校正到亮度 160cd/m²，色度匹配到 2°视场下的 $D_{50}$（$x$=0.3457，$y$=0.3585），伽马值 2.2。显示器必须能显示红、绿、蓝通道都为最大值（8 位时为 255）的“白色”图像。

显示器的测试必须在稳定的条件下进行。为了确定显示器的稳定时间，每台显示器都应在温度可控的房间内在校正模式下运行 12h。房间温度变化不能超过±0.5℃，范围在 18～28℃。

显示器稳定时间（预热时间）要求亮度变化不超过 2%（和 12h 的最后 9h 的测量平均值相比），白点变化不超过校正条件 CIE$\Delta x$、$\Delta y$ 的±0.005。如果显示器达不到稳定条件，就不能用。显示器的预热状况须用亮度变化图和 CIE$\Delta x$、$\Delta y$ 的测量值表示，并用与 12h 的最后 9h 平均值的百分比表示。

### 2. 均匀性要求

软打样系统的均匀性非常重要，应检查屏幕的实地色和层次（梯度）。

（1）颜色均匀性评价

将屏幕分为 5×5 均匀的网格，以中心网格色块在显示器最大驱动值下的测量值为参考白，计算 25 个网格的 CIELAB 值。注意，这种方法会导致 $L^*$大于 100。在三种驱动水平（图 3-2）下，即最大驱动水平（白）（8 位显示器 R=G=B=255）、最大驱动水平的一半（灰）（8 位显示器 R=G=B=127）、最大驱动水平的 1/4（深灰）（8 位显示器 R=G=B=63），计算周围 24 个网格和中心网格的色差 $\Delta E_{00}$，要求小于等于 4。

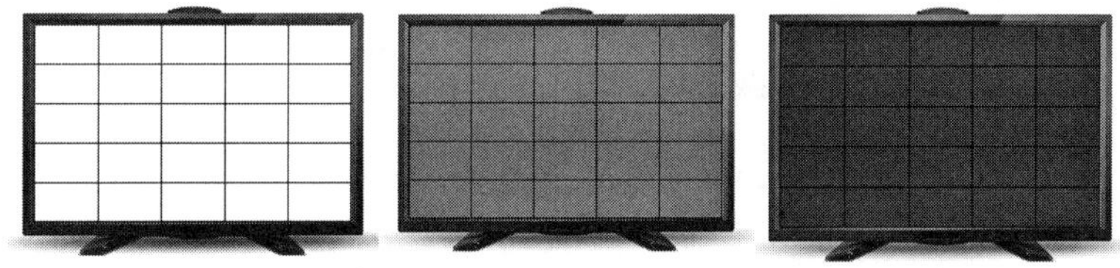

(a)　　(b)　　(c)

图 3-2　显示器均匀性评价的 5×5 网格及三种驱动水平

（2）亮度均匀性评价

测量灰（最大驱动水平的一半，8 位显示器 R=G=B=127）和白（最大驱动水平，8 位显示器 R=G=B=255）的亮度，计算灰/白比。对于非中心区域的灰/白比 $T_i$（$i$=1,2,⋯,24），用式（3-2）表示。亮度均匀性的偏差应小于 10%，即 $T_i$（$i$=1,2,⋯,24）的最大值最好小于 10%。

$$T_i = \text{abs}\left(\frac{R_i}{R_c} - 1\right) \quad i=1,2,\cdots,24 \tag{3-2}$$

式中　$R_c$——图 3-2 中中心网格的亮度；

$R_i$——图 3-2 中除中心网格外的 24 个网格的亮度。

亮度均匀性用 max($T_i$) ($i$=1,2,⋯,24)表示，最好小于 0.1，也就是 $R_i$ 在 0.9$R_c$～1.1$R_c$ 之间。

### 3. 观察锥特性

观察锥是指源于显示屏幕的圆锥形空间，包含了倾角为 $\theta$ 的所有观察方向，如图 3-3 所示。

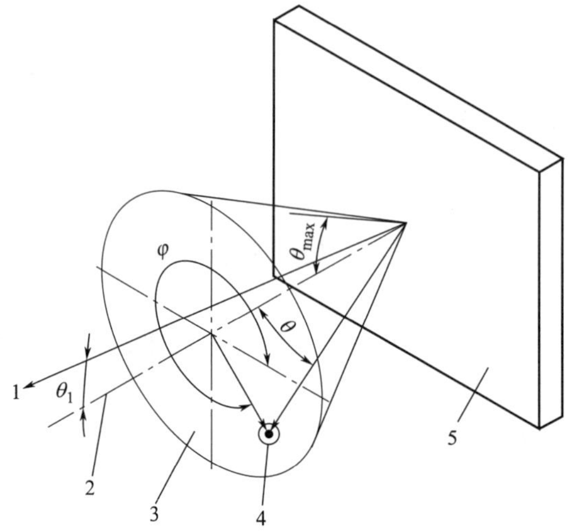


图 3-3　球形坐标系统

1—设计观察方向（design viewing direction，DVD）；2—表面法线（$n$）；3—观察锥；4—$\varphi$和 $\theta$ 定义的测量方向的点；5—平板显示器（FPD）；$\theta$—关于表面法线测量方向的倾角；$\theta_1$—DVD 的倾角；$\theta_{max}$—表面法线的最大倾角；$\varphi$—测量方向的方位角

在给定的观察距离下（默认 500mm），观察者的一只眼睛正对着显示器的中心，计算出水平、垂直、对角线的最大角度（$\theta_{max,h}$、$\theta_{max,v}$、$\theta_{max,d}$）。另外，也必须计算出 45°的 $\theta_{max}$。最大倾角取决于屏幕的尺寸、屏幕的宽高比以及观察距离，计算如下：

$$\theta_{max,h} = \arctan\left(\frac{W2}{VD}\right)\times\frac{180°}{\pi} \tag{3-3}$$

$$\theta_{max,v} = \arctan\left(\frac{H2}{VD}\right)\times\frac{180°}{\pi} \tag{3-4}$$

$$\theta_{max,d} = \arctan\left(\frac{D2}{VD}\right)\times\frac{180°}{\pi} \tag{3-5}$$

$$\theta_{max,45} = \arctan\left(\frac{D45\_2}{VD}\right)\times\frac{180°}{\pi} \tag{3-6}$$

式中　$W2$——显示器宽度的一半，mm；

$H2$——显示器高度的一半，mm；

$D2$——显示器对角线长度的一半，mm；

$VD$——观察距离，mm；

$D45\_2$——45°对角线长度的一半，$D45\_2 = H2/\sin(45°\times\pi/180°)$。

示例：对于 15in 的笔记本电脑显示器，宽高比是 1.6（高 202mm，宽 323mm，对角线 $15\times2.54 = 381$mm），观察距离 500mm，$\theta_{max,h}$ =17.9°，$\theta_{max,v}$ =11.4°，$\theta_{max,d}$ =20.9°，$\theta_{max,45}$ =15.9°。

所有观察角 $\theta$ 直到 $\theta_{max}$ 的评价以 10°为步长（或者更小），根据评价的步长对 $\theta_{max}$ 取整。如果观察距离超过 500mm 一定要说明。

印刷工业软打样显示器在任何驱动水平下在可视观察锥内都应该具有很小的颜色偏差。通过计算每个方位的观察角（最大到 $\theta_{max}$）的 $\Delta E_{00}$ 色差可评价可视观察锥的颜色稳定性。对于最大驱动水平的白（8 位显示器 R=G=B=255）和最大驱动水平一半的灰（8 位显示器

R=G=B=127），$\Delta E_{00}$ 必须小于 10；对于最大驱动水平 1/4 的深灰（8 位显示器 R=G=B=63）和 1%亮度（1.6cd/m$^2$）的驱动水平之间的色差也应该小于 10 $\Delta E_{00}$。

### 4. 伽马差

为了保证图像外观的稳定，在观察角度和显示器区域内，显示器的变化尽可能小是非常重要的。伽马差 $\Delta\gamma$（阶调再现）的评价首先要计算显示器中心的归一化“相对”亮度值，然后再与每个观察方向或观察点的计算值比较。相对亮度 $Y_{rel}$ 是灰（8 位显示器 R=G=B=127）和白（8 位显示器 R=G=B=255）的比。显示器稳定性可通过公式（3-7）计算“$\Delta\gamma$”来评估。

$$\text{“}\Delta\gamma\text{”}=\frac{Y_{rel}(\theta,\varphi)}{Y_{rel}(@DVD)}-1 \tag{3-7}$$

其中

$$Y_{rel}=\frac{Y_{grey}}{Y_{white}}$$

示例：如图 3-4 所示，计算如下。

$$Y_{rel}(\theta,\varphi)=\frac{50}{160}=0.312\sim\gamma=1.68$$

$$Y_{rel}(@DVD)=\frac{60}{200}=0.3\sim\gamma=1.74$$

$$\text{“}\Delta\gamma\text{”}=\frac{0.312}{0.3}-1=0.0417\rightarrow\text{“}\Delta\gamma\text{”}=4.2\%$$

需要注意的是，为了更容易地沟通交流，从业者可将其称为“$\Delta\gamma$”，用双引号表明这不是真正的伽马值差异，而是仅与伽马值差有关。

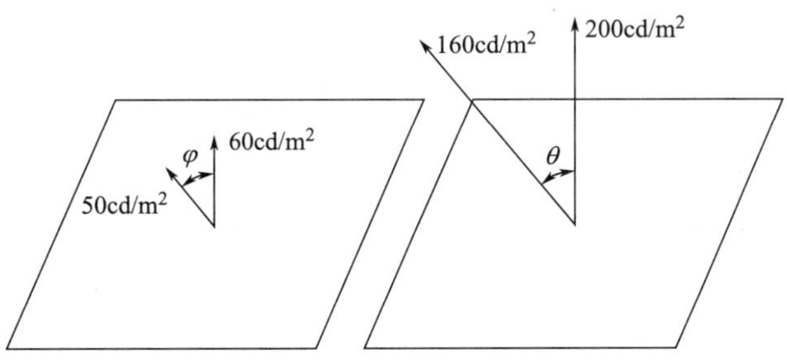


图 3-4 “$\Delta\gamma$”计算示例

与观察角有关的伽马差“$\Delta\gamma$”，在灰色（8 位显示器 R=G=B=127）时应小于等于 10%。不能满足“$\Delta\gamma$”规范要求，但能满足本节其他规范要求的显示器归为 B 类显示器。能通过所有规范要求的显示器定为 A 类显示器。

### 5. 反射特性

显示器关闭状态下的表面反射特性必须在黑屋子里用点光源进行视觉评判。点光源从屏幕的反射应该模糊，并且随着偏离镜面反射方向逐渐平滑地下降。

## 二、显示图像主观评价的软打样系统要求

软打样通常有三种典型的场景：第一种是仅用显示器显示，无相关的观察箱；第二种是观察箱和显示器并列放置；第三种是显示器内置在观察箱中。在测试显示器显示的图像对原稿色度数据模拟的接近程度时，这三种场景并不需要区分。然而，软打样显示器图像和参考印刷品评价时，观察箱或房间的光源必须是可控的。

软打样系统的客观评价分为三个步骤：第一步，测试显示器和观察箱，以保证它们能够达到进行高质量软打样的要求；第二步，测试显示器和显示驱动软件组合后的能力；第三步，测试对输出条件模拟的能力，通常是特性印刷条件。

有了数据处理和显示驱动软件，就可以把驱动显示器和对给定色度参考的模拟分开进行。显示驱动软件的主要关注点在于显示器精确的特性化，这通常需要接触式测量仪器完成。

一旦显示设备完成评估，就要评估显示器和相应观察箱（或者具备观察箱功能的室内照明设施）以及外界照明的整体效果。观察者看到的显示器的色度就是对模拟的特性化印刷条件，因此，这时的评价就需要非接触式分光辐射度计。

通常在没有硬拷贝样张的情况下，对照软打样样张对报纸或胶印产品等印刷产品进行评估时，可使用显示器和相关联的观察箱，和/或使用安装在硬拷贝观察箱中的显示器。针对这种情况，正在进行关于如何能可靠地显示具体文件，使其发挥合同样张的作用,或作为有色差纠纷时的参考等相关内容的研究。

这里不考虑不可控的照明条件下单独使用显示器的场景，因为不考虑环境光的影响就不能正确评价显示器上软打样的最终视觉效果，即使在单独观察软打样样张而不与实物（如打样印刷品、生产印刷品或产品样品）做对比时也是如此。

要实现软打样样张对参照样品的合格模拟并不容易，若想达到精准就要严格控制流程中的诸多方面。

## 三、显示器单独显示图像

当仅用显示器进行图像评价时，显示器应该满足A类或B类的要求，同时应遵循下列准则。

① 位于显示器面板处的完全反射漫射体的亮度不应大于显示白点亮度的1/4（8位显示器的R=G=B=255）。

② 显示器框架、显示器的周围、书桌、墙壁和视野中的所有东西都应接近中性，以确保没有饱和的彩色元素影响观察者的色彩适应。对于显示器框架，灰色是最好的颜色，但黑色或白色也可以使用。由于眩光，银色或铝显示器框架不适合。对于墙壁和书桌，中性灰色最好，但白色也可以使用。

③ 应使用显示器罩，尽量减少周围照明在显示器表面反射造成的影响。遮光罩应覆盖顶部和两侧的显示面。

④ 桌面和键盘的颜色应该是中性色，并且反射率要低。

用与ISO 12647-7测控条兼容的色块测量的特征化印刷条件和显示之间的色差应在表3-3规定的公差内。

表 3-3 参考印刷和软打样间的 $\Delta E_{00}$

| 平均值 | 最大值 | 最大值（原色） | 组合灰色块 |
| --- | --- | --- | --- |
| $\Delta E_{00} \leqslant 4$ | $\Delta E_{00} \leqslant 6.5$ | $\Delta E_{00} \leqslant 5$ | $\Delta E_{00} \leqslant 3$ |

## 四、软拷贝和硬拷贝的对比评价条件

视觉环境的设计应尽量减少对观察任务的干扰，重要的是要消除外部条件对显示器上图像和观察箱中印刷品观察评价的影响。软打样设置时有多种可能的潜在变化。为了尽量减少变化，会有一些特定的要求。

软打样的配置主要有两种。第一种环境是显示器紧挨着观察箱放置（但不是放在内部）。这时，要控制好环境光，这样杂散光才不会对显示的图像或它的周围产生显著的影响。在这种情况下，观察箱内的照度水平可以使用远程光谱辐射计进行调整，从而使显示模拟的纸张和实际印刷的纸张亮度相匹配。如果需要的照度级别不同于 P1 或 P2，则应在 ISO 3664 评估测试中使用此级别（除了规定的 P1 或 P2 外）。

第二种环境是显示器上有可预测的或不可避免的光照。例如，显示器放置在观察箱里面，观察箱光源的光不可避免地照射在显示器的屏幕上。这时可以使用遮光罩，尽可能减少照明对显示器屏幕的影响。

如果没有由制造商在暗室测试过的专用观察箱，则 ISO 3664 中规定的所有准则都应进行测试。

## 复习思考题

（1）P1 和 P2 有何区别？

（2）用于软打样的显示器应该具有什么样的指标？

（3）A 类显示器和 B 类显示器有何区别？

# ·第四章·
# 测控条

在印刷中，彩色图像一般由不同大小的细小网点形成明暗层次。为了保证对色彩的控制及色彩的一致性，必须检测这些细小网点的尺寸和色彩强度。但印刷品是由四色网点叠印而成的，很难把各个影响复制质量的因素分开。

为了解决这个问题，设计出了一系列的测试块，放置在要印刷的图文旁边和图文一起印刷。每个测试块都是用来检测印刷过程中某方面特性的。一些测试块可以目视检查，另一些则可以用测量仪器检测。这些测试块往往排成一行或者两行，放置在印张的边缘，因而称为测控条或者色标。

20 世纪 50 年代就推出了测控条。它是由已知特定面积、不同几何形状的图形组成的平面条状图标，以胶片形式存在，用来判断、检验和控制拷贝、晒版、打样和印刷时的图文转移情况，进而达到检验印刷复制品质量的目的。最早见到的是美国 PDI（印刷研究所）的信号条、GATF（美国印刷技术基金会）的星标、字码信号条、网点增大尺、质量控制条等。使用过程中规定了这些测控条在正常状态的要求，当生产中由于种种原因出现异常时，图形就会发生变化，给出“信号”。如果异常的程度超出了允许的范围，就需要进行相应的调整。这类测控条只反映偏差，给出的“信号”只能用作视觉的定性判断，因此又称为信号条。

随着印刷设备的发展以及功能的增多，要求测试的内容也相应地增多，后来又陆续研发出一些新型的测控条，如布鲁纳尔（Brunner）测控条、格雷达（Gretag）测控条、GATF 测控条、FOGRA 测控条等。这些测控条在使用过程中规定了标准状态及允许状态，当超出允许状态时便发出“信号”，同时可以借助测试仪器进行测量比较、计算，得出数量偏差。这个阶段的测控条都以胶片形式存在，晒版时和胶片贴在一块，控制晒版、打样和印刷。

2000 年前后，随着数字直接制版设备、数字印刷、数字打样设备的发展和在市场上的广泛应用，瑞士印刷科学研究促进会（UGRA）和德国印刷研究协会（FOGRA）开发出了一系列数字形式的控制条，用于数字直接制版、数字印刷、数字打样，其他一些数字化设备的供应商也开发了自己的测控条，随设备一同提供给用户使用。

# 第一节 测控条原理

## 一、基本概念

1）控制段

供印刷检验用的，由一个或多个图形单元组成的平面图标。按照工艺过程可分为晒版控制段和印刷控制段。为印刷或检查图像所用的控制段可排列成单色的或多色的。控制段是供检验用的平面图标,它以直接可见的形式转移到一种载体上（如胶片、印版、承印物），不管信息是以模拟形式（如胶片）还是数字形式（如磁盘存储器、图像硬盘）存储的。

2）连续调控制块

平面的控制块是一个无级的密度连续结构。连续调控制块可以是有一定密度、无变化或渐变的阶调。具有梯级密度变化的连续调控制块被称为连续调梯尺。

3）实地控制块

具有最高光学密度（最低亮度）的控制块。在多色印刷和检查图像时，可区分为单一印刷的实地块和叠印实地块，叠印实地块的作用是检查叠印的受墨能力和叠印效果。

4）空白控制块

具有工艺上限定的最低光学密度（最高亮度）的控制块。

5）网目调控制段

具有不同网点结构的控制块，它包括统一类型的图像成分。网目调控制段应有统一的网目调阶调值或渐变的阶调值。具有梯级变化的网目阶调值的网目段被称为网点梯尺。网点频率、网点边缘宽度、最低网点中心密度和网点面积覆盖率的参数是根据工艺特性设定的。

6）圆网点控制块

由一组圆形网点组成的网目调控制块。网点形状、网点面积、网点频率、最低网点中心密度和网点边缘宽度都应符合测量精度。网点频率为60线/cm时，其边缘宽度不得超过2μm。网点面积或网点频率可在控制块上按规定方式改变，但网点必须保持与一定的网点频率和网点面积覆盖率相匹配。圆网点控制块的网点频率应接近于所控制的复制工作的网点频率，最好是 10 的整数倍（如 30 线/cm、60 线/cm）。

7）灰平衡控制块

用于检测打样和印刷灰平衡的网点控制块，它是由三原色的网点按照灰平衡条件构成的。

8）线条控制块

由线条组成的控制块。根据线条的宽度、距离和角度不同,可在控制块上排列成不同的线条。

9）微线条控制块

由细微线条组成的控制块,排列有不同宽度的精细线条，可用于目测评价。线条宽度应达到所采用的转移方法的分辨率极限以下。线条间隔的选择应形成一个等效的 5%～35%和/或65%～95%范围内的网点面积覆盖率。线条宽度的计量单位为 μm，可直接读取。

10）测控条

一维排列的控制块。由多个具有不同密度的连续调控制块组成的测控条称为连续调梯尺。梯尺的梯级密度数值应标明。在作为透射或反射原稿转移时，控制块用原稿的阶调值来表示：对于连续调，最好用密度值（级差为 0.15）表示，对于网目调，用面积覆盖率（10%级差）表示。用于绘制印刷特性曲线的网点梯尺应包括适度的链形点，以避免过大的层次阶调跳跃。测控条供多色印刷使用时，控制块应一个接一个重复排列。

11）控制图

供检测用的单色或多色图像。控制图可以是无网的或加网的。加网控制图的网点频率应符合测量评价用的控制段的网点频率。

12）检标

为确定位置或检查用的标志，又称测标。规矩线、套准标、游标尺、折标和裁标都属于检标。

## 二、测控条的检测原理

测控条的种类很多，但是其原理基本相同，主要有以下几点。

### 1. 网点面积的增大与网点边缘的总长度成正比

不同的线数网点，对应边缘长度不同。网线数目越少，单位面积上的网点数越少，单个网点的面积越大，总的网点的边缘长度越短，所以网点增大值越小。相反，线数越多，网点增大值越大。所以，方网点的网点增大值比圆网点大。对于方网点，当网点面积在 10%～50%时，网点增大出现在点子的边缘；当网点面积在 60%以上时，网点则是在黑圈内增大，即白点缩小。由此可知，50%方形网点增大后覆盖面积最大。所以，Brunner 采用 50%的细网、50%的粗网来测量网点增大值，如图 4-1 所示。

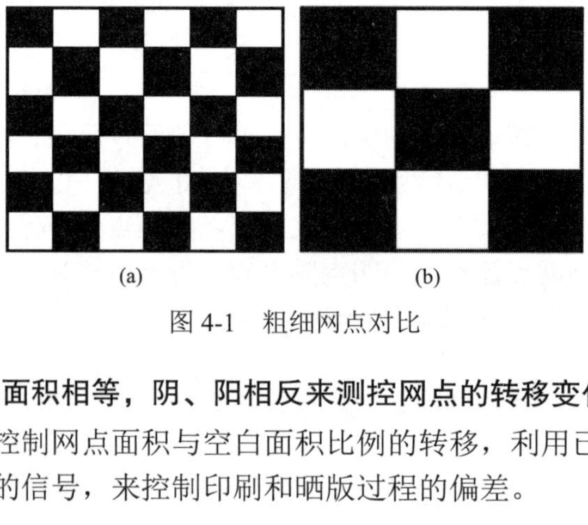

(a) (b)

图 4-1 粗细网点对比

### 2. 利用几何图形的面积相等，阴、阳相反来测控网点的转移变化

网目调图像复制是控制网点面积与空白面积比例的转移，利用已知面积相等的图形在实施过程中发出面积不等的信号，来控制印刷和晒版过程的偏差。

### 3. 图形变化时，夹角处比弧长处变化明显

图形变化时，夹角处比弧长处变化明显，起放大作用，圆心处比圆弧处变化敏感，更容易看出变化。例如制版、印刷中用到的星标，如彩插图 4-2 所示。星标由 72 条黑白相等的楔形组成，有的中心为很小的白点，有的没有。通过目测星标中心的白点和楔形线的变化便可判断印刷过程中的网点变形、重影，如图 4-3 所示。网点增大如图 4-4 所示。

根据计算，星标对网点增大有大约 23 倍的放大作用，因此，用星标可以很容易地判断网点增大。但它只能定性表示，不能定量。

(a) 横向变形　(b) 纵向变形　(c) 45° 方向变形

图 4-3　印刷网点变形和重影的星标变化

### 4. 利用等宽或不等宽的折线控制水平和垂直方位的变化

印刷时，常常由于微量走纸、滚筒速度不同或滚筒左右窜动而引起网点不同方位的变形。这时，测控条中等宽折线的横线或竖线就会变粗形成不等宽折线，这样就可以通过目视判断网点变形了。例如 GATF 数码信号条中用粗细相等的水平线和垂直线组成的“SLUR”字母块、布鲁纳尔测控条 50%精细控制块的四角等宽折线、FOGRA 的 D 控制块就是利用此原理控制印刷品水平和垂直方位的变化。FOGRA 的 D 控制块如图 4-5 所示，由横向、纵向和 135° 方向的细微线组成。当印刷中网点发生横向变形或重影时，水平线的宽窄不变，垂直线变宽，从而 D 控制块中垂直线区的颜色会变得更深。图 4-6 为网点发生变形或重影时 FOGRA 的 D 控制块的效果。

图 4-4　网点增大的星标变化

图 4-5　FOGRA 的 D 控制块

(a) 横向变形　(b) 纵向变形　(c) 45° 方向变形

图 4-6　发生变形或重影时 FOGRA 的 D 控制块的效果

### 5. 利用等距同心圆测控任意方位的变化

测控条上的同心圆在正常条件下线距相等。如果只是压力或墨量的变化，则只有线条的变粗或变细。如果方位发生变化，线条就沿方位变化的方向变粗甚至搭连起来，如 Gretag 的圆形标和 GATF 的星标就起此作用。

### 三、测控条的分类

测控条分为模拟测控条和数字测控条。模拟测控条主要用于传统的制版和印刷，以软片的形式存在，使用时需要先和胶片一块晒版，然后再印刷。随着计算机制版技术及数字印刷技术的发展，印刷省略了出胶片的环节，因此胶片形式的测控条由数字测控条取而代之。数字测控条一般由 PostScript 语言开发制作，也可以使用一些图形处理软件如 CorelDRAW、Illustrator 等来制作，但精度不能与 PostScript 语言制作的相提并论。

测控条按照用途可分为印刷测控条、制版测控条、打样测控条等。

## 第二节　制版测控条

制版测控条主要是对制版过程中的图文复制进行故障诊断、校正，并对成像过程进行监控。制版测控条按照用途可分为多种，不仅有用于照排机出片使用的、用于计算机直接制版设备的，也有传统晒版测控条。另外，还有配合晒版测控条使用的晒版精度控制条。

制版测控条主要检测输出成像设备的分辨率（不同方向）、阶调的网点表现、曝光等级以及印版冲洗情况。因而制版测控条的各元素也是根据要检测的参数进行设计的。

随着印刷技术的发展，印刷行业基本都使用了数字化直接制版技术，因而都采用数字测控条。主要有 GATF 数字制版测控条、Ugra/FOGRA 数字制版测控条、柯达数字印版测控条、海德堡数字印版测控条等，这些测控条大同小异。传统胶片制版及晒版基本上已被淘汰，就不再赘述。下面介绍主要用于 CTP 制版的 Ugra/Fogra 数字制版测控条。

Ugra/FOGRA 数字制版测控条（Ugra/FOGRA DIGITAL PLATE WEDGE）是 UGRA 和 FOGRA 联合开发的用于 CTP 制版的测控条，是对传统制版测控条 Ugra/FOGRA POSTSCRIPT CONTROL STRIP 的升级，但也可以用于传统制版，如图 4-7 所示。

图 4-7　Ugra/FOGRA 数字制版测控条

Ugra/FOGRA 数字制版测控条包括：

- 信息区；
- 分辨率检测区；
- 几何图形诊断区；
- 棋盘区；
- 视觉参考梯尺；
- 网目调梯尺。

（1）信息区

包括输出设备名称、PS 语言版本、加网线数、加网角度、网点形状、制版机分辨率等。

（2）分辨率检测区

分辨率检测区包含两个半圆区域，如图 4-8 所示。射线自一点发出，呈射线形排列，左边为阳线，右边为阴线。射线的疏密度与输出设备理论上的分辨率一致。在线条中心形成两个或大或小、敞开或封闭的四分之一圆，这两个四分之一圆越小、越圆，聚焦和成像的质量越好。通过制版后印版上线条的再现情况，可以很容易地判断出分辨率。

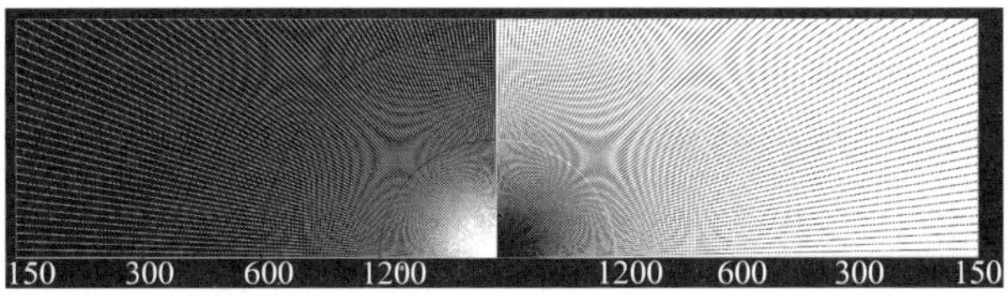


图 4-8 Ugra/FOGRA 数字制版测控条的分辨率检测区

（3）几何图形诊断区

几何图形诊断区由水平和垂直的微线组成，用来检测印版在水平方向和垂直方向的分辨率。它有 3 部分：第一部分如图 4-9（a）所示，又分成 4 个部分，分别由横向和纵向的等距细微线组成，上面两个部分的线条和间隔宽度是 1 个曝光点（尺寸可根据信息区的制版机分辨率获得，对于绝大多数 CTP 制版机的 2400dpi 分辨率，1 个曝光点的尺寸大约为 10.6μm），下面两个部分为 2 个曝光点；第二部分是横向细微线，左半部分为阴线，右半部分为阳线，上半部分线宽为 1 个曝光点，下半部分线宽为 2 个曝光点，细微线间隔大概 10 多个曝光点；第三部分是纵向细微线。

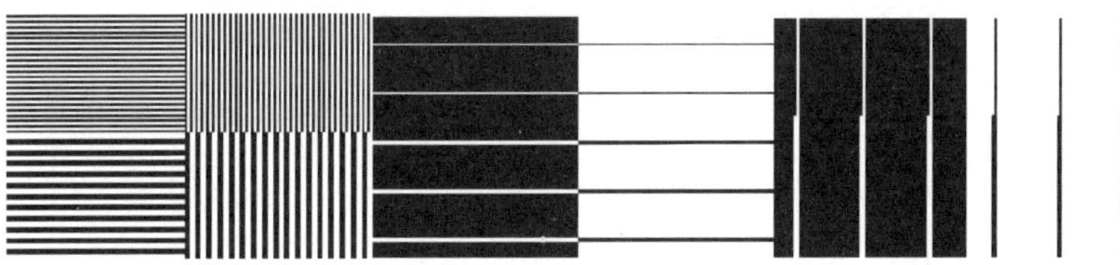

(a) (b) (c)

图 4-9 Ugra/FOGRA 数字制版测控条的几何图形诊断区

（4）棋盘区

棋盘区为等大等间距排列的方块，又按照方块大小分别为 1×1、2×2、4×4 的 3 部分，如图 4-10 所示。它可以检测印版的分辨率，显示曝光和显影技术的差异。

1×1 2×2 4×4

图 4-10 Ugra/FOGRA 数字制版测控条的棋盘区

（5）视觉参考梯尺

视觉参考梯尺（visual rreference steps，VRS）共 11 级，相对于 Ugra/FOGRA POSTSCRIPT CONTROL STRIP 是新增内容，如图 4-11 所示。每一级 VRS 内，都有两个网点面积率为 50% 的棋盘作为参考，如图 4-12 所示。每一级 VRS 的背景阶调值都不同，从 35%至 85%，按 5%

递增。在理想状态和线性复制的情况下，VRS4（参考半色调为 50%处）中的两个区域在视觉上应该具有相同的阶调值。这时参考棋盘色块和背景是相同的，分辨不出来。但在实际制版过程中，由于印版类型、曝光、显影液等以及实际的操作条件很难达到理想情况，可能会出现 VRS3 或 VRS5 等其他级的背景和参考棋盘色块一致，说明出现了阶调值减少或增加。VRS 是一个非常理想的过程控制块，它无须进行测量，直接从视觉上就可判断阶调值的大致变化。

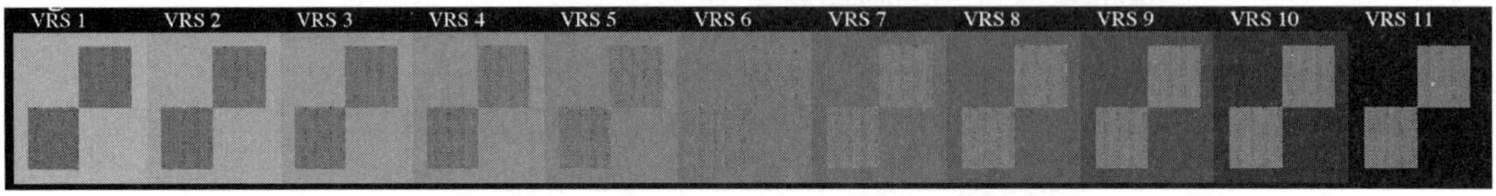


图 4-11　Ugra/FOGRA 数字制版测控条的视觉参考梯尺

图 4-12　视觉参考梯尺局部放大图

（6）网目调梯尺

网目调梯尺包含 0～100%间隔 10%的色块（图 4-13），主要用于通过测量确定印版阶调转移特性。另外，网目调梯尺还提供了亮调 1%、2%、3%、5%的色块和暗调 95%、97%、98%、99%的色块，可用于对高调和暗调区最终所能复制出的阶调进行视觉判断。

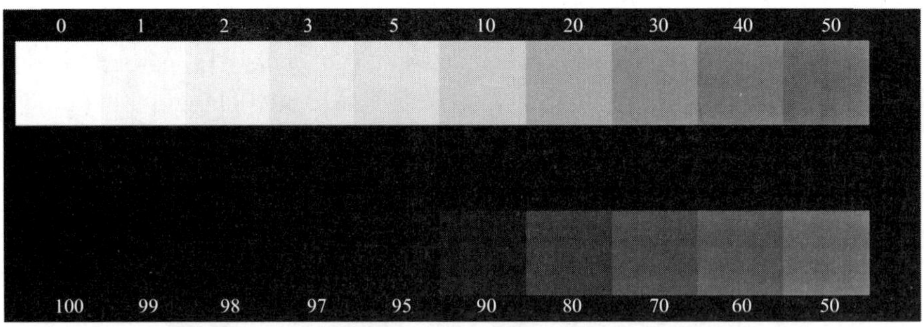


图 4-13　Ugra/FOGRA 数字制版测控条的网目调梯尺

## 第三节　印刷测控条

印刷过程中，为了监控印刷状态以及印刷品质量，需要获取很多参数，例如印刷原色的实地密度、叠印色、变形、重影、阶调值、阶调值增加、中性灰等。理论上，从印刷的图文信息中直接获得的相关参数最能反映印刷质量状况，但是印刷的图文信息不可能系统全面地给出需要的参数，因此最好的办法还是用测控条，以间接手段获得相应信息。

ISO 12647-1 中规定的印刷测控条上必须包含的基本测试块如下：

① CMYK 印刷原色的实地块以及它们的叠印色块 MY、CY、CM、CMY；

② CMYK 的彩色和非彩色的亮调、中间调和暗调色块；

③ CMY 三色叠印的亮调、中间调和暗调灰平衡块；

④ 承印物颜色；

⑤ 重影、变形检测块，包含单色、叠印色，也就是 K、C、M、Y、CM、CY、MY 和 CMY；

⑥ 如果有专色的话，必须包含专色的实地块和半色调色块。

这些色块的大小要根据所用的颜色测量仪器的孔径确定，一般不能小于 3mm×3mm。

现在市面上的印刷测控条很多，但基本上都包含这些检测块。印刷测控条有用于四色印刷的、五色（四色+一个专色）印刷的、六色（四色+两个专色）印刷的，形式上有单排的、双排的，方便用户根据需求选用，但基本检测参数都包括实地密度、叠印率、网点增大、反差。下面以 Ugra/FOGRA 数字印刷测控条为例，介绍印刷测控条的组成。

## 一、Ugra/FOGRA 印刷测控条

Ugra/FOGRA 印刷测控条是 PostScript 格式的工具包，可以转化成需要格式的测控条。它有两个模块：模块一主要用于实地和油墨叠印，如彩插图 4-14 所示；模块二用于半色调印刷，包含网点增大、灰平衡、重影/模糊控制块，如彩插图 4-15 所示（图中为了展示清楚，将原本在一行的测控条截成了 5 部分）。

### 1. 信息

无论是模块一还是模块二，在其下方都有测控条的信息。由于模块二的长度较长，包含的信息更多，这些信息主要有测控条名称、版权、PS 版本、分辨率、加网线数等。

### 2. 提示控制块

模块一中最左侧的 IND 控制块为提示控制块，它可以提示所用的工艺流程中是否使用了 $60cm^{-1}$ 的加网线数和圆形网点。

### 3. 原色和叠印色控制块

在测控条中，不仅有 C、M、Y、K 实地以及 CMY 两两实地叠印的 B（C+M）、G（C+Y）、R（Y+M）二次色控制块，还有 C+M+Y 三次色实地叠印控制块。通过这些控制块可以检测墨量、叠印率、和标准的匹配情况等。

### 4. 重影/网点变形控制块

模块二中的“$D_{50}$%”为横向、纵向和斜向的细微线，用于检测网点的变形。

### 5. 灰平衡控制块

模块二中有一个灰平衡控制块，标注的是“75 62 60”，即控制 CMY 的阶调值分别为 75%、62%、60%。

### 6. 半色调控制块

模块二中给出了 40%和 80%的网目调控制，这两个阶调值的网点增大可以反映整个印张

的网点增大情况。

## 二、ECI/bvdm 中性灰测控条

ECI/bvdm 中性灰测控条是为印刷开发的，通过使用标准化校样以最佳方式达到印刷过程的灰平衡。ECI/bvdm 中性灰测控条的使用要基于行业标准 ICC 文件（例如 ECI 特性文件）和 Ugra/FOGRA CMYK 印前测控条的相同颜色特性化数据。ECI 印刷特性化文件来源于 FOGRA 的印刷特性化数据。FOGRA 的印刷特性化数据是 FOGRA 研究的基于特定印刷工艺、加网、承印物等的颜色目标数据。

由于人眼非常适合比较彼此直接相邻的颜色，特别是在检测灰色区域内的色差时非常敏感，因此在使用 ECI/bvdm 中性灰测控条进行评估时，人眼充当“视觉测量仪器”。通过视觉控制灰度平衡块，可以在印刷机侧识别和纠正油墨偏差，以免这些偏差出现在印刷图像上。然而，视觉上控制灰度平衡决不能取代对整个阶调值范围阶调值增加的定量评估。

ECI/bvdm 中性灰测控条的目的是通过控制着墨量使 ECI/bvdm 中性灰控制条三色灰色块与单灰色块匹配。这里对中性灰的定义采用的是“在具有近似 $L^*$的情况下，其 CIELAB 值的 $a^*$和 $b^*$与用黑色油墨印刷的半色调色块相同的颜色”。

根据包含的色块，即信息量的多少，ECI/bvdm 中性灰测控条分为 S、L、M 三个版本。根据预期目的和可用空间，它们可以单独应用或组合应用。

### 1. 基本的 S 版

ECI/bvdm 中性灰测控条 S 版由三对单色/三色灰组成，阶调值分别为 70%、50%和 30%，如图 4-16 所示。

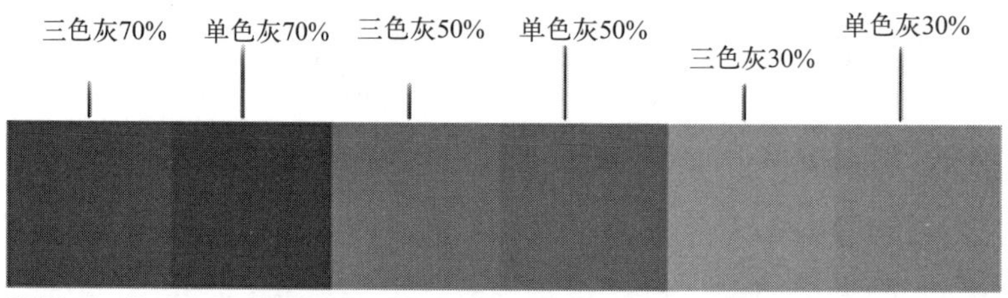


图 4-16 ECI/bvdm 中性灰测控条 S 版

单色灰的 CIELAB 数据从所对应的特性化数据中查询，例如，如果是单张高级涂布纸胶印，则对应的 FOGRA 特性化数据为 FOGRA 51。根据灰的定义，这里三色灰和单色灰具有相同的 $L^*$、$a^*$、$b^*$值。以 70 阶调为例，单黑油墨在阶调值 70%处的$L^*$、$a^*$、$b^*$是 46.75、0.02、−3.25，因此 CMY 叠印的 70%阶调三色灰的色度值也是 46.75、0.02、−3.25，用 FOGRA 51 对应 ICC 特性文件，就可以计算得到三色灰 CMY 的组成为 64%、53%、52%（其他阶调处也是如此），如表 4-1 所示。

表 4-1 胶印高级涂布纸条件下中性灰和单黑的颜色值及 CMYK 阶调值

| 项目 | CMY 70 | K 70 | CMY 50 | K 50 | CMY 30 | K 30 |
|---|---|---|---|---|---|---|
| $L^*$ | 46.75 | 46.75 | 62.72 | 62.72 | 76.38 | 76.38 |
| $a^*$ | 0.02 | 0.02 | 0.31 | 0.31 | 0.70 | 0.70 |

续表

| 项目 | CMY 70 | K 70 | CMY 50 | K 50 | CMY 30 | K 30 |
|---|---|---|---|---|---|---|
| $b^*$ | −3.25 | -3.25 | −4.44 | −4.44 | −5.30 | −5.30 |
| C | 64% | — | 43% | — | 25% | — |
| M | 53% | — | 33% | — | 18% | — |
| Y | 52% | — | 32% | — | 17% | — |
| K | — | 70% | — | 50% | — | 30% |

S 版测控条为 36mm×8mm，每个色块为 6mm×6mm。控制条下方的说明文字可注明所使用的印刷条件。

### 2. L 版

L 版是对 S 版的扩展，如彩插图 4-17 所示。S 版的宽度为 291mm，高度为 10mm，而每个色块（最后一个色块除外）的宽度为 5.5mm。必要时，可以去掉上、下方的说明文字，这样其高度降至 6mm。

该版本由 51 个色块组成，可分成下列几组。

① 开始和结束色块。扫描测量仪器需要手动定位开始和结束色块。

② 纸白色块。它是密度计的参考值，用来决定纸张的颜色坐标。

③ 三对灰平衡色块。每色块对由一个三色灰色块和一个单灰色块组成，用于视觉灰平衡控制。单色灰的阶调值分别为 70%、50%和 30%。

④ 实地叠印色块（陷印色块）。用于二次色（M+Y、C+Y、C+M）和三次黑（C+M+Y）的视觉和技术评价，也可以检测油墨陷印问题。

⑤ CMYK 半色调梯尺。每个半色调梯尺都包含从 10%到 100%的阶调值，间隔为 10%。它用于对纯色油墨进行视觉和技术控制，并确定印刷特性曲线。

### 3. M 版

M 版的宽度为 197.5mm，是 L 版的缩减版，如彩插图 4-18 所示。当纸张上没有足够的可用空间使用 L 版时，例如页面被处理为 A4 大小，才应使用此版本。

当然，M 版的 10mm 高度也可以通过裁掉色块上、下方的说明文字而减小到 6mm。M 版与 L 版的不同之处仅在于原色半色调梯尺的数量，M 版为从 20%到 100%的阶调值（间隔 20%），而不是从 10%到 100%的阶调值（间隔 10%）。

### 4. M i1 版

M i1 版是 M 版为了便于在 X-rite i1 仪器上快速测量而进行重新布局的版本，如彩插图 4-19 所示。在标记为“开始”和“停止”的色块之间，M i1 版包含了用于使用扫描仪器快速测量 CIELAB 值和阶调值增加曲线的色块。在测控条的尾部增加了 6 个用于视觉评估的灰平衡色块。

## 三、数字印刷测控条

数字印刷应用已经越来越广泛，省略了制版等工艺环节，墨路也更短，其工艺流程更加简化，因此数字印刷测控条要比常规印刷测控条简单。数字印刷测控条有很多，可以根据各自的印刷设备、呈色材料等设计不同的测控条，比较典型的是 Ugra/FOGRA 数字印刷测控条，如彩插图 4-20 所示。

Ugra/FOGRA 数字印刷测控条是四色数字印刷的测控条，对每一种颜色都有相似的控制段，测控条上的信息来自于实际的输出设备所用的 RIP 信息。除了信息区，还包含了分辨率检测段、文字段、细微线、亮调和暗调、梯尺、棋盘格、套准检测等。

## 第四节　其他测控条

### 一、标准光源检测测控条

光源是颜色呈现最重要的条件，没有了光源，颜色观察与评价就无从谈起，光源不同，则同一个颜色样本也会呈现不同的颜色。印刷行业推荐使用 $D_{50}$ 标准照明体。为了快速检测所用的光源是否符合 $D_{50}$，很多机构利用同色异谱的原理开发了标准光源检测测控条。

彩插图 4-21 为 UGRA 的标准光源检测测控条在 $D_{50}$ 光源下的状态，所有的色块都呈现相同的颜色。但是将该测控条拿到非标准光源下时，相邻的色块呈现出很大的颜色差异，且奇数位的颜色相同，偶数位的颜色也相同，如彩插图 4-22 所示。这是因为该测控条的色块用了不同的呈色材料，两种材料具有不同的光谱反射率，但是在 $D_{50}$ 下，两种材料具有相同的三刺激值。当光源改变时，三刺激值就会发生变化，人眼也就感觉出了差异。

标准光源检测测控条由于利用了同色异谱的原理，且材料的光谱反射率要满足 $D_{50}$ 特定条件下的同色异谱，因此，不能被数字化，如果需要，要向相关服务商购买。

### 二、打样测控条

打样的目的是对特定的印刷条件进行模拟。这些印刷条件使用了一系列特征数据进行定义。

Brunner 打样测控条由印刷四色的实地色块，三个二次叠印色块，纸张白，三色叠印灰平衡块，印刷四色的 75%、50%、25%网点块，以及四色的亮调（2%、3%、5%和 8%）和暗调（98%、97%、95%和 92%）块组成，如彩插图 4-23 所示。

### 三、报纸印刷测控条

Ugra 和 FOGRA 开发了适用于报纸印刷的测控条，如彩插图 4-24 所示。它分为三个模块，可以根据需要选择使用。

在实际的印刷工业应用中，还有各种各样的测控条，用户也可以根据自己的需求用 PhotoShop 等工具进行设计。

## 复习思考题

（1）测控条的设计主要考虑哪些印刷质量参数？

（2）测控条的放置位置要从哪些方面考虑？

（3）请分别说明制版、印刷、打样测控条需要测试的功能有哪些，分别通过什么测控块实现。

# · 第五章 ·
# 印刷测试版

测试版是一个包含各种数据测试色块和视觉评判图像的版面，是综合性的诊断和测量工具，主要用来测试机器的稳定性和状态、印刷材料的综合性能，优化工艺等。

数字测试版不仅可以用于各种输出设备，如胶片输出机、数字校样机、印版输出机或数字印刷机系统的测试校准，还可用于不同的输入、输出、显示设备的色彩管理。

印刷过程分析包括视觉评价和仪器测试两种类型，所有的色彩评估都应该在标准照明条件下进行。其中视觉评价的内容包括阶调再现、网点再现、图像匹配等。许多印刷缺陷，如上脏、重影、墨杠、色彩缺损、断线、糊版、页面起皱、水印等，都可通过视觉来评价。仪器测试的内容包括油墨密度、网点增大、印刷对比度、油墨套印、色调、灰平衡等。

因此，测试版的版面包含两大部分：数据测试部分和视觉测试部分。数据测试部分主要是各种色块以及规矩线等，如实地块、四色梯尺、灰平衡块等。由于测试版的版面较大，四色梯尺等色块的阶调值间隔可以更小，用以获取更加详尽的数据。视觉测试部分除了可以包含测控条中的信号条，还可以包含各种标准图像，用于评测图像复制的整体视觉效果。

现在的测试版多为数字测试版，数字测试版的版面由压缩的 EPS 格式和嵌套的 TIFF 图像及专用的 PS 元素组成。

各种印刷方式根据各自的特点有不同的印刷测试版，如柔印测试版、丝网印刷测试版、凹版印刷测试版、胶印测试版（又分为报纸印刷测试版、商业单张纸印刷测试版等）等。根据需要，测试版有不同的幅面大小，如全开、对开、四开等，适用于不同幅面的印刷系统。

许多印刷协会（组织）提供了标准的测试版，印刷厂也可以设计自己的测试版。GATF 测试版是常用的测试版。

## 第一节　GATF 测试版

GATF 推出了许多印刷测试版，适合不同的印刷机幅面、不同的印刷色数。如彩插图 5-1 和图 5-2 所示，分别为 11in×17in 的四色测试版和 25in×38in 的六色测试版。这些测试版上的基本元素的数目不同，但检测的功能相同，检测的基本单元也基本相同。

## 一、GATF 测试版的诊断功能

（1）基本参数检测

分辨率：版上各种阴阳线的微线条及像素块用来检测输出设备的分辨率。

方向效应：垂直方向、水平方向的分辨率以及星标会显示系统不同方向的成像能力。

渐变块的条杠：每种颜色的渐变梯尺用来观察是否存在条杠现象。

蠕变/重影：印刷机的问题，比如蠕变、重影，都可以通过测试版上的数字梯块来检测。

套准：采用传递网格的复制来观察各个印刷单元是否套印不准。

（2）过程控制参数检测

电子处理数据：RIP 名字、PostScript 等级、水平分辨率、垂直分辨率、成像角度、加网线数、网点形状、加网角度等。

曝光：制版参数或者出片情况的检测，使用 GATF 制版测控条。

色彩打样校正：使用 GCA/GATF 数字打样比较仪。当测试版被用来诊断和检测印刷机系统后，用打样比较仪来检测后续打样样张的曝光情况和样张的前后一致性。

（3）校正功能

对比度和阶调复制：20 级色调梯尺用于测定线性化，检测印刷系统的网点增大，建立网点增大曲线。另外，标准图像可以提供对阶调和对比度的视觉检测。

亮调/暗调：测量系统可复制的最大、最小网点。

灰平衡：检查系统的灰平衡特征。

色彩管理：使用 IT8.7/3 色靶可以方便地对不同输入设备、显示器和输出设备进行校正。

（4）整体复制质量检测

通过版面上的标准图像，可以判断印刷复制的整体质量。

## 二、版面上的构成要素

### 1. 梯形靶

梯形靶对一系列印刷问题特别敏感，如蠕变、重影、水印以及纸张移位。每个梯形靶由两部分组成，即实地部分和加网线数为 150lpi 的细线。这些细线间隔和宽度相同，相当于 50%的网点面积率。另外，细线又分为 0°、90°两种。

通常可以采用目视评价，然而，有时也可以使用密度计来量化目视检查的差异。理想的情况是，在正常观察距离下，不同的细线是看不出差异的。梯形靶出现不同在印刷前或者出版时就可以被发现。如果胶片上的梯形靶不一致，那就是照排机出了问题。印张上从咬口到拖梢密度必须均匀，如果任何一个颜色的梯形靶出现了可觉察的密度差异，那就是出现了印刷问题。

### 2. 星标

星标也是重要的故障诊断工具。星标对印刷机上的网点传递问题也很敏感。数字星标与传统的基于胶片的星标不同，它的中心部位开放的区域并不是大小恒定的。星标的锐度受到制版设备分辨率的影响。系统分辨率越低，星标中心区域实地部分越大。成像系统对星标中心部位的成像越接近一个点，说明其分辨率越高。如果成像系统有方向上的不均匀性，那么星标中心部位看起来就是一个椭圆而不是一个圆，成像系统在椭圆的短轴方向具有更高的分辨率。因此，需要在印刷前检查印版上的问题。

星标是一个圆形的图案，由逐渐变细的实地和空白的楔形交替形成。用放大镜进行辅助，可以目视检测网点增大或者变形及重影问题。

如果印张上中心区域糊掉的区域比 OK 样张上的大，那么说明密度值比期望的大。如果中心区域为圆形，说明网点增大在各个方向上是均匀的，通常表示这种颜色有更高的网点增大。这种情况有可能是因为油墨乳化了太多的水，黏度降低，使得油墨的传递效率也随之降低。通常的做法是增大油墨墨层厚度来达到期望的密度值。

如果星标中心扩大区域为非对称形状，说明增大与方向有关系。如果中心区域为椭圆，说明发生了变形，变形的方向与椭圆的长轴方向垂直。比如，椭圆长轴方向沿着整个测试版方向，那么变形发生在滚筒周向。原因通常为咬口的纸张发生了滑移或者橡皮布松弛。

如果星标中心区域看起来有两个圆心，那就表示发生了重影。原因可能是油墨干燥太慢，在后续的橡皮布滚筒上二次成像，或者在同一个橡皮滚筒上成像但套印不准。

### 3. 纸张的最大受墨量

纸张的最大受墨量关系到印刷品的暗调层次和印刷品的墨层饱和度，也是印刷品暗调色域空间的最重要保证手段。在印刷品不发生搭墨和不干的情况下，纸张的最大受墨量越大越好，我们可以用彩插图 5-3 来判断。

首先在纵向上找到最大黑版墨量，可以通过肉眼和仪器找到密度并级刚发生的那一栏黑版墨量，比如 92%；然后在这栏中横向比较密度并级的地方，比如 358%和 347%密度相同，但 336%密度变小，那么 347%就是我们要的最大受墨量。于是可以把黑版墨量 92%、最大受墨量 347%作为印刷机最大黑版墨量和最大总墨量值。最大总墨量和最大黑版墨量也是生成 ICC 特性曲线时要用到的重要参数。当然，最大油墨量还有一个很大的约束条件，那就是油墨在纸张上的干燥速度，太多的油墨会给印刷机台带来操作难度，如导致拖花、搭墨等印刷故障。

### 4. 网目调梯尺和渐变梯尺

彩插图 5-4 为网目调梯尺和渐变梯尺。其中网目调梯尺的阶调值为 5%～100%，步长 5%。加网的加网线数、网点形状、加网角度由用户输出时选择。可以用密度计测量阶调值，这些测量数据用于建立网点增大曲线。渐变梯尺用于观察色调平滑变化区域是否会出现条杠现象。

### 5. 网点大小比较仪

图 5-5 为网点大小比较仪。它的作用是显示因加网线数不同而造成的网点阶调差异。横方向表示阶调值，分别为 10%、25%、50%、75%。纵方向表示加网线数，分别为 85lpi、133lpi、150lpi、175lpi、200lpi。得到的结果可用于成像系统的校正。高网线数的网点增大率往往要比低网线数高。

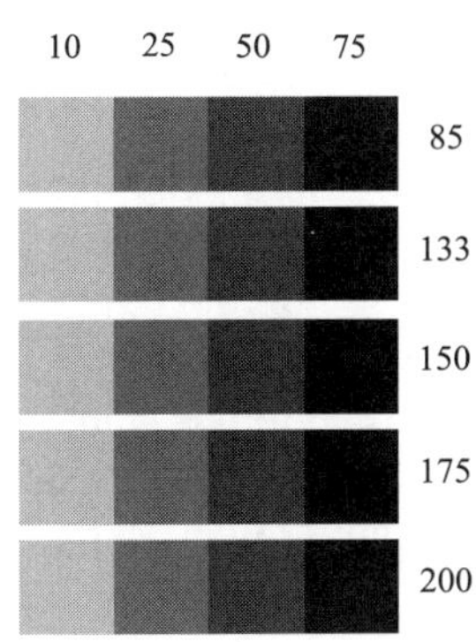

图 5-5　网点大小比较仪

### 6. 灰平衡条

主要是两个灰条，上面的灰条是 3 色（CMY）灰，下面的灰色是单色黑在 50%处的灰。现在我们要求印刷时调整 3 个色的密度，直到上、下两个灰不管是色相还是明度都非常地接近。

### 7. 套印精度块

套印精度块用来检查输出系统的套印精度。套印精度是印刷最基本的要求，当色版间套印发生故障时，就会严重影响印刷品色彩的显色效果，所以测试版中也有很多地方提供了套印精度的检查，如彩插图 5-6 所示。

当色块颜色不采用陷印时，轻微的套印不准会导致露白。通过露白线条的位置和宽度不仅可以观察套印不准的方向和幅度，还可以检测陷印程序的有效性。当采用陷印时，即使有套印不准的情况发生，也不会出现露白的情况。

### 8. 墨斑测试块

墨斑是单张纸胶印中常出现的问题。它通常出现在色调均匀的大面积区域，小面积出现的墨斑现象不容易察觉。墨斑现象出现的原因与纸张和油墨有关。

如彩插图 5-7 所示，墨斑测试块包含实地块和 50%的网点块，其大小足够检测墨斑现象。

### 9. 色彩校正测试表

色彩校正测试表提供了不同红、绿、蓝色相的 CMY 油墨百分比。如彩插图 5-8 所示，横排表示 C、M、Y 三色的百分比，竖排表示对应的 M、C、Y 的百分比。下面以蓝色为例说明这个表的含义。因为蓝色是由青色和品红叠印出的，所以横排代表 C，竖排代表 M。也就是当 C 固定在 95%、90%、85%时，M 以 3%的间隔从 95%递减到 62%。通过目测及仪器测试可确定红、绿、蓝三色的最佳位置，从而确定印刷三原色的百分比，为印刷校色提供参考。

### 10. 双行测控条

彩插图 5-9 所示的测控条包括实地密度、叠印率、网点增大、印刷反差、三色灰测试块，用于检测印刷复制特性。它放置在版面的叼口处。

### 11. 单行测控条

彩插图 5-10 所示的测控条位于拖梢处。它可以检测网点增大、印刷反差、油墨叠印等。

### 12. 线分辨率测试块

图 5-11 所示的线分辨率测试块的作用和制版测控条一样，在出胶片和印版时可检测输出的分辨率和成像的方向效应。阴、阳线条的方向为 0°、45°、−45°、90°，还有半圆的阴、阳线，可以反映成像系统在各个方向处理线条的能力。线条的宽度以点为单位，一个点约为 1/72in。最细线条的输出表示曝光良好，如果阴线糊掉，表示曝光过度。

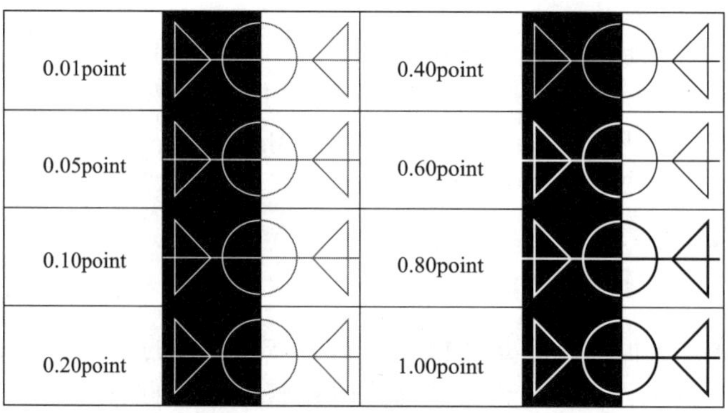


图 5-11　线分辨率测试块

# 第二节 Altona 测试版

Altona 测试版（Altona Test Suite）由一系列 PDF 文件构成，是 bvdm、ECI、FOGRA、Ugra 等组织联合推出，专门针对打样系统、传统印刷系统以及数字印刷系统等输出设备的性能测试而设计的。然而它的使用不仅仅局限于数字输出设备，其另一个主要目的就是测试 PDF 流程中软件和硬件对 PDF/X 的兼容能力。Altona 测试版 1.2 版检测系统对 PDF/X-3 的兼容性，Altona 测试版 2.0 版可以检测系统对 PDF/X-4 和 PDF/X-5 的兼容性。

Altona Test Suite 中包含三个 PDF 文件，分别用于不同的目的。

数据检测（Altona measure）：其文档格式为 PDF 1.3，基于色度和密度测量，可用于打样系统、传统印刷系统和数字印刷系统的设置和输出检测，如彩插图 5-12 所示。

视觉检测（Altona visual）：其文件格式为 PDF/X-3。由于此格式与 PDF/X-1a 不同，是以色彩管理流程为基础的格式，因此该页面中包含的对象不仅限于 CMYK 和专色，也包含了与设备无关的 CIELAB 颜色及基于 ICC 的 RGB 色。和参考样张进行视觉对比，用户就可以通过这个页面判断打样系统的颜色准确性并做出调整，如彩插图 5-13 所示。

技术检测（technical）：从印前技术的角度出发，检测 PDF/X 标准文件的输出是否正确，如彩插图 5-14 所示。

## 一、数据检测页面

数据检测页面中共有 19 个元素。

编号 1～4：实地色条。四色实地色横向设计，主要目的是让印刷操作人员可以依此色条，调整每个墨区的放墨量，以获得均匀的墨色。

编号 5～8：原色样本。与 1～4 满版色块不同的是，在版面位置属于上、下排列。这部分主要是使印刷操作人员依据印刷条件目测调整实地四色墨色彩。

编号 9～11：叠色指示段。分别为二次叠印色红（M+Y）、绿（C+Y）和蓝（M+C）。

编号 12：三色叠印梯尺。作为打样和印刷的参考。每一级均由相同网点面积的三色墨叠印，因此它并不是灰梯尺。

编号 13～16：四色梯尺。亮调范围 0～12%，间隔 1%；暗调范围 88%～100%，间隔也为 1%；其余的间隔为 10%。其阶调范围宽，可以灵敏地反映色彩还原性。

编号 17：ECI 2002 特性化色标。该区域可用于生成设备的 ICC 特性文件。它共有 1485 个色块，包含了 ISO 12462（IT8.7/3）的所有色块（928 个）。

编号 18、47：Ugra/FOGRA Media Wedge CMYK。通过测量该区域的控制元素，可以判断样张是否符合印刷标准。FOGRA 为该控制色标提供了参考值，它符合 ISO 12647-2 标准。图 5-12、图 5-13 中 18、47 处为空白，这是因为该区段原始文件以及相关数据必须向 FOGRA 注册才能获得。

## 二、视觉测试页面

在 PDF/X-3 的打样和印刷工作流程中，Altona 测试版给出了六项关键指标：四色、双色和专色、叠印、设备无关色空间、平滑渐变阶调、分辨率。

### 1. 四色

编号 19：中性底灰。整张图像的中性灰底是四色灰，其网点组合百分比为 C25%、M19%、Y19%、K20%，可以作为视觉判断和调整色彩时的依据。

编号 20：灰度肖像图、平滑阶调及梯尺。这部分为黑版图像。在数字打样系统中，黑版并不是单纯黑，还含有彩墨的成分以模拟黑墨印刷效果，因此在平滑阶调区域会产生颜色偏差。

编号 21：肤色色调。它强调的是人物肤色，只要有微小的颜色变化就能看出色彩的差异，适合作为视觉观测。

编号 22：中性色调。金属和灰色调，像肤色一样。这是一幅很容易引起色偏的中性图像，在印刷中复制难度较高。在复制良好前提下，亮调可以观察白色毛毯，暗调可以观察皮带的层次。

编号 23：亮调，柔和的粉色。主要用于检测明亮层次影像的复制情况。这幅图像较为敏感，在印刷过程中，油墨配比不当将引起显著的色彩变化。

编号 24：高饱和色系。主要用来检测高饱和色系的复制能力和品质。

编号 25：暗调图像。主要用来观察暗调的复制情形，特别是棕色系列的色彩。同样，在印刷过程中油墨配比不当将引起显著的色彩变化。

编号 39：主要用于检测单纯的黑和加了 C 50%的黑之间的视觉效果。因为在轮转机印刷时常将大色块的黑或黑字加上 C 50%等以预防白点瑕疵的产生。

### 2. 双色和专色

编号 26：专色复制的一致性。此图像在 Photoshop 中生成，在双色调模式下选择了橙色和黑色。

编号 27：叠印——橙色与黑色。27 号色块就位于 26 号内，设定为黑色与专色橙叠印。

### 3. 叠印

编号 27。

编号 28：叠印——三原色墨。以叠印原理设置三原色，在重叠处应该显示出 RGB 的叠印色。若印前流程误将三原色按专色处理，就会在三原色墨区呈现垂直长方形（C、M）、水平长方形（Y）。

### 4. 设备无关色空间

编号 22 与 24：RGB 和 CMYK（PDF/X-3）。22 号与 24 号这两幅图像在制作上有独特的地方，它是两种格式文件的组合，主要用来测试能否进行 PDF/X-3 的复制。如果当前流程属于与 PDF/X-3 相容的流程，那么就不会看到明显的颜色差异；如果不属于，则会很清楚地看到色彩差异性的存在。

在精确的 PDF/X-3 流程中，看不出图像两部分的明显界限。当前系统不支持 PDF/X-3 定义的色彩转换，就会出现“×”。但由于不同的色彩管理系统采用不同的色彩管理模块（CMM）也会引起微小的差别，其结果是可以接受的。

编号 34～38：色彩管理色块（PDF/X-3 流程）。设置这一组色块主要是测试当前系统能否正确处理 PDF/X-3 格式内含的色域转换模式以及内嵌的 ICC 文件。每个色块都被划分为四个三角形区域，并在最外侧分别用菱形、正方形、圆形、三角形表示。在 36 号、37 号、38 号色块底色斜角上还设置有浅灰线，正确输出时应能表现出来。

编号 34：ECI-RGB 与 CMYK。该色块用于检验设备独立色空间转换到 CMYK 的结果能否模拟在 Photoshop 中转换（不进行色彩管理）的结果。理论上，输出结果从左下角到右上角应有明显分界线。

另外，每种文件模式下的两种文件格式输出结果应完全一致。若两者存在色差，表明系统在处理匹配矢量图和像素图方面有较大缺陷。

编号 35：不同的设备独立色空间的色块。用于检验不同的设备独立色空间能否得到一致的转换结果。正常情况下，这两种色空间转换到 CMYK 色空间的结果应该一致。

编号 36：CIELAB 不同转换方式的色块。主要用于比较两种色空间转换方法的不同，不考察色彩转换的精确性。四个标识区均采用同样的 CIELAB 值，正常输出情况下，从左下角到右上角出现明显分界。

编号 37：不同的特性文件不同转换方法的色块。

用于检验嵌入不同的源特性文件后的转换一致性。其中 wideGamutRGB.icc 是 Adobe 软件中的特征描述文件，其色域较大。两个 ICC 文件已经过精心校正，以保证输出结果的一致性。

理想情况下，从左下角到右上角应存在明显分界。若从左上角到右下角出现明显分界，表示不能正确处理 ICC 文件。

编号 38：ECI-RGB 不同转换方式的色块。结论与编号 36 类似。

### 5. 平滑渐变阶调

编号 29～33：五个圆形渐进图，分别为三色叠印和 CMYK。每一个圆形都包含了两种 Postscript 格式，圆形的左半边是以传统的 Postscript 语言生成的，而右半边是以 PostScript3 语言生成的，具有较平滑的阶调渐进效果（见图 5-13）。

### 6. 分辨率

编号 40～43：分辨率判断图，包含了不同分辨率、尺寸比例以及旋转角度的影像，可由此观察出数字样和正式印刷样的差异。编号 44～46：分辨率判断图，用于测试输出设备的分辨率，可观察出输出设备可以表现的最细致的极限。

## 三、技术测试页面

技术测试页面包含的内容主要如下：

① 15 个控制块，反映了 PDF/X-4 的真实应用，用大写字母 A～R 表示（I，J 不用）；

② 6 个系统测试透明参数的测试块，用字母 S～Z 表示（U，Y 不用）；

③ 带有色彩转换标示的页面标签；

④ 不同情况下的均匀灰视觉效果检查页面。

2.0 版本的技术测试页面支持并扩展了很多 PDF/X-1a 和 PDF/X-3 测试，还支持 PDF/X-4 测试，主要有透明、可选层、OpenType 字体、JPEG2000 无损压缩等。

A～Z 每个测试块被分成了两部分。一部分包含了相关测试特性的内容，会受到工艺流程支持的 PDF 版本的影响；另一部分是参考图像，它不会受 PDF 版本的影响，因此会输出“正确的结果”。测试块 A～R 的参考图像用左上角和右下角的两个图标表示了出来，测试块 S～Z 的参考图像被镜像到右边，只用了一个图标标示（位于测试块的底部）。

以测试块 A 为例，它主要用来测试一个非常常用的透明应用——阴影（drop shadow）。另外，它也给出了排版和设计对输出质量的潜在影响——透明预设。这些设置常常在创建 PDF 获得透明效果的时候定义了所谓的软遮罩（soft mask）的图像分辨率。当所用的流程不支持阴影时，测试块 A 的上半部分就会得到不正确的结果，如彩插图 5-15 所示。

其他测试块的功能与不正确的输出结果可以参见 bvdm 网站。

## 复习思考题

（1）测试版的主要作用有哪些？

（2）测试版的设计要考虑哪些因素？

（3）请设计一印刷测试版。

· 第六章 ·

# 印刷品质量评判

## 第一节　抽样

抽样检验是从一批产品或一个过程中抽取一部分单位产品，进而判断产品批或过程是否接收的活动。它不是逐个检验批中的所有单位产品，而是按照规定的抽样方案和程序从一批产品中随机抽取部分单位产品组成样本，根据样本测定结果来判定该批产品是否接收。

因为抽样检验不是检验批中的全部产品，所以，相对于全数检验，它具有如下特点：①检验的单位产品数量少，费用少，时间省，成本低；②检验对象是一批产品；③接收批中可能包含不合格品，不接收批中也可能包含合格品；④抽样检验存在两类错判的风险，即把合格批误判为不合格批，或把不合格批误判为合格批，但从统计检验的原理可知，这两类错误都可以被控制在一定的概率以下。

抽样检验的适用场合有：①破坏性检验；②数量很多、全数检验工作量很大的产品的检验。③检验对象是连续体的检验。④检验费用比较高的检验。

抽样检验的分类。①按检验特性值的属性可以把抽样检验分为计数抽样检验和计量抽样检验。计数抽样检验包括计件抽样检验和计点抽样检验。计件抽样检验是根据被检样本中的不合格品数，进而推断整批产品是否接收的活动。计点抽样检验是根据被检样本中的产品包含不合格数的多少，进而推断整批产品是否接收的活动。计量抽样检验是通过测量被检样本中的产品质量特性的具体数值并与标准进行比较，进而推断整批产品是否接收的活动。②按抽取样本的个数可以分为一次抽样检验、二次抽样检验、多次抽样检验和序贯抽样检验。所谓一次抽样检验，就是从检验批中只抽取一次样本就对该批产品作出是否接收的判断；二次抽样检验是一次抽样检验的延伸，它要求对一批产品抽取一次或两次样本后作出批接收与否的结论，但抽取样本不得多于两次；多次抽样可以抽取 3～7 次样本才对抽检批作出判断；序贯抽样检验不限制抽取次数，但每次抽取一个单位产品，直至按规则作出判断为止。

### 一、抽样术语

样本：取自一个批并且能提供该批信息的一个或一组产品。

样本量：样本中所包含的单位产品的个数。

批：汇集在一起的一定数量的某种产品材料或服务。

检验批：为实施抽样检查汇集起来的某种产品。

批量：批中包含的单位产品的个数。

抽样方案：样本量和批接收准则的组合。

抽样程序：依据抽样方案获取样本的方法和过程。

不合格：不满足规范的要求。

A 类不合格：最受关注的一种类型的不合格，用于单项判定不合格品的依据（俗称为严重质量缺陷）。

B 类不合格：关注程度低于 A 类不合格，用于多项累加判定不合格品的依据（俗称为一般质量缺陷）。

C 类不合格：关注程度低于 B 类不合格，用于多项累加判定不合格品的依据（俗称为轻微质量缺陷）。

不合格品：具有规定数量的 A 类、B 类、C 类不合格的产品。

不合格判定数：作出批不合格判断样本中所不允许的最小不合格品数。

批质量：单个提交检验批的质量（用每百单位产品不合格品数表示）。

接收质量限（AQL）：当一个连续系列批被提交验收抽样时，可允许的最低平均质量水平。

检验水平：提交检验批的批量与样本大小之间的等级对应关系。

正常检验：当过程平均优于接收质量限时，所使用的一种能保证批以高概率接收的抽样方案的检验。

随机抽取：从由 *N* 个个体组成的整体中抽取个体时，使每一个体被抽到的可能性都相等的抽取方法。

## 二、抽样判定规则

当为某个不合格或一组不合格指定一个接收质量限（AQL）值时，它表明如果质量水平（不合格品百分数或每百单位产品不合格数）不大于指定的 AQL 时，抽样计划会接收绝大多数的提交批。抽样方案有以下特点：在给定的 AQL 处的接收概率依赖于样本量，一般来讲，大样本（样本量大）的接收概率要高于小样本（样本量小）的接收概率。

AQL 是抽样计划的一个参数，不应与反映制造过程操作水平的过程平均相混淆。表 6-1 是 GB/T 34053.2 规定的印刷行业中书刊、低幼儿童读物、中小学教科书等 7 种产品的接受质量限和检验水平。其中检验水平是 GB/T 2828.1—2012 中的特殊检验水平，分为 S-1、S-2、S-3、S-4。每一种检验水平在不同的批量下对应不同的抽检样本量，见表 6-2。样本量用字母 A～R 表示，印刷行业只用到了 A～K，见表 6-3。每一个样本量下，印刷行业用到的 AQL 4.0、AQL 6.5 两种 AQL 的不合格判定数见表 6-4。

**表 6-1　接受质量限和检验水平**

| 产品类别 | AQL | 检验水平 |
|---|---|---|
| 书刊 | 4.0 | S-4 |
| 低幼儿童读物 | 4.0 | S-4 |
| 中小学教科书 | 6.5 | S-3 |

续表

| 产品类别 | AQL | 检验水平 |
|---|---|---|
| 报纸 | 6.5 | S-1 |
| 包装装潢类 | 6.5 | S-3 |
| 标签类 | 4.0 | S-3 |
| 票证类 | 4.0 | S-3 |

**表 6-2　样本量字码表**

| 批量 | 检验水平 | | | |
|---|---|---|---|---|
| | S-1 | S-2 | S-3 | S-4 |
| 2～8 | A | A | A | A |
| 9～15 | A | A | A | A |
| 16～25 | A | A | B | B |
| 26～50 | A | B | B | C |
| 51～90 | B | B | C | C |
| 91～150 | B | B | C | D |
| 151～280 | B | C | D | E |
| 281～500 | B | C | D | E |
| 501～1200 | C | C | E | F |
| 1201～3200 | C | D | E | G |
| 3201～10000 | C | D | F | G |
| 10001～35000 | C | D | F | H |
| 35001～150000 | D | E | G | J |
| 150001～500000 | D | E | G | J |
| ≥500001 | D | E | H | K |

**表 6-3　样本量表**

| 样本量字码 | A | B | C | D | E | F | G | H | J | K |
|---|---|---|---|---|---|---|---|---|---|---|
| 样本量 | 2 | 3 | 5 | 8 | 13 | 20 | 32 | 50 | 80 | 125 |

**表 6-4　批质量判定数表**

| 样本量 | | 2 | 3 | 5 | 8 | 13 | 20 | 32 | 50 | 80 | 125 |
|---|---|---|---|---|---|---|---|---|---|---|---|
| AQL 4.0 | 不合格判定数 | 1 | 1 | 1 | 2 | 2 | 3 | 4 | 6 | 8 | 11 |
| AQL 6.5 | 不合格判定数 | 1 | 1 | 2 | 2 | 3 | 4 | 6 | 8 | 11 | 15 |

**【示例】**某印刷厂接受委托，印制图书 2000 册，求委印合同中规定该批书批质量合格的条件。

由表 6-1 可知，图书检验的 AQL 是 4.0，检验水平是 S-4；由表 6-2 可知，2000 册图书 S-4 检验水平对应的样本量是 G，查表 6-3 知道抽检的样本量是 32；在 2000 册图书中随机抽取 32 本样本，按照合同及相关质量规范对这 32 本图书进行质量检验，判定这 32 本图书每一本是否合格；由表 6-4 可知，32 本样本量 AQL 4.0 对应的不合格判定数是 4，也就是说 32 本的样本中如果不合格样本的数量小于 4 本（不含），则这批产品视为合格，如果不合格样本的数量大于等于 4 本，则这批产品视为不合格。已发现及随后发现的不合格品均可退回印刷厂。

# 第二节　不同类型印刷品评价

## 一、图书期刊的质量检验规范

本小节适用于图书和期刊类印刷产品印制质量检验和判定，其他书籍本册产品包括目录、说明书、宣传册、非出版物的书册、单页、卡片等纸质印刷品可参照使用，不适用于中小学教科书及教辅印制质量检验和判定。

### 1. 外观质量要求

图书期刊的外观质量应符合表 6-5 的要求。

**表 6-5　图书期刊外观质量检验项目技术要求及不合格分类**

| 检验项目 | | 技术要求 | 不合格分类 | |
|---|---|---|---|---|
| | | | A 类 | B 类 |
| 产品尺寸偏差/mm | | ±1.5 | <−3.0 或>3.0 | [−3.0,−1.5）或（1.5,3.0] |
| 成品歪斜误差/mm | | ≤1.5 | >3.0 | （1.5,3.0] |
| 版心歪斜度/% | | ≤3.5 | — | >3.5 |
| 护封尺寸上下偏差/mm | | ≤2.0 | — | >2.0 |
| 封面勒口与书芯前口误差/mm | | 0～2.0 | — | <0 或>2.0 |
| 岗线高度/mm | | ≤1.0 | — | >1.0 |
| 书背字平移误差/mm | 书背宽度 | 书背文字中心线对书背中心线平移允差 | 当书背宽大于书背字宽时，书背字进入封 1 或封 4 | 书背文字中心线对书背中心线平移允差 |
| | ≤10 | ≤1.0 | | >1.0 |
| | 10～20 | ≤2.0 | | >2.0 |
| | 20～30 | ≤2.5 | | >2.5 |
| | >30 | ≤2.0 | | >3.0 |
| 书背字歪斜误差/mm | 书背宽度 | 书背文字中心线对书背中心线歪斜允差 | | 书背文字中心线对书背中心线歪斜允差 |
| | ≤10 | ≤0.7 | 书背字因歪斜进入封面 | >0.7 |
| | 10～20 | ≤1.5 | | >1.5 |
| | 20～30 | ≤1.8 | | >1.8 |
| | >30 | ≤2.0 | | >2.0 |
| 套书书背字上下误差/mm | | ≤1.5 | — | >1.5 |
| 成品裁切 | | 光滑、完整 | 破头长度>5.0mm，有效图文被裁切 | 严重刀花、破头或连刀页 |
| 模切切口 | | 光滑、完整 | — | 毛边、破口、有压痕 |

续表

| 检验项目 | 技术要求 | 不合格分类 | |
|---|---|---|---|
| | | A 类 | B 类 |
| 模切位置误差/mm | ≤0.5 | — | >0.5 |
| 整体外观 | 整洁、平服、完整 | 封面严重破损；封面有大面积或严重脏污；版心有破损；版面有脏污、异色点或划痕，且影响阅读 | 有压痕，有脏迹，有未触及版心的破页，但不影响阅读 |
| 封面外观 | 封面露白宽≤2.0mm | — | 封面露白宽>2.0mm |
| | 封面小于书芯≤2.0mm | — | 封面小于书芯>2.0mm |
| 书背外观 | 方正，平实 | — | 有空泡、褶皱、圆背、破口 |
| 钉锯外观 | 钉脚平服 | 有坏钉、垂钉、重钉、漏钉、掉页 | — |
| 压槽外观 | 槽线平直、槽面平整、槽形牢固清晰 | 槽面破裂 | 槽面褶皱、起泡 |
| 丝带 | 粘贴在书背居中位置，粘正、粘平、粘牢 | 粘结不牢脱落 | — |
| 丝带长度/mm | 比书芯对角线长度长20±5 | — | 比书芯对角线长度长<15或>25 |

注：$[a,b)$ 表示 $\geqslant a$ 且 $<b$；$(a,b]$ 表示 $>a$ 且 $\leqslant b$；$(a,b)$ 表示 $>a$ 且 $<b$。

成品歪斜误差的测量：测量书册对角线的长度差即为成品歪斜误差；当书册轮廓呈现等腰梯形时，测量相对应边的长度差即为成品歪斜误差。

版心歪斜度的测量：测量版心长边边缘两端距离书册边缘线的距离差以及版心长度，此差值占版心的百分比即为版心歪斜度（图 6-1 和图 6-2），计算见式（6-1）。

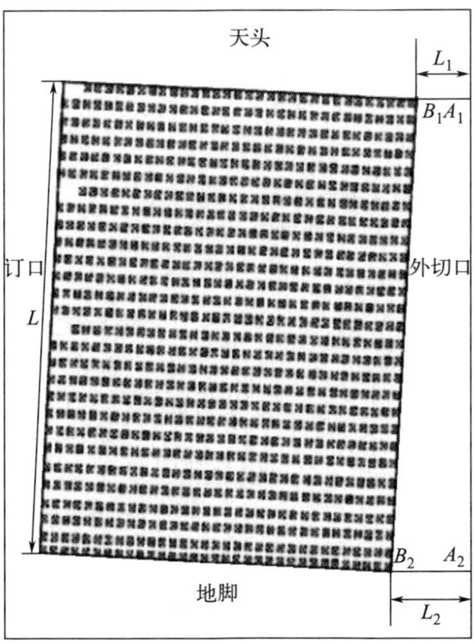


图 6-1 竖式装订版心歪斜度测量

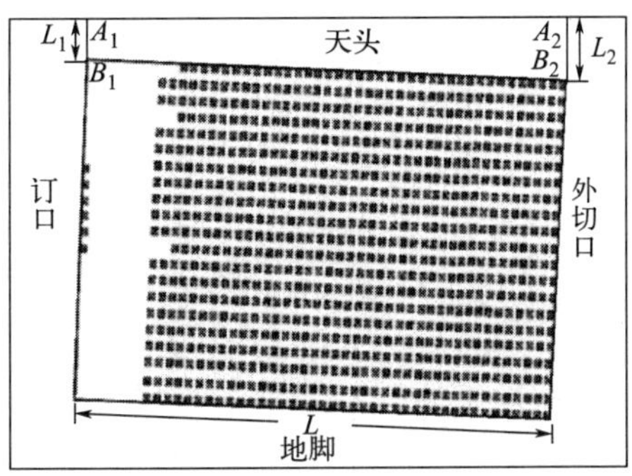


图 6-2 横式装订版心歪斜度测量

$$S=\frac{|L_2-L_1|}{L}\times 100\% \tag{6-1}$$

式中 $S$——版心歪斜度；

$L$——版心长度；

$L_1$——长边边缘距离书册边缘线的距离 1；

$L_2$——长边边缘距离书册边缘线的距离 2。

### 2. 图文印刷质量要求

图书期刊的图文印刷质量应符合表 6-6 的要求。

**表 6-6 图书期刊图文印刷质量检验项目技术要求及不合格分类**

| 检验项目 | | 技术要求 | 不合格分类 | |
|---|---|---|---|---|
| | | | A 类 | B 类 |
| 文字、线条 | | 清晰、完整 | 影响阅读的重影、缺笔、断划、糊字、缺字，页码出血 | 不影响阅读的轻微重影、缺笔、断划、断线，墨色虚淡 |
| 图像 | | 完整，层次清楚，亮、中、暗调分明 | 图像模糊不清，影响辨识；图像缺失或缺色 | — |
| 页面外观 | | 平整、干净 | 影响阅读的脏迹 | 明显褶皱、折痕、脏迹 |
| 套印误差/mm | 封面 | ≤0.10 | >0.20 | (0.10,0.20] |
| | 正文 | ≤0.20 | >0.30 | (0.20,0.30] |
| 同批同位置色差 $\Delta E^*_{ab}$ | $L^*$ >50.00 | ≤6.00 | — | >6.00 |
| | $L^*$ ≤50.00 | ≤5.00 | — | >5.00 |
| 同批接版色差 $\Delta E^*_{ab}$ | $L^*$ >50.00 | ≤6.00 | — | >6.00 |
| | $L^*$ ≤50.00 | ≤5.00 | — | >5.00 |

### 3. 表面装饰质量要求

图书期刊的表面装饰质量应符合表 6-7 的要求。

**表 6-7 图书期刊表面装饰质量检验项目技术要求及不合格分类**

| 检验项目 | 技术要求 | 不合格分类 | |
|---|---|---|---|
| | | A 类 | B 类 |
| 覆膜 | 覆膜后图文清晰，表面干净、平整，粘结牢固 | 起泡、起皱最大长度>3mm，纸膜剥离，膜与纸间含异物 | 小白点、小气泡，封面卷曲 |
| | 覆膜完整 | 亏膜宽度>3.0mm | 亏膜宽度≤3.0mm |
| 上光 | 涂布均匀 | 皲裂、脱落 | 涂布不均匀 |
| | 局部上光位置误差≤1.0mm | — | 局部上光位置误差>1.0mm |
| 烫印/mm | 清晰，牢固 | 1/2 烫箔部分掉箔粉或糊版、漏烫，且影响识读 | 不影响识读的糊版、花版、漏烫 |
| | 位置误差≤0.5 | 位置误差>1.0 | 位置误差（0.5,1.0] |
| 压凹凸/mm | 轮廓清晰，位置误差≤0.5 | 位置误差>1.0 | 爆裂，位置误差（0.5,1.0] |

### 4．成型质量要求

图书期刊的成型质量应符合表 6-8 的要求。

**表 6-8　图书期刊成型质量检验项目技术要求及不合格分类**

<table>
<tr><th colspan="3" rowspan="2">检验项目</th><th rowspan="2">技术要求</th><th colspan="2">不合格分类</th></tr>
<tr><th>A 类</th><th>B 类</th></tr>
<tr><td rowspan="5">书芯</td><td colspan="2" rowspan="2">书页</td><td>版面、页码顺序正确</td><td>版面、页码顺序不正确</td><td>—</td></tr>
<tr><td>页边整齐，小页内缩≤2.0mm</td><td>—</td><td>小页内缩>2.0mm</td></tr>
<tr><td colspan="2">跨页接版位置误差/mm</td><td>≤1.5</td><td>>2.0</td><td>（1.5,2.0］</td></tr>
<tr><td colspan="2" rowspan="2">页码位置误差/mm</td><td>全书误差≤5.0</td><td>—</td><td>全书误差>5.0</td></tr>
<tr><td>相连页允差≤3.0</td><td>—</td><td>相连页误差>3.0</td></tr>
<tr><td rowspan="3">胶粘订</td><td colspan="2">书芯与背胶</td><td>粘贴牢固</td><td>散页、掉页、背胶断裂，书背胶及侧胶同时脱胶长度 1/5 书背长</td><td>EVA 胶露胶根</td></tr>
<tr><td colspan="2">书芯粘结强度/(N/cm)</td><td>>4.5</td><td>—</td><td>≤4.5</td></tr>
<tr><td colspan="2">侧胶粘结宽度/mm</td><td>3.0～6.0</td><td>0</td><td>（0,3.0)或>6.0；侧胶部分开裂</td></tr>
<tr><td rowspan="2">骑马钉</td><td colspan="2" rowspan="2">订位/mm</td><td>外钉眼距书脊长上下各 1/4 处，允差±3.0</td><td>—</td><td><−3.0 或>3.0</td></tr>
<tr><td>钉锯位于折缝上，偏离或歪斜折缝≤1.0</td><td>>2.0</td><td>（1.0,2.0］</td></tr>
<tr><td>锁线订</td><td colspan="2">锁线</td><td>线组分布均匀，松紧适当，线径与针孔大小相适应</td><td>—</td><td>出套、漏锁、断线、有线圈</td></tr>
<tr><td>缝纫订</td><td colspan="2">订线</td><td>平直，歪斜≤2.0mm；上线和底线对称锁紧，断线≤1 针</td><td>—</td><td>歪斜>2.0mm；漏针<br>出套、扎豁，断线>1 针</td></tr>
<tr><td rowspan="7">精装</td><td colspan="2" rowspan="2">书壳</td><td>平整，四角垂直</td><td>—</td><td>明显翘曲，四角不垂直</td></tr>
<tr><td>掀开角度≥120°</td><td>—</td><td>掀开角度<120°</td></tr>
<tr><td rowspan="3">飘口/mm</td><td>A5 及以下</td><td>3.0±0.5</td><td>—</td><td><2.5 或>3.5</td></tr>
<tr><td>A4、B4</td><td>3.5±0.5</td><td>—</td><td><4.0 或>4.0</td></tr>
<tr><td>A3 及以上</td><td>4.0±0.5</td><td>—</td><td><3.5 或>4.5</td></tr>
<tr><td colspan="2">堵头布</td><td>线棱整齐外露，平服牢固，两端光滑，长度应包住书芯背宽</td><td>—</td><td>堵头布偏</td></tr>
<tr><td colspan="2">环衬</td><td>粘结牢固，平整</td><td>—</td><td>粘结不完全，明显褶皱</td></tr>
</table>

## 二、中小学教科书的质量检验规范

本小节适用于中小学教科书印刷产品印制质量检验和判定，其他类教材及中小学教辅材料可参照使用。

### 1．外观质量要求

中小学教科书的外观质量应符合表 6-9 的要求。

**表 6-9　中小学教科书外观质量检验项目技术要求及不合格分类**

| 检验项目 | | 技术要求 | 不合格分类 | |
|---|---|---|---|---|
| | | | A类 | B类 |
| 产品尺寸偏差/mm | | ±1.5 | <−3.0 或>3.0 | ［−3.0,−1.5）或（1.5,3.0］ |
| 成品歪斜误差/mm | | ≤1.5 | >3.0 | （1.5,3.0］ |
| 岗线高度/mm | | ≤1.0 | — | >1.0 |
| 书背字平移、歪斜误差/mm | 书背宽度 | 书背文字中心线对书背中心线平移允差 | 当书背字设计符合技术要求，书背字进入封1或封4 | 书背文字中心线对书背中心线平移允差 |
| | ≤10 | ≤1.0 | | >1.0 |
| | 10～20 | ≤2.0 | | >2.0 |
| | >20 | ≤2.5 | | >2.5 |
| 成品裁切 | | 光滑 | — | 严重刀花 |
| | | 完整 | 有效图文被裁切 | 有连刀页；破头长度>5mm |
| 整体外观 | | 干净，整洁 | — | 有划痕，脏迹，小页、皱褶、折角 |
| | | 书背方正，平实 | — | 有空泡、皱褶、明显圆背、破头 |
| | | 钉脚平整、牢固 | 有坏钉、漏钉、重钉、掉页 | — |

## 2. 印刷质量要求

中小学教科书的印刷质量应符合表6-10、表6-11的要求。

**表 6-10　中小学教科书纸张检验项目技术要求及不合格分类**

| 检验项目 | | 技术要求 | 不合格分类 | |
|---|---|---|---|---|
| | | | A类 | B类 |
| 纸张耐折度（横向）/次 | 涂布纸 | ≥8 | <6 | ［6,8） |
| | 非涂布纸 | | | |
| 正文纸亮（白）度/% | | 72.0～90.0 | — | <72.0 或>90.0 |
| 纸张定量偏差/% | 非涂布纸允差 | ［−4,4］ | <−4 或>4 | — |
| | 涂布纸允差 | ［−5,5］ | <−5 或>5 | — |
| 纸张抗张指数/(N·m/g) | 卷筒纸（纵向） | ≥40.0 | <35.0 | ［35,40） |
| | 平板纸（纵横平均） | ≥30.0 | <27.0 | ［27,30） |
| 纸张不透明度/% | | ≥82.0 | — | < 82.0 |

**表 6-11　中小学教科书外观质量检验项目技术要求及不合格分类**

| 检验项目 | | 技术要求 | 不合格分类 | |
|---|---|---|---|---|
| | | | A类 | B类 |
| 图像、文字、线条 | | 清晰、完整 | 影响阅读的重影、缺笔、断划、糊版 | 轻微重影 |
| 套印误差/mm | 封面 | ≤0.10 | >0.20 | （0.10,0.20］ |
| | 正文 | ≤0.20 | >0.30 | （0.20,0.30］ |
| 同批同位置色差 $\Delta E^{*}_{ab}$ | $L^{*}$>50.00 | ≤6.00 | — | >6.00 |
| | $L^{*}$≤50.00 | ≤5.00 | — | >5.00 |

### 3. 表面装饰质量要求

中小学教科书的表面装饰质量应符合表 6-12 的要求。

**表 6-12 中小学教科书表面装饰质量检验项目技术要求及不合格分类**

| 检验项目 | 技术要求 | 不合格分类 | |
|---|---|---|---|
| | | A 类 | B 类 |
| 覆膜 | 图文清晰，表面干净、平整，粘结牢固 | 起泡、起皱最大长度>3mm，纸膜剥离，膜与纸间含异物，亏膜宽度>5.0mm | 小气泡，封面卷曲，亏膜宽度≤5.0mm |
| 涂布上光 | 涂布均匀，光洁 | 严重划痕，粘脏，涂布缺失 | — |

### 4. 成型质量要求

中小学教科书的成型质量应符合表 6-13 的要求。

**表 6-13 中小学教科书成型质量检验项目技术要求及不合格分类**

| 检验项目 | | | 技术要求 | 不合格分类 | |
|---|---|---|---|---|---|
| | | | | A 类 | B 类 |
| 书芯 | 书页 | | 版面、页码顺序正确 | 错帖、破页、白页 | 褶皱、折角、轻微划伤、脏迹 |
| | 接版偏差/mm | | ≤1.5 | >2.0 | (1.5,2.0] |
| | 页码位置偏差/mm | 全书允差 | ≤7.0 | — | >7.0 |
| | | 相连页允差 | ≤4.0 | — | >4.0 |
| | 版心歪斜度/% | | ≤3.5 | — | >3.5 |
| 胶粘订 | 书芯与背胶 | | 书背方正，粘贴牢固，胶层均匀 | 散页、掉页、背胶断裂 | EVA 胶露胶根，空泡、空背，书背歪斜 |
| | 书芯粘结强度/(N/cm) | | >4.5 | — | ≤4.5 |
| | 侧胶粘结宽度/mm | | 3.0～6.0；粘贴牢固 | 完全开胶 | <3.0 或>6.0；溢胶，野胶，部分开胶 |
| 骑马钉 | 订位/mm | 允差 | 外钉眼距书脊长上下各 1/4 处，±3.0 | — | <−3.0 或>3.0 |
| | | 钉锯偏离折缝 | ≤1.0 | >2.0 | (1.0,2.0] |

## 三、报纸的质量检验规范

本小节适用于报纸类印刷产品印制质量检验和判定。

### 1. 新闻纸报纸印刷质量要求

（1）外观质量要求

新闻纸报纸的外观质量应符合表 6-14 的要求。

（2）印刷质量要求

新闻纸报纸的印刷质量应符合表 6-15 的要求。

### 2. 轻涂纸和铜版纸报纸轮转印制质量要求

（1）外观质量要求

轮转印刷轻涂纸和铜版纸报纸的外观质量应符合表 6-16 的要求。

**表 6-14 新闻纸报纸外观质量要求及不合格分类**

| 检验项目 | 技术要求 | 不合格分类 | |
|---|---|---|---|
| | | A 类 | B 类 |
| 版面平整度/mm | 平整 | 褶皱展开后图文断裂宽度≥2.0；主要人物面部图文褶皱展开后≥1.0 | 褶皱展开后宽度≥2.0；或图文断裂宽度<2.0 |
| 完整性/mm | 版数齐全 | 版数不齐全，缺页缺叠 | — |
| | 页面完整 | 影响阅读的破损 | 破损直线长度>40 |
| | 图文完整 | 影响阅读的图文缺失 | 不影响阅读的图文缺失 |
| | 叼针眼长度<5 | — | 叼针眼拉豁或长度>5 |
| 版面洁净度 | 干净 | 影响图文识别的脏迹；不影响图文识别的面积>100mm² 的脏迹或直径≥3mm 的墨点多于 10 处/四开版 | 不影响图文识别的面积>100mm² 的脏迹或直径>3mm 的墨点（5～10）处/四开版 |
| 折页偏差/mm | 一折<3 | — | 一折≥3 |
| | 二折<5 | — | 二折≥5 |
| 版心位置误差/mm | 左右<3 | — | 左右≥3 |
| | 天头大于地脚 1～3 | | 天头大于地脚<1 或>3 |

**表 6-15 新闻纸报纸印刷质量技术要求及不合格分类**

| 检验项目 | 技术要求 | 不合格分类 | |
|---|---|---|---|
| | | A 类 | B 类 |
| 清晰度/mm | 印迹清晰 | 重影双重轮廓的距>0.25 | 重影双重轮廓的距离≤0.25；可识别的正文文字透印 |
| 套印误差/mm | ≤0.30 | >0.50 | (0.30,0.50] |
| 墨色 | 墨色均匀<br>深浅一致 | 影响识别的糊字 | 不影响识别的糊字；明显水印；黑色实地密度差≥0.20 |
| | 黑色实地密度<br>0.95～1.20 | 黑色实地密度<0.60 | 黑色实地密度［0.60,0.95）或>1.20 |
| 原色实地同批同位置色差 $\Delta E^*_{ab}$ | <5.0 | ≥8.0 | [5.0,8.0) |

**表 6-16 轮转印刷轻涂纸和铜版纸报纸外观质量要求及不合格分类**

| 检验项目 | 技术要求 | 不合格分类 | |
|---|---|---|---|
| | | A 类 | B 类 |
| 版面平整度 | 平整 | 褶皱展开后图文断裂宽度≥1.0mm；主要人物面部图文褶皱展开后≥1.0mm | 存在不影响影响图文的褶皱 |
| 完整性 | 版数齐全 | 版数不齐全，缺页缺叠 | — |
| | 页面完整 | 破损直线长度>40mm | 破损直线长度≤40mm |
| | 图文完整 | 影响阅读的图文缺失 | 不影响阅读的图文缺失 |
| | 叼针眼长度<3mm | — | 叼针眼长度≥5mm |

续表

| 检验项目 | 技术要求 | 不合格分类 | |
|---|---|---|---|
| | | A类 | B类 |
| 版面洁净度 | 干净 | 影响图文识别的脏迹；不影响图文识别的面积>100mm² 的脏迹或直径≥3mm的墨点多于5处/四开版 | 不影响图文识别的面积>100mm² 的脏迹或直径>3mm的墨点（2～5）处/四开版 |
| 折页偏差/mm | ≤2 | ≥4 | [2,4) |
| 版心位置误差/mm | 居中 | 左右≥5 | 左右≥3 |

（2）印刷质量要求

轮转印刷轻涂纸和铜版纸报纸的印刷质量应符合表6-17的要求。

**表6-17 轮转印刷轻涂纸和铜版纸报纸印刷质量要求及不合格分类**

| 检验项目 | 技术要求 | 不合格分类 | |
|---|---|---|---|
| | | A类 | B类 |
| 清晰度 | 印迹清晰 | 重影双重轮廓的距离>0.15mm | 重影双重轮廓的距离≤0.15mm |
| 套印误差/mm | 正背套印准确，误差<1.00 | — | 正背套印误差≥1.00 |
| | 图文套印准确，误差<0.15 | 图文套印误差≥0.25 | 正背套印误差［0.15,0.25） |
| 墨色 | 墨色均匀<br>深浅一致 | 影响识别的糊字；黑色实地密度差<0.60 | 不影响识别的糊字；黑色实地密度差≥0.10 |
| 原色实地同批同位置色差 $\Delta E^*_{ab}$ | <4.0 | ≥6.0 | [4.0,6.0) |

## 四、折叠纸盒的质量检验规范

本小节适用于涂布白卡纸、涂布白板纸和微型瓦楞纸板为基材的折叠纸盒类印刷产品印制质量检验和判定。

### 1. 外观质量要求

折叠纸盒的外观质量应符合表6-18的要求。

**表6-18 折叠纸盒外观质量要求及不合格分类**

| 检验项目 | | 技术要求 | 不合格分类 | | |
|---|---|---|---|---|---|
| | | | A类 | B类 | C类 |
| 完整性 | | 完整 | 明显破损、麻点、针孔、砂眼 | 不易察觉的褶皱、破损、麻点、针孔、砂眼 | — |
| 洁净度 | 涂布白卡纸折叠纸盒 | 干净整洁 | 脏迹直径：>1.5mm的点1个及以上，或>1.0mm且≤1.5mm的点4个及以上 | 脏迹直径：>1.0mm且≤1.5mm的点1个及以上，或>0.5mm且≤1.0mm的点4个及以上 | 脏迹直径：>0.5mm且≤1.0mm的点1个及以上，或≤0.5mm的点4个及以上 |
| | 涂布白纸板折叠纸盒 | | 脏迹直径：>2.0mm，或>1.5mm且≤2.0mm的点5个及以上 | 脏迹直径：>1.5mm的点1个及以上，或>1.0mm且≤1.5mm的点5个及以上 | 脏迹直径：>1.0mm或≤1.0mm的点5个及以上 |

### 2. 印刷质量要求

折叠纸盒的印刷质量应符合表 6-19 的要求。

**表 6-19 折叠纸盒印刷质量要求及不合格分类**

<table>
<tr><th rowspan="2">检验项目</th><th rowspan="2">技术要求</th><th colspan="3">不合格分类</th></tr>
<tr><th>A 类</th><th>B 类</th><th>C 类</th></tr>
<tr><td>套印误差/mm</td><td>≤0.10</td><td>>0.20</td><td>（0.15,0.20］</td><td>（0.10,0.15］</td></tr>
<tr><td>同一产品同色色差 $\Delta E^*_{ab}$</td><td>≤3.00</td><td>>3.00</td><td>—</td><td>—</td></tr>
<tr><td>同批同色色差 $\Delta E^*_{ab}$</td><td>≤5.00</td><td>>5.00</td><td>—</td><td>—</td></tr>
</table>

### 3. 表面整饰质量要求

折叠纸盒的表面整饰质量应符合表 6-20 的要求。

**表 6-20 折叠纸盒表面整饰质量要求及不合格分类**

<table>
<tr><th colspan="2" rowspan="2">检验项目</th><th colspan="2" rowspan="2">技术要求</th><th colspan="3">不合格分类</th></tr>
<tr><th>A 类</th><th>B 类</th><th>C 类</th></tr>
<tr><td colspan="2" rowspan="2">覆膜平整性</td><td rowspan="2">平整</td><td>起泡直径≤1.0mm</td><td>起泡直径: >2.0mm 的起泡个数 1 个及以上，或>1.5mm 且≤20mm 的起泡个数 4 个及以上</td><td>起泡直径: >1.5mm 且≤2.0mm 的起泡个数 1 个及以上，或>1mm 且≤1.5mm 的起泡个数 4 个及以上</td><td>起泡直径：>1mm 且≤1.5mm 的起泡个数 1 个及以上，或≤1mm 的起泡个数 4 个及以上</td></tr>
<tr><td>起皱长度≤2.0mm</td><td>起皱长度>10.0mm</td><td>起皱长度>5.0mm 日≤10.0mm</td><td>起皱长度>2.0mm 且≤5.0mm</td></tr>
<tr><td colspan="2">覆膜完整性</td><td colspan="2">完整，亏膜宽度≤2.0mm</td><td>亏膜宽度>2.0mm</td><td>—</td><td>—</td></tr>
<tr><td colspan="2" rowspan="2">覆膜牢固度</td><td rowspan="2">牢固</td><td>边缘处脱膜宽度≤5.0mm</td><td>边缘处脱膜宽度>5.0mm</td><td>—</td><td>—</td></tr>
<tr><td>压痕处脱膜宽度小于压痕线宽度且长度≤10.0mm</td><td>脱膜宽度大于压痕线宽度且长度大于 10.0mm 且数量多于 2 处</td><td>—</td><td>—</td></tr>
<tr><td colspan="2">烫印完整性</td><td colspan="2">烫印完整</td><td>文字烫印缺笔断画或糊版,影响阅读；图像烫印不完整，影响识别</td><td>轻微糊版、花版、漏烫，但不影响图文识读</td><td>—</td></tr>
<tr><td colspan="2" rowspan="2">烫印耐磨性</td><td colspan="2">未上光耐磨性≥40%</td><td>未上光耐磨性≤10%</td><td>—</td><td>—</td></tr>
<tr><td colspan="2">上光耐磨性≥70%</td><td>上光耐磨性≤30%</td><td>—</td><td>—</td></tr>
<tr><td rowspan="4">套准误差/mm</td><td>烫印与印刷</td><td colspan="2" rowspan="4">≤0.3</td><td rowspan="4">>0.8</td><td rowspan="4">（0.5,0.8］</td><td rowspan="4">（0.3,0.5］</td></tr>
<tr><td>烫印与压凹凸</td></tr>
<tr><td>压凹凸与印刷</td></tr>
<tr><td>局部上光与图文</td></tr>
</table>

### 4. 成型质量要求

折叠纸盒的成型质量应符合表 6-21 的要求。

表 6-21　折叠纸盒成型质量要求及不合格分类

| 检验项目 | | | 技术要求 | 不合格分类 | | |
|---|---|---|---|---|---|---|
| | | | | A 类 | B 类 | C 类 |
| 成型尺寸偏差 | 对角线偏差/% | 涂布白卡纸/涂布白纸板 | ≤0.3 | >0.8 | (0.5,0.8] | (0.3,0.5] |
| | | 微型瓦楞折叠 | ≤0.5 | >1.5 | (1.0,1.5] | (0.5,1.0] |
| | 边长偏差/% | 涂布白卡纸/涂布白纸板 | ≤0.3 | >0.8 | (0.5,0.8] | (0.3,0.5] |
| | | 微型瓦楞折叠 | ≤0.5 | >2.0 | (1.0,2.0] | (0.5,1.0] |
| 盒盖与盒体锁合间隙/mm | | | ≤1.0 | >5.0 | (3.0,5.0] | (1.0,3.0] |
| 成型完整性/mm | | 涂布白卡纸/涂布白纸板爆裂长度 | ≤0.5 | >1.5 | (1.0,1.5] | (0.5,1.0] |
| | | 微型瓦楞爆裂长度 | ≤1.0 | >3.0 | (2.0,3.0] | (1.0,2.0] |
| 微瓦裱合平整度 | | | 平整 | 透楞明显，透出高度超出瓦楞楞高 1/3 | 透楞明显，透出高度超出瓦楞楞高 1/5 | — |
| 切口/mm | | | 平直 | 粘连>1.5，毛边>0.5 | 粘连>1.0 且≤1.5，无明显毛边 | — |
| 粘口完整度 | 开胶长度百分比 | | 完整，开胶长度百分比≤20% | 开胶长度百分比>20% | — | — |
| | 无胶长度/mm | 涂布白卡纸/涂布白纸板无胶长度 | ≤3.0 | >3.0 | — | — |
| | | 微型瓦楞无胶长度 | ≤5.0 | >5.0 | — | — |

# 第三节　印刷质量的综合质量评价

## 一、综合评价的必要性

主观评价法是以原稿为基础对照样张进行评价，即直接或借助放大镜对印刷品与标准印刷品进行对比，主观评价印刷品质量好坏。这种方法虽然简单灵活，但易受操作人员的经验和心理、生理等因素影响，由于评价人的知识、技能、经验、爱好及审美观点等不同，很大程度上会产生评价偏差，精确性和稳定性较差。而且，影响主观评价的客观因素也很多，如因地点、环境不同及照明条件不同在观察印刷品时所产生的视觉差异，因原稿种类（如透射型彩色反转片与反射型印刷品）不同给印刷品带来的反差、色彩方面的差异，因画面亮度的绝对值和周围亮度的不同给识别图像能力带来的差别等。

客观评价法是利用专门的仪器设备和工具对印刷品的各个质量环节做出定量的分析，并结合复制的质量标准做出客观的评价。目前常用的有密度检测法和色度检测法。密度检测法和色度检测法是借助仪器对印刷品的密度和色度进行测量，并利用相关理论对数据进行分析和处理，进而评价印刷品的质量。客观评价虽然有数据化、定量化的优点，但大多数时候不能完整地反映印刷品尤其是图像的质量。

印刷品是视觉产品，在定量化的客观评价方法不能完整地反映产品质量及等级的时候，主观评价就成了印刷品质量好坏的最后仲裁者。由于印刷工业本身属于复制加工性行业，因此印刷质量的最终评价往往不是印刷者决定的，而是出版单位或委印者凭主观感觉决定。尽管印刷厂对印刷质量有其自己的评价内容和标准，但委印单位却不一定以印刷质量标准为依据。要解决这一问题，就应尽量将主观评价因素加以客观解释，使其科学化，并和客观评价趋于一致。

综合评价方法的思路是以根据客观评价的手段获得的数据为基础，与主观评价的各种因素相互参照后，得到共同的评价标准，然后对数据进行计算、做表，得出印刷质量的综合评价分。使用印刷质量的综合评价方法需要先确认在主观评价方面存在着共识，也就是说印刷质量专家与大多数人在主观印象上存在着一致性。如果一致性非常小，那么探讨评价方法的意义就不大了。

目前较常用的方法是对影响印刷适性的若干因素如反射密度、清晰度、不均匀性等作为一种指数加以考虑，并通过印刷适性仪、反射密度计以及标准材料等求得具体数值，即采用所谓的印刷适性指数法。此外，还可用数理统计方法，将想要评价的印刷品按主观、客观几个方面排序，最后取其相关数作为使用的最佳印刷品的指数。对于大多数情况，这些评价方法能够得到一致或者说接近一致的结果，因此可用作参考。

## 二、综合评价法的特点

印刷品的评价，因为受到很多主观、客观因素的影响，所以欲想真正地判断质量的优劣并不是件容易的事情。综合评价是以客观评价的数值为基础，与主观评价的各种因素相对照，以得到共同的评价标准。

印刷质量的综合评价方法具有如下三个特点：

① 首先确定产品主观评价印象的一致性，这是综合评价法的基础。

② 根据客观评价的手段，对产品质量性能参数指标进行测量。

③ 对测试数据进行计算、做表，得出印刷质量的综合评价分。

## 三、综合评价的步骤

综合评价可以分为三个步骤，如图 6-3 所示。

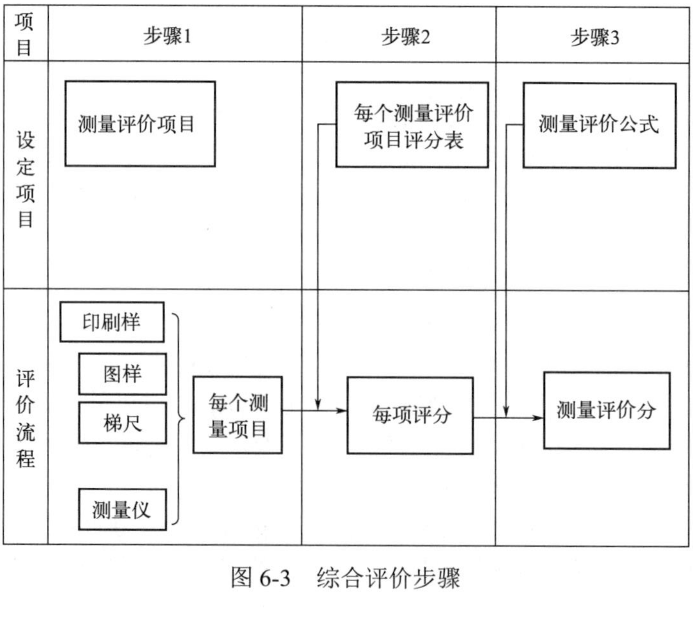


图 6-3 综合评价步骤

### 1. 参数选择与测量

根据印刷品的特点选取最能体现产品质量的参数。不同类型的产品，质量评价参数也不同，比如书刊类产品的正文（黑白）不需要考察与色彩有关的内容，海报的印刷质量不需要考察模切模压的内容，包装类产品，如包装印刷品的质量评价参数可以选用套印精度、色差、实地密度、阶调值增加、阶调复制曲线、相对反差、灰平衡、模切模压精度、光泽度等。

例如，在某印刷品综合质量评价时，选取的参数为实地密度、阶调值增加、阶调误差、相对反差、套印精度、光泽度等 6 个。

### 2. 参数的测量

用密度计对那些与图像同时印刷的阶调梯尺（Y、M、C、K）和色块进行测量，就可以得到评价项目的值。

① 测定阶调误差。首先，测定 C、M、Y、K 阶调梯尺的密度，然后绘制印张的印刷特性曲线，如图 6-4 所示。

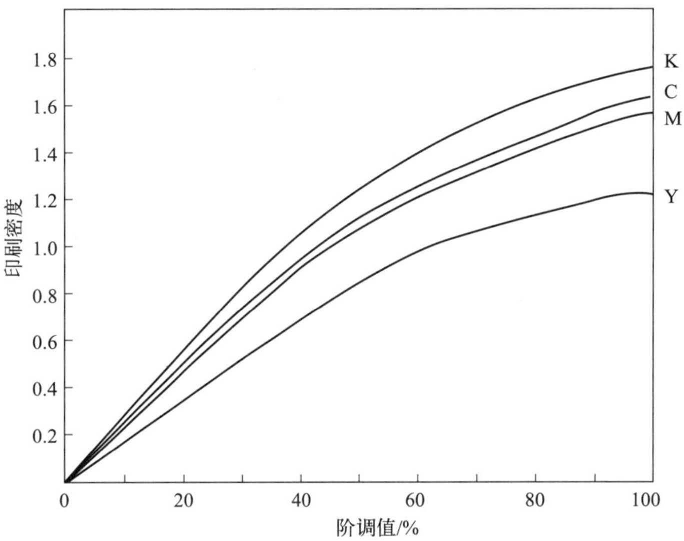


图 6-4　印刷特性曲线

忠实地反映白纸密度和实地密度的图像应是一条理想直线，而实际的印刷特性曲线是在理想直线上边向上凸起的弧形曲线。因此，就以公式（6-2）作为一种评价量。

$$\text{阶调密度误差 TE} = \frac{\Delta A}{A} \times 100\% \tag{6-2}$$

式中　$\Delta A$——图 6-4 中实际的印刷特性曲线与横坐标轴之间的面积；

$A$——理想的印刷特性曲线（与横坐标轴成 45°角的直线）与横坐标轴之间的面积。

用式（6-2）分别计算 CMYK 的阶调密度误差，取其平均值作为该印刷品的阶调密度误差。

② 测定实地密度。以 CMYK 四色实地密度的平均值作为评价项目的实地密度。

③ 测定阶调值增加。测定 CMYK 四色 50%阶调处的阶调值增加，取其平均值作为评价项目的阶调值增加。

④ 测定相对反差。测量 CMYK 四色的相对反差（$K$）值，取其平均值作为评价项目的相对反差。

⑤ 测定光泽度。根据产品的特性确定光泽度的测量角度，并用光泽度仪进行处理。

⑥ 测定套印精度。使用带刻度的放大镜测量印刷品的套印精度。如果任何一色的套印误差大于表格中的要求，则该印刷品为废品，评价工作终止。套印精度不必参与后面分数的计算。

以上就是印刷品质量参数 6 个测定项目指标的计算方法。

### 3. 评分表

上述所选择的质量评价参数具有不同的量纲和值域范围，为了得到最终的质量评价分数，就必须将各参数进行归一化。以阶调误差和实地密度为例，归一化的方法如表 6-22 所示，给予 0～10 分的评价，结合步骤 2 中的测量值，查表就可以得出该指标归一化的分数值。

**表 6-22　评分表**

| 评分 | 测量评价项目 | |
|---|---|---|
| | 阶调密度误差/% | 实地密度 |
| 0 | 57.4～53.9 | 0.99～1.06 |
| 1 | 53.9～50.4 | 1.06～1.13 |
| 2 | 50.4～46.8 | 1.13～1.19 |
| 3 | 46.8～43.2 | 1.19～1.26 |
| 4 | 43.2～39.7 | 1.26～1.33 |
| 5 | 39.7～36.1 | 1.33～1.39 |
| 6 | 36.1～32.6 | 1.39～1.46 |
| 7 | 32.6～29.0 | 1.46～1.53 |
| 8 | 29.0～25.5 | 1.53～1.59 |
| 9 | 25.5～21.9 | 1.59～1.66 |
| 10 | 21.9～18.4 | 1.66～1.73 |

### 4. 计算质量评价分

把前一步骤求得的各测量评价项目代入公式（6-3）中即可求得质量评价分。

$$S = W_1 s_1 + W_2 s_2 + \cdots + W_5 s_5 \tag{6-3}$$

式中　下标 1，2，…，5——表示选取的测量指标评价项目；

$W$——其旁边字母表示的那个评价项目的权重；

$s$——步骤 3 所得的评分；

$S$——评分数，以 100 分为满分，分数越高，印刷质量就越好。

对图像质量产生不同影响效果的非独立印刷质量参数给予“加权值”，这些“加权值”可以用多变量回归分析方法或模糊数学方法求取。表 6-23 中所列的评价权重 $W$ 值是分析各评分项目对印刷质量的期望程度及相互之间的联系得到的。在此评价中，怎样设定这个表示评价权重的 $W$ 是关键。如果看一下所列的评价比重，可发现与网点再现有关的阶调误差、实地密度、阶调值增加这 3 个项目的重要程度总和为 7，占比 70%。可见这 3 项指标特别重要。

表 6-23 为印刷品质量综合评价的计算举例。

**表 6-23　印刷品质量综合评价的计算举例**

| 序号 | 评价测量项目 | 测量值 | 评分 | 评价权重 | 得分（评价权重×评分） |
|---|---|---|---|---|---|
| 1 | 阶调密度误差 | 30.1% | 7 | 2.3 | 16.1 |
| 2 | 实地密度 | 1.50 | 7 | 2.5 | 17.5 |
| 3 | 阶调值增加 | 16% | 8 | 2.2 | 17.6 |
| 4 | 相对反差 | 0.40 | 9 | 1.8 | 16.2 |
| 5 | 光泽度 | 65 | 8 | 1.2 | 9.6 |
| 6 | 套印精度 | — | — | — | — |
| 合计 | | | | | 77 |

综合评价是以客观评价的手段为基础，加上主观评价和各种因素相验证的方法，是目前评价印刷品质量的一种有效方法。它根据标准中的规定，在采用一些测试手段（如信号条、测试条、控制条、梯尺）的基础上，结合人们的色彩心理学、生理学等因素，可以较为客观地评价印刷品质量。

但是，目前还无统一的综合评价标准，人们还在不断地探索、开发。因此，在当前评价印刷品质量的工作中，还是应以标准中规定的技术指标为依据，并应注意它们之间的相互联系，在评价中，应重点用印刷品阶调值、颜色、网点、相对反差等技术指标对印刷品质量进行全面真实的评价。

## 第四节　印刷质量评分工具

pressSIGN 是一套测量、控制、监测和评估胶印、柔印、凹印和数字印刷质量的系统。它是一套完整的分析工具，可用于提高印刷机和操作员的作业效率，改善印刷质量并降低浪费。目前，pressSIGN 已被印刷质量控制人员广泛使用，并成为 G7 认证、GMI 认证指定的印刷评分软件。根据功能的不同，pressSIGN 有 GPM 全球版、Pro 专业版、Standard 标准版和 PrintBuyer 买家版等 4 个版本。各版本的功能对比如表 6-24 所示。

**表 6-24　pressSIGN 不同版本的功能对比**

| 功能 | | GPM | Pro | STD | PB |
|---|---|---|---|---|---|
| 标准 | ISO 12647-2, ISO 12647-3, ISO 12647-4, ISO 12647-6, ISO 12647-7 | √ | √ | √ | √ |
| | GRACol G7, ISO/PAS 15339 | √ | √ | √ | √ |
| | Japan Color | √ | √ | √ | √ |
| | CMYK ICC 文件 | √ | √ | √ | √ |
| | 多通道 ICC 文件 | √ | √ | | |
| | 已测量文件 | √ | √ | √ | √ |
| | 用户自定义 | √ | √ | √ | √ |

续表

| 功能 | | GPM | Pro | STD | PB |
|---|---|---|---|---|---|
| 支持的分光仪 | X-Rite EyeOne/ i1 Pro 2, IO2 Table, Spectro- Eye, 530, eXact | √ | √ | √ | √ |
| | X-Rite EasyTrax, IntelliTrax | √ | √ | | |
| | Techkon SpectroDens | √ | √ | √ | √ |
| | Techkon SpectroJet, SpectroDrive | √ | √ | | |
| | Barbieri LFP, Swing, Spectropad Series 2 | √ | √ | √ | √ |
| | Konica Minolta FD-7 | √ | √ | √ | √ |
| 数据导入 | Cxf | √ | √ | √ | √ |
| | SVF & JDF 文件，CGATs，Image & Axis Control，Komori PDC 等其他 | √ | √ | | |
| | 印刷标准、测量值、ICC 文件、测控条、模板 | √ | √ | √ | √ |
| 数据导出 | Tab Delimited, CXF | √ | √ | √ | √ |
| | XML | √ | √ | | |
| 报告 | 标签打印功能 | √ | √ | √ | √ |
| | PDF 测量报告（含补偿数据） | √ | √ | √ | |
| | PDF 生产和打分报告 | √ | √ | | |
| 信息视图 | 无密度调整的概览视图 | | | | √ |
| | 密度调整的概览视图 | √ | √ | √ | |
| | 全印张视图（密度调整） | √ | √ | | |
| | 评分趋势图 | √ | √ | | |
| | 数据趋势图 | √ | √ | | |
| | NPDC | √ | √ | √ | √ |
| | 软打样模板 | √ | √ | | |
| | 准备-生产模式 | √ | √ | | |
| 专色支持 | PANTONE 颜色库 | √ | √ | √ | √ |
| | 自定义专色 | √ | √ | √ | √ |
| | CMYK+2 专色 | | | √ | √ |
| | CMYK+12 专色 | √ | √ | | |
| | 专色的网点控制 | √ | √ | | |
| 额外客户端 | 标准客户端 | | | √ | |
| | Pro 客户端 | √ | √ | | |
| | 趋势/手机客户端 | √ | √ | | |
| 颜色调整信息 | 所有实地密度 | √ | √ | √ | |
| | 网点补偿（TVI/4CX/NPDC） | √ | √ | √ | |

彩插图 6-5 为 pressSIGN 的界面。从图中可知，从 CMYK 色差、印张一致性、纸张色度、二次色色度、叠印、灰平衡、TVI 几个方面对印张进行评价，各指标的分值分别为 20 分、20 分、8 分、9 分、9 分、15 分、28 分，各指标的得分之和与各指标的总分之和的比值即为印张的最终得分。

# 第五节　印刷质量检测系统

近年来，随着印刷质量要求日益严格以及印刷业不断向着小批量、多品种、高质量方向发展，对印刷质量的控制和检测精度也不断提升。印刷品检验长期都是靠手工完成的，工作单调、劳动强度大，且漏检率高。对条形码、二维码、RFID之类的产品检验，有时靠人眼很难判断，通常必须手持专用仪器进行检查，这无疑又进一步提高了劳动强度，降低了检验效率。传统印刷质量检测方法存在很多缺陷，如受观测人员的经验和心理因素等影响，无法进行定量描述和保证印刷质量检测的稳定性；不能针对印刷品画面进行检测，只能通过检测印刷测控条进行印刷质量检测；人工离线检测，出现印刷质量缺陷后不能及时调节、控制；多采用随机抽检的方法，容易漏检。印刷品检测设备已经成为当前生产厂家必备的设备之一。因此，开发自动化设备代替人工进行产品检验将会节省大量的人力，且劳动生产效率和准确率都会显著提高。

## 一、基于视觉的印刷质量检测系统

### 1. 检测原理

印刷质量在线检测系统是以印刷质量评价指标为基础，利用数字图像处理、机器视觉、模式识别以及印刷工艺原理等技术而形成的一种能够适应高速印刷的对印刷质量进行实时控制与检测的系统。整个印刷质量在线检测系统由光源、图像采集系统、图像采集卡和图像处理系统组成，如图6-6所示。目前，印刷质量在线检测技术已经应用在税票印刷、纸币印刷、烟包印刷、银行支票等方面。

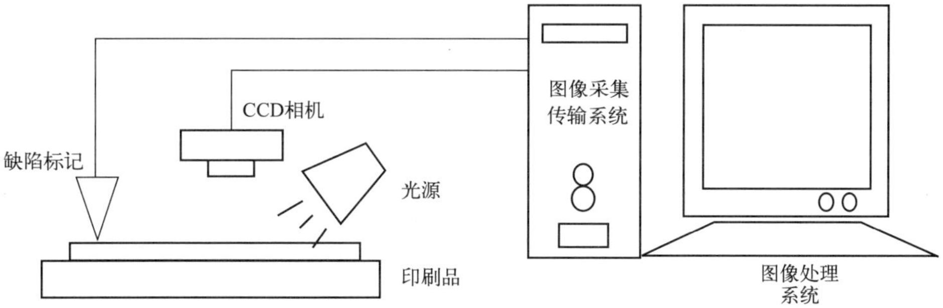


图6-6　印刷质量在线检测系统

在印刷质量在线检测系统中，印刷图像质量检测算法是图像处理系统的核心部分。而传统印刷质量评价和检测体系主要由印刷生产系统、印刷图像以及人眼视觉系统（human visual system，HVS）三部分组成，它们之间的关系如图6-7所示。

在对印刷质量进行评价时，HVS将接收到的印刷图像形成图像视觉，根据主观视觉感知以及印刷质量评价参数形成对印刷产品的质量评价结果。由此可见，人眼作为印刷品的最终视觉信宿，在整个印刷质量评价体系中拥有重要地位。而根据人眼所具有的视觉特性，人眼在观察图像时，会因图像的亮度、对比度等产生不同的视觉效果，如视觉掩盖、亮度适应以及对比度敏感等。因此，在对印刷图像质量进行评价时，不能仅依靠印刷质量客观评价指标，还应该充分考虑视觉特性对质量评价的影响。

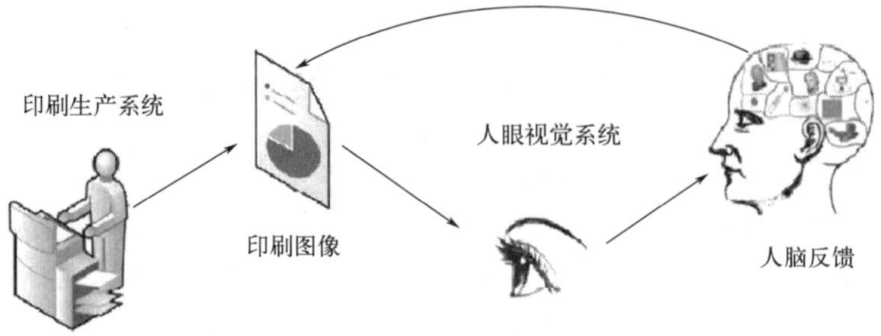


图 6-7　印刷质量评价要素关系

通常情况下，在印刷图像中，一般都含有文字、图形和图像等视觉元素。对于文字和图形，其视觉要求为边缘清晰，文字笔画和图形没有缺损、断笔、白点等，文字和图形厚实，墨色均匀一致。而对于图像，更加注重阶调层次、色彩和清晰度等。因此，文字、图形和图像的印刷质量评价侧重点并不相同。如果在对整个印刷页面进行印刷质量评价时采用相同的评价方法会导致最后的印刷质量评价结果偏离人眼的视觉感知，从而使印刷质量的客观评价结果与主观评价不一致。另外，在观察和理解图像时，人通常会不自觉地对图像中的某些区域产生兴趣，形成视觉“感兴趣区”，并且图像质量很大程度上取决于“感兴趣区”的视觉感受。当视觉“感兴趣区”的图像质量发生变化时，人眼能敏锐地感知并察觉，而非“感兴趣区”的图像质量发生变化或降质却不易察觉。因此，在图像占主导或文字、图形为主的印刷页面中，将分别形成以文字、图形、图像为主的视觉“感兴趣区”，需要采用不同的评价准则对其进行印刷质量评价。所以，利用视觉“感兴趣区”策略，将印刷页面分割成文字区和图像区，分别根据文字和图像印刷质量评价指标选择不同的印刷质量检测方法，建立基于视觉特性的印刷质量检测体系。

### 2. 国内外的质量检测系统

印刷质量在线检测系统在国外出现的时间较早，运用比较广泛，同时技术也相对成熟。主要设备有：罗兰 Inline Inspector Eagle Eye 系统，通过安装在胶印机最后一个印刷色组上方的摄像头对印刷产品进行实时监控，检测内容包括偏色、墨斑、墨杠、套印、重影、刮痕等印刷缺陷，可以根据印刷产品质量要求在控制系统中对检测灵敏度和检测内容进行调节、控制，以实现不同印刷品的质量控制要求；SHARK 4000 是德国 BST 公司推出的一个实时的印刷缺陷全检系统，检测精度最高可达 0.05mm$^2$，同时可以根据印刷缺陷的种类对缺陷检测分类，通过选配集成的 Power Link 可实现 100%印刷缺陷全检，该系统最主要的特点是提出了人眼视觉特性的 ROI（感兴趣区域）检测概念，在非 ROI 不进行缺陷检测或设置较大缺陷宽容度，而对 ROI 进行精确的缺陷检测，这样既可以提高检测速度，也使检测结果符合人眼视觉特性，凸显印刷质量检测智能化；以色列 AVT 公司的 Print vision9000 系统，它能够对偏色、拉毛、套印不准等缺陷进行自动检测并报警。

另外，其他应用比较广泛的印刷质量在线检测系统还有海德堡的 CP2000 系统、高宝的 Quali Tronic 系统、Vision-Experts 公司的 Print-Expert 4000 系统、Isra Vision 公司的 Print Star 系统、Lithec Gmbh 公司的 Lith Check 等。

## 二、检品机

### 1. 检品机发展现状

随着现代印刷机的速度越来越快，质量检测的速度很难和印刷速度匹配，因此大量的印刷质量检测离线设备应运而生，许多相关企业研制出一系列针对印品质量、QR 二维码（一种矩阵二维码）和条形码等的检测设备——高速单张品检机。它不仅能提高生产效率，还能在很大程度上降低生产成本，为企业带来了经济效益和社会效益。

目前这些产品遍布各个行业，有专门针对食品行业的单张纸烟标、酒标、药标、饮料外标签等包装的外观检测设备，针对化妆品行业各类化妆品的外包装进行检测的设备等。此外，还应用在了其他领域，例如汽车外观、芯片外观检测等。检品机有单张和复卷两种。单张品检机主要分为分页、定位、检测、剔废、收纸五个部分。其检测过程为：先将印品码放在给纸部，然后通过皮带与印品间的摩擦力将一堆印品逐个分离，分离后的印品通过侧规进行定位，接着进入检测平台，通过高速摄像机进行图像提取、检测，判断是否合格，如果满足要求，直接进入收纸部；如果检测出残次品，需通过剔废部分进行剔除。剔除主要是针对两种不同的错误：一是印品表面质量出现问题，例如烫金转移不良、拉线、破损、全息烫缺失、烫金糊版、白点、材料斑点、产品划伤、电化铝残缺、反面蹭脏、套印不良、压凸偏位、脏点、褶皱、油墨脏点、覆膜晶点等印刷工艺缺陷；二是监管码出现白色拉丝、刮蹭、黑色拉丝、漏印、污点、遮盖、扭曲、模糊，二维码出现墨脏、定位标缺失、缺印、走版歪版，光学字符识别（OCR）出现重码、错码、骑码、空码等条码缺陷。检品机对这两种错误分开剔除，以避免进行二次剔除，剔除过程采用气动控制剔除系统，废品通过 90°转弯皮带机输出。单纸张的检测幅面由实际产品的大小决定，目前市场上可检测产品种类从吊牌到集装箱外包装等都有涉及。

### 2. 系统功能

（1）系统功能概述

本系统采用模板比对的方式，即利用高速、高分辨率的彩色相机拍摄标准图像创建标准模板，在此基础上针对客户的检测要求设置检测精度，然后对拍摄的每张印品图像进行实时检测，通过和标准模板比对，检测出印品缺陷。按照缺陷类型，可分为背景漏印、前景漏印、背景污点、前景污点、色差、套印、拉墨等。被认为特别重要的区域称为前景（如字、字符和烟标等），其他区域称为背景。

（2）系统应用范围

主要用于烟包、化妆品、药品、标签等印刷品的离线和在线检测。

（3）系统主要功能特点

① 最有效的可量化印品检测系统。采用计算机图像处理系统，将视觉信息数字化，消除人为的感性失误，建立有效的可量化的印品检验标准，从而节约大量的人力成本，提高劳动生产率，以高质量的印品满足用户的需求。

② 高速全面的检测能力。可适用 420 检品机的运行速度，实现对每张产品全幅面实时检测。

③ 简单灵活的建模操作。分多种印刷工艺（默认 5 种，用户可自定义增加），每种印刷工艺有多个检测区域（不限），检测区域内还可以设置任意多个不检测区域。另外，每种工艺可分别设置不同的检测标准，即使同一工艺下的不同检测区也可分别设置检测标准；同时还可以对不同的缺陷类型设置不同的检测标准，并可在检测中随时调整检测标准。

④ 多样化的模板学习方式。提供三种模板学习方式：分区域丢弃学习，针对模板中某些检测区域重新学习，丢弃以前的学习结果；分区域添加学习，针对模板中某些检测区域添

加学习，将现有的学习结果和以前的检测结果累加，可以满足各种学习要求；在线学习（缺陷学习），检测过程中发现检测出的缺陷不足以让产品报废，可以通过缺陷学习将此缺陷图像添加到学习模板中。

⑤ 稳定的废品剔除接口。采用专门研发的信号处理系统，准确无误地控制剔除信号输出。另外，系统还具备双路剔废功能，可以把不同缺陷程度的废品分别剔到两个剔废仓。

⑥ 灵活的质量标准控制。模板中每个检测区域的检测精度都可以单独设置。

⑦ 方便快捷的错误数据存储查询。系统实时存储错误结果信息，并可以对历史记录进行查询。

⑧ 简洁清晰的印品缺陷显示。对不合格品能实时显示缺陷图像、位置等信息，以便及时发现问题，采取相应措施，统一品质要求。

### 3. 系统结构及工作原理

（1）系统结构

彩色印刷质量检测系统由下列部分组成。

硬件部分有图像采集系统、机械系统、图像及信息处理系统、通信系统、外部信号处理系统、UPS 电源等。

软件部分有前端检测软件、服务器软件、数据库管理软件和网络通信软件。

（2）系统硬件设备

① 图像采集系统。包括 CCD 摄像机、照明光源、图像采集处理卡。

CCD 摄像机：在检测系统中，CCD 摄像机是最基本的前端设备之一。它是通过摄像镜头使现场被测物体在 CCD 图像传感器靶面上成像。由于被检测物体上各点的图像亮度是不同的，因此 CCD 图像传感器靶面上各像素点的光照度也不同。CCD 图像传感器起着转换器的作用，它把随空间分布变化的光强度转换成随时间变化的（CCD 图像传感器在不同时刻输出的电压不同）与图像亮度成正比的电信号。该电信号经摄像机内部的电路处理后，输出给图像采集卡。

照明光源：照明光源在图像应用系统中起着非常关键的作用。通常人眼也可以称作传感器，人眼在相对恶劣的条件下（如光照暗、不均匀、背景噪声大、灰度反差小）仍能识别出被测物体，是智能的。而 CCD 图像传感器仅仅是单纯地表达现实状况，因此，创造良好的照明环境是图像应用系统和机器视觉系统成功与可靠的关键因素之一。

图像采集卡：线阵图像采集处理卡安装在前端检测计算机上，采集并处理线阵 CCD 摄像机所拍摄的图像，将数字化图像数据传送给前端检测计算机。

② 机械系统。包括摄像机支架、光源支架。

摄像机支架：用于固定采集图像用的线阵 CCD 摄像机，可左右、上下调整摄像机位置，并可调整俯仰角度使摄像机的视场前后移动。

光源支架：用于固定光源，可以上下整体调整光源位置。

③ 图像及信息处理系统。包括前端检测计算机、服务器。

前端检测计算机：前端检测计算机连接到摄像机上，接收摄像机采集到的图像数据，并对图像中的相关信息进行检测，检测结果及图像通过网络传输到服务器。

服务器：服务器用于接收和显示前端检测计算机的检测结果，同时可以向前端检测计算机发送检测控制信息，控制前端检测计算机完成检测功能。

④ 通信系统。包括网络交换机、网卡。

网络交换机：通过网络交换机组成一个局域网，连接前端检测计算机和服务器，实现计算机间的通信。

网卡：每台计算机上都有 1～2 块千兆网卡，可使各计算机都连接到局域网，实现各台计算机间的通信。

⑤ 外部信号处理系统。包括信号处理接口卡、编码器。

信号处理接口卡：在前端检测机上装有专门设计的带信号处理功能的接口卡，具有信号输入、输出及运算处理功能，主要用来接收编码器、前后光电传感器的输出信号，经过相应处理后，发送有效的供前端检测机使用的信号，从而控制图像采集、输纸以及校验外部信号和排除干扰等，并可以根据检测结果的好坏发送剔废信号。在服务器上也有一块专用的接口卡，该接口卡主要用来控制报警灯及检品机停输纸。

编码器：安装在与传输皮带同步的轴上，是保证检测系统与检品机同步必不可少的硬件设备。通过编码器，可以准确地定位正在检测的产品与线阵摄像机的相对位置，并且在检品机速度变化时仍能采集到不变形的产品图像。

⑥ 其他外部设备。前端检测计算机不配备显示器、键盘和鼠标，通过切换器可以实现对各个前端检测机的显示和操作。

（3）系统软件结构

① 前端检测软件。前端检测软件是本系统的一个重要组成部分，它在前端检测计算机上运行，可实现对印刷品质量的检测。其主要功能是控制摄像机和图像采集处理卡进行采图操作，同时对采集到的图像进行实时处理和分析，检测印刷品质量问题，用计算机视觉技术来代替人眼检查，实现对产品的定量检测。

前端检测计算机运行的检测软件需要自动地把检测结果及时发送到服务器，由服务器运行的软件进行综合处理。

② 服务器软件。服务器软件通过网络连接到前端检测计算机，使独立的计算机连成一个互通的网络。服务器软件不仅是一个面向用户的操作平台，也是整个检测系统的控制中心，用户只要在服务器上操作，就可以实现系统的所有功能。服务器软件主要完成下列几项功能。

前端检测计算机的状态监测。监测和控制各个前端检测机是否处于正常的检测状态。

接收和显示检测结果。接收从前端检测计算机传递过来的检测结果数据，并且在界面上进行显示。如果接收到有问题的检测结果，系统会自动地保存对应的图像和错误信息，将错误信息及时地显示出来，并报警处理。

系统参数设置。这些参数包括当前产品的模板信息、前端检测机相连的摄像机参数、各种错误类型的检测松紧度参数、检测精度级别、界面显示参数等。这些参数的设置直接影响检测结果的准确性，是本系统操作的重要组成部分之一。

系统报警控制。检测出印刷错误之后，系统会根据检测结果中的错误类型及错误程度向用户发出报警信息。报警方式有灯光报警和控制检品机停输纸。

检测结果的浏览查询。对于所有的检测结果，用户不仅可以方便地进行任意的查看，及时发现检测过程中出现的各种问题，对印刷工序予以提醒，减少废品率，提高印刷质量，还可以随时查询历史检测结果。

（4）工作原理

计算机启动后，检测系统自动进入工作状态。当每张产品在检品机上走过，到达线阵 CCD

摄像机下方时，开始采集产品图像。采集的图像通过每台线阵摄像机对应的线阵图像采集卡保存在前端检测机的内存中，根据预先设定的标准模板对产品图像的漏印、脏点、色差、套印、拉墨等错误类型进行检测，遇到有质量问题的产品，通过高速局域网将错误图像、错误类型、级别等信息传到服务器。服务器将各个错误信息存入数据库，用户可以对错误的情况进行查询和统计；同时，服务器通过信号处理系统输出报警信号，遇到严重错误可以控制检品机停机。

## 三、印刷质量检测系统的发展趋势

目前中国已经成为全球印刷业增长速度最快的市场。印刷需求逐年提升，印刷制造业会朝着自动化、标准化、系统化方向发展。印刷质量检测技术在其中起到促进和提高行业竞争力的作用。

随着印刷生产线的高速化以及高印刷质量需求的增长，印刷品质检测的需求会越来越多，越来越多样。在这个大好形势下，企业抓住这个大好的机遇就能发展壮大自身。机遇与挑战是并存的，企业在发展自身的情况下还需要注意未来的发展趋势，这样才能持续发展。

① 统一的技术评价标准。目前各大印刷检测设备公司开发的产品在性能指标、硬件模块、软件开发等各个方面都存在较大差异，还未形成实质上的统一评价标准和通用检测数据库，不利于领域内技术的交流和发展。只有形成统一而开放的评价标准才能让更多的厂商在相同的平台上互相学习和竞争，这也是促进中国印刷图像在线检测技术朝国际化水平发展的原动力。

② 接口标准化。未来检测系统与生产设备的结合将越来越紧密，检测系统与生产设备的接口应标准化，或者检测系统本身就是一个生产设备。计算机蓬勃发展的一个重要原因就是接口标准化。接口标准化后，设备生产公司和机器视觉公司就不需要在设备接口调试上花费工夫了，节约的资源和劳动力可以投入到产品的研发上，提高行业整体资源利用率。

③ 信息化与智能化。现在工业现场的检测设备都已经能够做到互联，各个设备之间可通过网络通信，但还远未发挥出互联网络的价值。通过互联网络将设备检测的缺陷按照工艺类型进行归类，输出数据分析报告，可以为企业的质量管理提供有效数据支撑。这样检测设备就不再是被动的缺陷检测工具，而能主动地为企业生产出谋划策。

从 2010 年开始，图像视觉检测系统就已经开始加速进入印刷各个工序中，替代人工进行质量检测和质量控制，以提高检测精度和检测效率。但是，全流程的印刷质量检测方案并不是每个印刷工序质量检测的简单堆砌和组合，而是需要不断地深度融合，并持续发展。未来，包装印刷质量缺陷视觉检测系统将具有下列几个发展趋势。

① 光学成像系统及图像处理软件更加贴近印刷工艺的实质，最终比拼的不是 CMOS 相机的数量，而是光学成像系统对印刷工艺中各种缺陷的表现能力。

② 出厂终检环节的自动检品机现阶段主要是比拼速度，后期将逐步良性竞争，在工业自动化方向上朝节省人力、提高交货速度方向努力，在漏检率、误检率、易用性方面的潜力将得到深度挖掘。

③ 印刷质量的控制环节逐渐前移，印前工艺、印刷工序、印后工序的印刷质量缺陷检测系统将得到更广泛的应用，特别是高光谱颜色测量技术、印前电子文稿对版技术、墨色闭环反馈控制技术的综合应用将成为主流。

④ 采用全流程印刷质量缺陷检测系统的数据综合分析软件，实现检测系统软件和客户

ERP 系统的无缝衔接；通过大数据等新技术融合，全工序检测系统将向企业决策者提供更加系统、完善的质量分析报告、质量决策建议；最终将视觉检测系统融入工厂品质体系当中，作为生产环节不可缺少的一部分。

⑤ 工业领域中，视觉检测系统将逐渐实现傻瓜化、IT 化、智能化。检测系统融合最新科技，如多点触控技术、云计算和云存储技术、大数据技术、人工智能技术等，让工业领域的视觉检测系统表现得更智能，更人性化。

未来视觉系统更多地融入生产各个环节的过程，检品机的发展将不仅仅局限在目前的工业领域，会在人类生活当中发挥更多的作用。

## 复习思考题

（1）某印刷厂接受委托，印制图书 20000 册，委印合同中应如何规定该批书批质量合格的条件？

（2）本章提到的综合质量评价方法有哪些不足？

（3）进行综合质量评判时如何选取评价指标？

（4）综合质量评价方法中哪些是主观的内容？

（5）如何说明评价结果的正确性？

（6）如何建立测量评分表？

# · 第七章 ·

# 印刷标准化

在经济全球化的带动下，标准越来越成为国际竞争的重要环节，标准化应用在各行业都备受关注。中国作为全球经济体的重要一员和制造大国，其印刷行业也进入了不断融入国际化的进程。全球的印刷供应商们纷纷认识到标准的重要性，开始推行印刷标准化，而国际印刷品买家为了加强自身的管理效率和品质一致性，对印刷供应商也提出了或多或少关于标准化的要求。

## 第一节　标准与标准化

### 一、标准与标准化的定义

按 ISO 和 GB/T 20000.1 的定义，标准化是指“为了在一定范围内获得最佳秩序，对现实问题或潜在问题制定共同使用和重复使用的条款的活动”。简而言之，“标准化”就是一项制定“条款”的活动。标准化包括编制、发布和实施标准的过程。标准化的主要目的是改进产品、过程和服务的适用性，防止贸易壁垒，促进技术合作。标准化活动确立的条款可形成标准化文件,包括标准和其他标准化文件。标准化的主要效益在于为了产品或服务的预期目的改进它们的适用性，促进贸易交流以及技术合作。

按 ISO 和 GB/T 20000.1 的定义，标准是指“为了在一定的范围内获得最佳秩序，经协商一致制定并由公认机构批准，共同使用和重复使用的一种规范性文件”。而规范性文件的实质内容就是“条款”。故简而言之，“标准”就是一种公认的“条款”和“规矩”。标准宜以科学、技术和经验的综合成果为基础，以促进最佳社会效益为目的。

按 ISO 和 GB/T 20000.1 的定义，条款是指“规范性文件内容的表述方式，一般采用陈述、指示、推荐或要求的形式”。可见由条款组成了规范性文件。陈述型条款在标准中仅用来提供信息，不作为任何要求和建议。要求型条款在标准中表示，如果声称符合标准需要遵守的准则，并且不允许有差异。推荐型条款介于陈述型条款与要求型条款之间，既不是强烈的“要求”，也不是一般的“陈述”，它只能利用助动词“宜”或“不宜”来表达。将一些相关的条款集中在一起，就构成了规范性文件的实质内容。表 7-1 列出了条款中常见助动词的中英文。

表 7-1　条款中的助动词

| 条款类型和表述性质 | 助动词 | |
|---|---|---|
| | 中文 | 英文对应词 |
| 要求型 | 应 | shall |
| | 不应 | shall not |
| 推荐型 | 宜 | should |
| | 不宜 | should not |
| 陈述型 | 可 | may |
| | 不必 | need not |
| | 能 | can |
| | 不能 | cannot |

## 二、标准分类

按照标准化对象，通常把标准分为技术标准、管理标准和工作标准三大类。技术标准是指对标准化领域中需要协调统一的技术事项制定的标准。技术标准包括基础技术标准、产品标准、工艺标准、检测试验方法标准及安全、卫生、环保标准等。管理标准是指对标准化领域中需要协调统一的管理事项制定的标准。管理标准包括管理基础标准、技术管理标准、经济管理标准、行政管理标准、生产经营管理标准等。工作标准是指对工作的责任、权利、范围、质量要求、程序、效果、检查方法、考核办法制定的标准。工作标准一般包括部门工作标准和岗位（个人）工作标准。

按照标准的应用范围可以分为国际标准、国家标准、行业标准、地方标准、企业标准等。在《中华人民共和国标准化法》中，我国的标准分为国家标准、行业标准、地方标准、团体标准和企业标准。

国际标准：指由国际性标准化组织制定并在世界范围内统一使用的标准。如由国际标准化组织（ISO）、国际电工委员会（IEC）、国际电信联盟（ITU）制定的标准，以及被国际标准化组织确认并公布的其他国际组织所制定的标准。国际标准是世界各国进行贸易的基本准则和基本要求。

国家标准：指由国家的官方标准机构或国家政府授权的有关机构批准、发布并在全国范围内统一使用的标准。如日本工业标准（JIS）、德国标准（DIN）、英国标准（BS）、美国标准（ANSI）等。

行业标准：指由一个国家内一个行业的标准机构制定并在一个行业内统一使用的标准。如新闻出版行业标准（CY）、包装行业标准（BB）、环境保护行业标准（HJ）等。

地方标准：指在国家的某个地区（省、自治区、直辖市）通过并公开发布的标准。

团体标准：指由团体按照自己（团体）确立的制定程序，自主制定、发布、采纳，并由社会自愿采用的标准。因此，团体标准是依法成立的社会团体为满足市场和创新需要，协调相关市场主体共同制定的标准。团体标准由国务院标准化行政主管部门统一管理。团体是指具有法人资格，且具备相应专业技术能力、标准化工作能力和组织管理能力的学会、协会、商会、联合会和产业技术联盟等社会团体。

企业标准：指没有国家标准、行业标准和地方标准时，需要在企业范围内协调、统一技术要求、管理要求和工作要求所制定的标准。企业标准由企业组织制定，在企业内部适用，并按省、自治区、直辖市人民政府的规定备案。

按照《标准化法》，国家标准又分为强制性标准和推荐性标准，其主要区别在于性质、规定、适用范围以及法律效力。行业标准、地方标准是推荐性标准。

## 三、标准化组织

### 1. 国际标准化组织（ISO）

国际标准化组织（International Organization for Standardization， ISO）成立于 1947 年，是标准化领域中的一个国际组织，官方语言是英语、法语和俄语。中国国家标准化管理委员会（由国家市场监督管理总局管理）于 1978 年加入 ISO，在 2008 年 10 月的第 31 届国际标准化组织大会上，中国正式成为 ISO 的常任理事国。ISO 负责当今世界上多数领域（包括军工、石油、船舶等垄断行业）的标准化活动，通过技术机构（技术委员会、工作组、特别工作组）开展技术活动。

全体大会是 ISO 最高权力机构；理事会是 ISO 重要决策机构；中央秘书处是 ISO 日常办事机构，设在瑞士日内瓦，由秘书长领导。

### 2. ISO/TC130

ISO 有 300 多个技术委员会（technical committees，TC）。技术委员会是在一定专业领域内，从事标准起草和技术审查等标准化工作的非法人技术组织。一个标准化技术委员会通常由来自各个国家的专家组成，他们会就某个特定领域的标准进行讨论和制定。其中 ISO/TC 130 是印刷和出版领域国际标准的技术委员会，以“印刷技术”为标题。ISO/TC 130 的工作范围是解决印刷领域的标准化问题。该领域涵盖了印刷工艺的所有阶段，包括印刷元素（图像、文本、线条、图案和其他）的创建、操作、组装、交流，最终以电子方式作为数字产品交付，或使用油墨、调色剂和其他功能材料印制到承印材料上。

ISO/TC 130 已经制定了 100 多项标准，几乎适用于印刷的所有方面，旨在提高公司的工作质量和市场竞争力。ISO/TC 130 又分成了多个工作组（如表 7-2 所示）。工作组是在技术委员会下设立的，由技术委员会成员和其他专家组成，其职责是在技术委员会的指导下，制定标准的具体内容和细节。ISO/TC 130 制定的标准包括但不限于术语、视觉外观、产品质量评估、数据交换、过程控制、管理、一致性评估、印刷产品对环境的影响以及相关材料、设备和系统的要求和测试。

**表 7-2　ISO/TC 130 的工作组**

| 工作组号 | 具体名称 |
|---|---|
| ISO/TC 130/WG 1 | 术语（terminology） |
| ISO/TC 130/WG 2 | 印前数据交换（prepress data exchange） |
| ISO/TC 130/WG 3 | 过程控制与相关度量衡（process control and related metrology） |
| ISO/TC 130/WG 4 | 介质与材料（media and materials） |
| ISO/TC 130/WG 5 | 人机工程/安全（ergonomics-safety） |
| ISO/TC 130/JWG 7 | 色彩管理（color management） |
| ISO/TC 130/WG 10 | 安全印刷过程管理（management of security printing processes） |

续表

| 工作组号 | 具体名称 |
| --- | --- |
| ISO/TC 130/WG 11 | 印刷产品对环境的影响（environmental impact of printed products） |
| ISO/TC 130/WG 12 | 印后（postpress） |
| ISO/TC 130/WG 13（暂停） | 印刷认证要求（printing conformity assessment requirements） |
| ISO/TC 130/JWG 14 | 印刷质量检测方法（print quality measurement methods） |
| ISO/TC 130/TF 3 | 沟通交流（workflow standards roadmap） |

### 3. 全国印刷标准化技术委员会（SAC/TC170）

全国印刷标准化技术委员会（SAC/TC 170）是在国家新闻出版署、国家标准化管理委员会领导下从事全国性印刷技术标准化的工作组织，负责全国印刷技术领域的标准化归口管理工作。

SAC/TC 170 在国家有关方针政策的指导下，负责提出印刷标准化的工作方针、政策和技术措施，组织行业内相关国家标准和行业标准的制定和修订工作。SAC/TC 170 同时担负着宣贯标准化生产理念，推广标准化生产，建立标准化试验基地，开展各类评测和验证活动，提供各类标准化生产所需的印刷质量控制和检测工具的任务。作为与国际标准化组织印刷技术委员会（ISO/TC 130）对应的中国印刷标准化机构，承担着国际印刷技术标准的投票表决工作（“P”成员）。SAC/TC 170 现已和一些国家的印刷标准化组织及技术协会建立了密切联系，加强交流与合作，共同为促进国内印刷界走向世界而努力。

自 2006 年起，全国印刷标准化技术委员会与印刷业多个细分领域的龙头骨干及技术先进企业联合组建了 8 个印刷标准化试验与推广基地，旨在依托企业在技术、设备、专业人员和资金等诸多方面的优势，集全行业之力，加速标准的制修订与宣贯普及，推动我国印刷标准化事业前行。十几年来，基地建设受到各方面的关注与支持，基地企业在我国印刷标准化工作中持续发挥着重要的作用，默默地作出了积极的贡献，为我国印刷标准化建设打开了新的局面，带来了新的气象，谱写了新的篇章。

2010 年 11 月 2 日，国际标准化组织（ISO）批准印刷技术委员会（ISO/TC 130）关于“决定将 ISO/TC 130/TF 2 转为工作组，中国提供秘书处支持”的决议，印后任务组（TF 2）正式转为印后工作组（ISO/TC 130/WG 12），表明国际印后工作组正式成立，并由我国担任召集人和设立秘书处。这标志着我国在国际印刷标准领域实现了历史性的重大突破。

细分印刷标准化领域，根据实际情况分期分批组建各种类型的分技术委员会，不断形成新的印刷标准化工作格局，加速印刷标准化建设，推动全行业快速健康发展，是全国印刷标准化技术委员会长期的战略目标。2012 年，组建了书刊印刷分技术委员会、网版印刷分技术委员会、包装印刷分技术委员会。

### 4. 全国印刷机械标准化技术委员会（SAC/TC 192）

全国印刷机械标准化技术委员会编号 TC192，由中国机械工业联合会筹建及进行业务指导，负责全国印前、印中、印后辅助加工以及与此相关的机械设备等专业领域标准化工作。

## 四、印刷标准化

印刷标准化是对印刷工艺全流程提出整套改进和提高的控制方法和管理手段，目的是要做到数据化控制、规范化操作和专业化管理。印刷标准化可以促进印刷企业提高科学管理水平和技术进步，保证印刷原材料质量，为印刷产品最优化奠定了基础，使数据化、规范化操作有了依据；使印刷产品在国际市场的竞争力和经济效益，实现产业升级。

## 第二节　特性化数据

### 一、特性化数据定义及示例

印刷特性化数据是指完全描述给定印刷过程的阶调值和相关色度值的集合，它可以用于计算生成标准印刷条件的 ICC 文件。

印刷工业特性化数据要符合 ISO 28178:2022《印刷技术—颜色和过程控制数据的 XML 或 ASCII 码交换格式》标准的规范要求，下面以适用于单张纸胶印的高光泽涂布纸的 FOGRA57 特性化数据为例进行介绍。如图 7-1 所示，该特性化数据存储的是 txt 格式文件。

第 1 行“ISO28178”表明本文档符合 ISO 28178《印刷技术—颜色和过程控制数据的 XML 或 ASCII 码交换格式》标准。

第 2 行“FILE_DESCRIPTOR”是文件描述，说明本文档是 FOGRA57。

第 3 行“ORIGINATOR”是文件的创建者。

第 4 行“CREATED”是创建时间。

第 5 行“TARGET_TYPE”是指本文档（FOGRA57）遵循的是 ISO 12642-2 标准。

第 6 行“INSTRUMENTATION”仪器是非常重要的信息，是指颜色测量时要求的条件，包括光源 $D_{50}$，视场角 2°，几何条件 45°/0°，没有偏振滤光片，白背衬，符合 ISO 13655:2009 的 M1 测量模式。这些条件也是相关标准中推荐的颜色测量条件。

第 7 行“PRINT_CONDITIONS”给出了具体印刷条件：符合 ISO 12647-2:2013 的胶印，承印物是 PS1（高级涂布纸，荧光中等，根据 ISO15397 其荧光性 8-14），定量 115g/m$^2$，CMYK 的阶调值增加使用 *A* 曲线，采用光泽 OPP 覆膜。

第 8 行“ILLUMINATION_NAME”再一次表明光源是 $D_{50}$。

第 9 行“OBSERVER_ANGLE”说明视场角为 2°。

第 10 行“FILTER”说明滤色片为 M1。

第 11、12 行“WEIGHTING_FUNCTION”是权重函数，可以是标准观察者（2°或 10°）、照明体（$D_{50}$、$D_{65}$ 等）或者密度状态响应等。

第 13 行是注释行，说明下面的标签可以提高和传统设备的兼容性。

第 14 行“KEYWORD”是个关键词，TRACEABILITY 说明具有可追溯性。

第 15 行“TRACEABILITY”说明追溯性符合 NIST 标准。

第 16 行“NUMBER_OF_FIELDS”说明即将给出的数据的列数，本文档 8 列。

第 17 行“BEGIN_DATA_FORMAT”是数据格式标签，下一行就是数据格式。

第 18 行是对数据每一列的说明，本文档的 8 列数据分别是样本编号（SAMPLE_ID）、C、M、Y、K、$L^*$、$a^*$、$b^*$。

第 19 行“END_DATA_FORMAT”是数据格式结束标签。

第 20 行“NUMBER_OF_SETS”给出了数据的数量，即 1617 个，也就是 IT8.7/4 色靶。

第 21 行“BEGIN_DATA”是数据开始标签，下一行开始给出数据。

第 22 行以及接下来的共 1617 行就是数据，每一行 8 个数据，数据间用 Tab 间隔，共 1617 行。

最后一行“END_DATA”是数据结束标签，整个特性化文件也就结束了。

通过文件中的信息，就可以得知特性化数据的来源、测量条件、印刷条件等。色靶使用的 IT8.7/4 共 1617 个色块，其视觉和随机版式如彩插图 7-2 和图 7-3 所示。

```
ISO28178
FILE_DESCRIPTOR "FOGRA57"
ORIGINATOR      "Fogra, www.fogra.org, developed by GMG GmbH & Co KG, Heidelberger
Druckmaschinen AG"
CREATED "January 2019"
TARGET_TYPE     "ISO12642-2"
INSTRUMENTATION "D50, 2 degree, geometry 45/0, no polarisation filter, white backing,
according to ISO 13655:2009 M1"
PRINT_CONDITIONS        "Offset printing, according to ISO 12647-2:2013, OFCOM. print
substrate 1 = premium coated, fluorescence moderate (8-14 DeltaB according to ISO 15397), 115
g/m2. tone value increase curves A (CMYK), laminated with glossy OPP film"
ILLUMINATION_NAME       "D50"
OBSERVER_ANGLE  "2"
FILTER  "M1"
WEIGHTING_FUNCTION      "ILLUMINANT, D50"
WEIGHTING_FUNCTION      "OBSERVER, 2 degree"
# The following flag is intended to improve compatibility with legacy devices.
KEYWORD "TRACEABILITY"
TRACEABILITY    "NIST"
NUMBER_OF_FIELDS        8
BEGIN_DATA_FORMAT
SAMPLE_ID       CMYK_C  CMYK_M  CMYK_Y  CMYK_K  LAB_L   LAB_A   LAB_B
END_DATA_FORMAT
NUMBER_OF_SETS  1617
BEGIN_DATA
1       0       0       0       0       93.99   1.52    -5.66
2       0       10      0       0       87.11   10.9    -7.59
3       0       20      0       0       80.74   19.73   -8.57
.       .       .       .       .       .       .       .
.       .       .       .       .       .       .       .
.       .       .       .       .       .       .       .
1614    0       0       100     10      80.99   -4.58   87.75
1615    0       100     100     10      42.91   64.37   43.62
1616    100     0       100     10      44.89   -62.58  23.74
1617    100     100     0       10      21.3    19.65   -43.66
END_DATA
```

图 7-1　FOGRA51 特性化数据

## 二、FOGRA 特性化数据

FOGRA（德国印艺技术研究所）是非营利性的独立组织，主要从事印刷相关的研究、测试和认证工作，在特性化数据、测试版、打样、颜色测量、认证等方面对印刷工业做出了很大的贡献。

截止到目前，FOGRA 已经发布了 60 个特性化数据，有的已经淘汰，目前在用的特性化数据如表 7-3 所示。

这些特性化数据分别适用于单张纸胶印、卷筒纸胶印以及空间转换。除了 FOGRA44、FOGRA43 是调频加网，其余的印刷都是调幅加网，且加网线数都是 $60cm^{-1}$，即 150lpi。所用的承印物 PT1～PT5 是 ISO 12647-2:2004 标准中规定的五种类型的纸张，PS 系列是 ISO 12647-2:2013 标准中的典型承印物。

表 7-3 FOGRA 特性化数据

| 特性化数据 | 印刷工艺 | 加网 | 承印物① | TVI（CMY②） | TVI（K③） | 备注 |
|---|---|---|---|---|---|---|
| FOGRA60 | 金属胶印 | 60/cm | MC1（涂布白，类型 1） | A⑦ | A⑦ | 基于 ISO 12647-9:2021 |
| FOGRA59 | 颜色交换空间 | — | — | — | — | eciCMYK_V2 |
| FOGRA58 | 颜色交换空间 | — | — | — | — | 织物 RGB |
| FOGRA57 | 单张纸胶印+光泽 OPP 覆膜 | 60/cm | PS 1/2 | A⑧ | A⑧ | 基于 FOGRA51 |
| FOGRA56 | 单张纸胶印+哑光 OPP 覆膜 | 60/cm | PS 1/2 | A⑧ | A⑧ | 基于 FOGRA51 |
| FOGRA55 | 颜色交换空间 | — | — | | | CMYKOGV |
| FOGRA54 | 热固轮转胶印 | 60/cm | PS6（SC-B，超级压光纸 B 型） | B⑧ | B⑧ | |
| FOGRA53 | 颜色交换空间 | — | — | — | — | |
| FOGRA52 | 单张纸胶印 | 60/cm | PS5 | C⑧ | C⑧ | |
| FOGRA51 | 单张纸胶印 | 60/cm | PS1，以前的 PT 1/2 | A⑧ | A⑧ | |
| FOGRA50 | 单张纸胶印+光泽 OPP 覆膜⑤ | 60/cm | PT1/2 | A | B | 基于 FOGRA39 |
| FOGRA49 | 单张纸胶印+哑光 OPP 覆膜⑤ | 60/cm | PT1/2 | A | B | 基于 FOGRA39 |
| FOGRA48 | 热固轮转胶印 | 60/cm | 改进型新闻纸（INP） | C | D | |
| FOGRA47 | 单张纸胶印 | 60/cm | PT4 | C | D | 替代 FOGRA29 |
| FOGRA46 | 热固轮转胶印 | 60/cm | PT3 | B | C | |
| FOGRA45 | 热固轮转胶印 | 60/cm | 改进的轻量涂布纸 | B | C | |
| FOGRA44 | 单张纸胶印 | NP④（FM） | PT4 | F | F | |
| FOGRA43 | 单张纸胶印 | NP④（FM） | PT1/2 | F | F | |
| FOGRA42 | 热固轮转胶印 | 60/cm | 标准新闻纸 | C | D | CIELAB 值基于黑背衬测量⑥ |
| FOGRA41 | 热固轮转胶印 | 60/cm | 中定量涂布纸 | B | C | |
| FOGRA40 | 热固轮转胶印 | 60/cm | SC（超级压光纸） | B | C | |
| FOGRA39 | 单张纸胶印 | 60/cm | PT1/2 | A | B | |

① 承印物。PT1 = Paper type 1 = 115g/m$^2$ 光泽涂布纸；PT2 = Paper type 2 = 115g/m$^2$ 哑光涂布纸；PT3 = Paper type 3 = 65g/m$^2$ 用于卷筒胶印的低定量涂布纸；PT4 = Paper type 4 = 115g/m$^2$ 非涂布胶版白纸；PT5 = Paper type 5 = 115g/m$^2$ 非涂布胶版偏黄纸。

② CMY 的阶调值增加（网点扩大率）。

③ K 的阶调值增加（网点扩大率）。

④ 非周期性加网，即调频加网，网点 20μm 或 30μm。

⑤ 用光泽或亚光 OPP 覆膜的标准化印刷品的表面整饰。

⑥ 测量数据适合黑背衬的反射印品。数据会 1∶1 用于 PSO。打样保持不变。

⑦ ISO 12647-9 的 TVI 曲线 A 不同于 ISO 12647-2:2013，不能混淆。

⑧ TVI 曲线不同于 ISO 12647-2:2007。

# · 第八章 ·

# 基于ISO标准的印刷质量控制

印刷质量控制是涉及多种因素的复杂过程，ISO 发布了多项标准，从特性化数据、油墨、工艺等多方面给出了印刷质量控制的标准。

## 第一节　匹配特性化数据的印刷颜色调整方法（ISO/TS 10128）

ISO/TS 10128:2023《印刷技术—与特性数据匹配的印刷系统的颜色再现调整方法》标准描述了用于调整输入到印刷系统的数字化数据的四种方法，以在相同的目标条件下印刷的多个印刷机之间实现印刷结果的一致性。这四种方法为：

① 匹配阶调值曲线（TVI 和 CTV）；

② 使用近中性灰梯尺；

③ 彩色优化校正曲线集；

④ 使用 CMYK 到 CMYK 的多维转换。

它包括建立必要校正曲线目标条件的程序、确定单个校正曲线的程序以及这四种方法适用性的比较。这些校正程序适用于使用 CMYK 色料的印刷系统。这里的系统不限于使用传统纸上油墨印刷的系统，可以涉及其他技术，例如打样、数字印刷。

### 一、概述

一般来说，印刷标准规定了纸张、油墨以及过程控制的色度参数。在油墨特性化良好的情况下，也可以将密度数据作为参考目标。印刷色域由纸张的颜色、原色油墨的实地颜色、二次色油墨的叠印实地色以及三原色油墨与黑色油墨实地叠印的颜色的组合来定义。在 ISO 12647 系列标准的印刷条件以及其他印刷规范中也都给出了这些参数，通常还有参考目标的密度数据和阶调值增加数据。

在某些情况下，可以通过调整阶调值增加以匹配参考条件来调整印刷系统。主要假设如下：

① 当原色和二次色实地正确时，印刷色域也是正确的；

② 当单个单色梯尺的阶调曲线与参考印刷条件的阶调曲线相匹配时，相互叠印的数据也会和参考值相匹配；

③在一定范围内，可以通过一系列单通道输入阶调值的调整来补偿印刷机之间（或印刷机与参考印刷条件之间）阶调值增加的差异。

ISO/TS 10128 中描述的前三种方法使用这种单通道变化，仅在用于确定单个通道校正的程序上有所不同。

第四种方法假设通道之间存在实质性的相互作用，因此一系列单通道校正是不够的。它利用 ICC 设备链接变换（或将一个系统的设备相关印刷数据映射到另一系统的设备相关的印刷数据的其他机制），其本质上是预定义的四维变换。使用 ICC 设备链接而不是传统的 ICC 颜色管理的原因是，可以对设备链接特性文件中包含的变换进行调整，以保留黑色通道（单色黑色保持为单色）。

四种方法都取决于指定纸张和油墨的使用，这样就可以得到原色和二次色实地正确的色度值。

印刷标准最好使用 ISO 12647 定义的或者以此为基础的印刷条件。

为了通过阶调值曲线将颜色匹配到参考印刷条件，使用待匹配的参考印刷条件规定的油墨和纸张来测定印刷机的性能是非常重要的。由于所用的油墨、纸张和印刷机组合印出的实地可能与指定的 CIELAB 颜色坐标精确匹配，因此确定与原色实地的色度值最接近的当前工艺控制目标是很重要的。

所有特性化数据均应基于 ISO 12642-1 或 ISO 12642-2 中定义的油墨数据。这些油墨数据的印刷样品的测量应按照 ISO 13655 的要求完成。当使用特性化数据或 ICC 特性文件时，应使用根据单色梯尺的测量值计算的彩色阶调值。

## 二、匹配阶调值曲线

匹配阶调值曲线有个假设，即一旦获得了正确的原色实地和二次色叠印实地，只要以相同的方式测量实际阶调值和参考阶调值，无论是使用 TVI 还是 CTV，都可以简单地将阶调值曲线与每个印刷原色的参考阶调值曲线进行匹配来获得令人满意的印刷结果。

一旦建立了与原色实地的色度目标最佳匹配的印刷条件，ISO 特性化测试图的印刷图像将提供一组特性化数据。该数据定义了操作条件下的印刷机特性，该特性表示可以实现与参考印刷条件的色域的最佳匹配。

在印刷机上获得的单色阶调值曲线与参考印刷条件的阶调值曲线之间的差异就是阶调值校正曲线，该校正用于每个通道（C、M、Y、K）。

## 三、使用中性灰梯尺

虽然阶调值曲线的匹配在许多情况下都是足够的，但它只考虑了影响两种和三种颜色叠印的众多因素之一。虽然阶调值曲线是最重要的，但印刷颜色也会受到油墨陷印、油墨透明度、油墨-润版液-印刷机相互作用、半色调加网等的影响。这些都可能因用于创建参考印刷条件特性化数据的印刷机、油墨和纸张以及用于生产印刷的印刷机、纸张和油墨而异。

参考特性化数据的色度数据与参考近中性灰梯尺的预期印刷的色度数据的比较，允许为每个油墨通道确定单独的变换（阶调值调整曲线）。虽然类似于阶调值校正曲线，但它们提供了补偿这些二次变化的能力，这些二次变化会影响三色中性灰梯尺。

参考特性化数据是设计用来生成参考近中性灰梯尺的灰平衡，该方法还允许使用灰平衡来监测印刷过程，而不是使用阶调值曲线。

使用中性灰梯尺来确定所需的阶调值调整曲线可以与任何参考特性化数据一起使用。如果要匹配的特性化数据已经包含了中性灰数据，则灰平衡色块可以与基于灰平衡的过程控制软件一起使用。虽然不是必需的，但可以方便地使用预定义的 CMY 阶调值标尺的近中性数据集来从参考特性化数据或预期生产印刷的特性化数据中提取近中性灰数据。一些行业团体使用的一个梯尺例子如表 8-1 所示。

**表 8-1　近中性灰 CMY 阶调梯尺示例**

| 梯级 | 阶调值/% | | |
|---|---|---|---|
| | 青 | 品红 | 黄 |
| 1 | 0.00 | 0.00 | 0.00 |
| 2 | 1.96 | 1.18 | 1.18 |
| 3 | 3.92 | 2.75 | 2.75 |
| 4 | 5.88 | 4.31 | 4.31 |
| 5 | 7.84 | 5.49 | 5.49 |
| 6 | 10.20 | 7.45 | 7.45 |
| 7 | 14.90 | 10.98 | 10.98 |
| 8 | 20.00 | 14.90 | 14.90 |
| 9 | 25.10 | 18.82 | 18.82 |
| 10 | 30.20 | 23.14 | 23.14 |
| 11 | 34.90 | 27.06 | 27.06 |
| 12 | 40.00 | 31.37 | 31.37 |
| 13 | 45.10 | 35.69 | 35.69 |
| 14 | 49.80 | 40.00 | 40.00 |
| 15 | 54.90 | 45.10 | 45.10 |
| 16 | 60.00 | 50.20 | 50.20 |
| 17 | 65.10 | 55.29 | 55.29 |
| 18 | 69.80 | 60.39 | 60.39 |
| 19 | 74.90 | 65.88 | 65.88 |
| 20 | 80.00 | 71.76 | 71.76 |
| 21 | 85.10 | 78.04 | 78.04 |
| 22 | 89.80 | 84.31 | 84.31 |
| 23 | 94.90 | 92.16 | 92.16 |
| 24 | 98.04 | 96.86 | 96.86 |
| 25 | 100.00 | 100.00 | 100.00 |

注：表中的阶调值保留了两位小数，因为大多数特性化数据用每通道 8 位二进制数表示，这些值对应于 8 位二进制数据的等间隔量化。由于和中性灰数据对应的色度数据常常由特性化数据计算或插值而来，这样就尽可能减小了转换误差。

一旦建立了最佳匹配的印刷条件，就可以印刷彩插图 7-2、图 7-3 或类似色靶，以便于测量特性化数据。这可以用于计算与要使用的近中性灰梯尺相关的色度值，或者可以在测试版上直接放一个中性灰梯尺图像用于测量数据。

给定了参考特性化数据和被校准的印刷机的特性化数据，可以使用各种各样的颜色分析工具来确定被校准印刷机上所需的阶调值，以匹配目标特性化数据的参考近中性灰梯尺的色度值。

所使用的中性灰梯尺的 CMY 阶调值和匹配从参考特性化数据中计算得到的中性灰梯尺的色度坐标所需的 CMY 阶调值的差值就是 CMY 阶调值校正曲线。单黑阶调梯尺用于确定 K 阶调值校正曲线。

## 四、彩色优化校正曲线集合

彩色优化校正曲线集合就是确定最佳校正曲线集，这将确保所选的一组颜色尽可能接近参考目标值。参考特性化数据的色度数据与即将用于生产的参考颜色集的色度对比，就能够确定出颜色优化的校正曲线集合。虽然类似于前两种方法的阶调值校正曲线，但它们提供了补偿影响所选颜色集的一些二次变化的能力。颜色集合可以根据印刷品由印刷个人自由选择。此外，可以指定每种颜色的相对重要性。

颜色集合选择的示例：①在需要一般印刷机颜色精度的情况下，应使用一组包含印刷色域的颜色，它们的间隔要近似视觉等距。②当一组特定颜色的准确性很重要时，应选择这些颜色以及相关颜色作为一个颜色集合。这些颜色可以是在特定印刷机上印刷的印刷品的典型颜色，也可以是印刷工人平时工作的代表色。典型的例子有风景画、人物肖像。在这些例子中，尽可能准确地呈现印刷中可能存在的记忆色是很重要的，应该使用包含这些颜色的集合。在这种情况下，对于每种印刷、纸张和油墨组合使用相同的阶调值曲线。③对于关键工作，选择一组代表每次印刷关键颜色的颜色可能很重要。在这种情况下，每次印刷都可能需要不同的阶调值曲线。在可能的情况下，最好在印刷机控制条上包含一些选定的颜色。

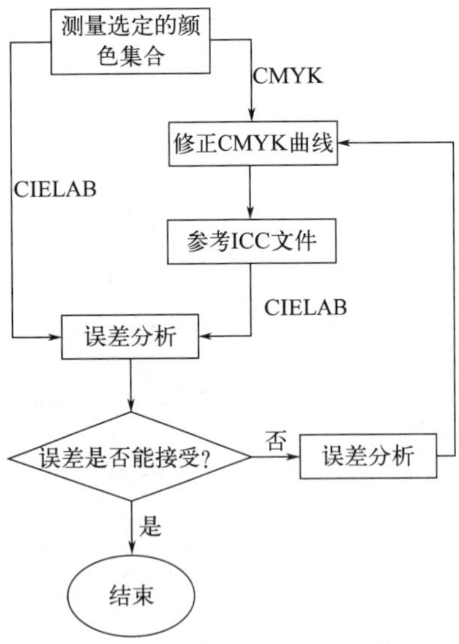

图 8-1　颜色优化校正曲线集方法

一旦建立了与原色实地的色度目标最佳匹配的印刷条件，就应印刷图 7-2、图 7-3 或类似色靶，以测量特性化数据。这可以用于计算与要使用的所选颜色集相关的色度值。给定了参考特性化数据和校准过的印刷机的特性化数据，可以使用各种颜色分析工具来确定被校准印刷机上所需的阶调值，以匹配目标特性化数据。这些工具通常使用的方法如图 8-1 所示。

## 五、使用 CMYK 到 CMYK 的多维转换

使用阶调值曲线、中性灰梯尺、彩色优化校正曲线集合等方法来确定一组 CMYK 阶调值校正曲线的调整，在许多情况下是足够的。然而，这些方法假设各个通道之间没有强烈的相互作用，并且所用的油墨通常在颜色和透明度上与用于匹配的参考特性化数据的油墨相似。多维颜色变换（如 ICC 设备链接特性文件）能够考虑印刷颜色（油墨）之间的四维相互作用。

重要的是，要理解这里定义的方法不是传统的颜色管理。传统的颜色管理方法（例如用 ICC）使用参考特性化数据把 CMYK 转换为连接空间（PCS）的色度值，然后使用特性文件将 PCS 数据转换为一组 CMYK 数据，前后两组 CMYK 会产生相同的颜色外观。然而，对于印刷色域内的颜色，相同的颜色可以有不同的 CMYK 组合。在许多印刷应用中，印刷颜色时使用的黑墨量与仅使用黑色（例如用于文本、阴影等）之间的关系很重要，不能使用传统的颜色管理。因此采用一种新的转换为设备直连的颜色管理，用于将一组 CMYK 数据直接转换到另一组 CMYK 数据。当构造这样的变换时，可以用软件算法来保持黑阶调值和其他原色阶调值的关系，并保持原始颜色值重要的印刷适性。

用于创建设备链接特性文件的起点是要匹配参考印刷条件的特性化数据和要用于印刷的特性化数据，与前面的方法类似。

## 第二节　油墨质量控制（ISO 2846）

ISO 2846 规定了印刷四色油墨的颜色和透明度，分为多个部分，ISO 2846-1 适用于单张纸印刷和热固卷筒胶印，ISO 2846-2 适用于冷固胶印，适用于凹印的 ISO 2846-3、适用于丝网印刷的 ISO 2846-4、适用于柔性印刷的 ISO 2846-5 已经被废止。

ISO 2846-1:2017 是第三版，它规定了胶印用于打样和生产印刷的 CMYK 四色油墨中每一种油墨必须满足的颜色和透明度特征。为确保一致性，数据的测量要在一定的印刷条件下（使用实验室的印刷适性仪），应使用特定的承印物和测试方法。它给出了用于单张纸胶印、热固轮转和 UV 印刷的油墨特性，但不能用于荧光油墨。

### 一、测试方法

影响印刷颜色最重要的两个因素就是油墨和纸张。为了测试油墨的颜色、透明度等性能，就必须固定纸张的参数，否则测试结果会产生很大的误差。在 ISO 2846-1:2017 中，选择的参考承印物参数如表 8-2 所示。

**表 8-2　参考承印物参数**

| 指标 | 规格 | 标准依据 |
|---|---|---|
| 色度值 | $L^* = 97.5 \pm 2.0$<br>$a^* = -0.15 \pm 1.0$<br>$b^* = 4.0 \pm 1.0$ | ISO 13655，M1，白背衬 |
| 吸水性 | 60s 达到$(25 \pm 5)g/m^2$ | ISO 535 |
| 光泽度 | (85±4)GU | ISO 8254-1 |
| 定量 | $(170 \pm 10)g/m^2$ | ISO 536 |
| 灰分 | 20%～30% | ISO 2144 |
| pH 值 | 8～10 | ISO 6588-1 |
| 粗糙度 | 在 $1N/mm^2$ 压力下 0.9～0.7μm | ISO 8791-4 |

必须在表 8-2 中规定的参考承印物上对每一种要评估的油墨进行几次测试印刷，每一次印刷的油墨膜厚度都要不同。

颜色的测量使用 CIE 1931（2°）标准观察者及 CIE 标准照明体 $D_{50}$、0°/45°或 45°/0°几何条件、M1 测量模式、白色背衬。

## 二、色度值

油墨的颜色须符合表 8-3 的色差 $\Delta E^*_{ab}$。

**表 8-3　M1、0°/45°a 几何条件、照明体 $D_{50}$ 和 2°观察者下的色度数据**

| 油墨 | CIELAB 值 | | | | 容差 | | | |
|---|---|---|---|---|---|---|---|---|
| | $L^*$ | $a^*$ | $b^*$ | $\Delta E^*_{ab}$ | $\Delta E_{00}$ ① | $\Delta a^*$ | $\Delta b^*$ | $L^*$ |
| 黄 | 91.0 | −5.1 | 95.0 | 4.0 | 2.8 | — | — | — |
| 品 | 50.0 | 76.0 | −3.0 | 4.0 | 2.8 | — | — | — |
| 青 | 57.0 | −39.2 | −46.0 | 4.0 | 2.8 | — | — | — |
| 黑 | 18.0 | 0.8 | 0.0 | — | — | ±1.5 | ±3.0 | 18.0② |

① $\Delta E_{00}$ 值仅供参考。

② 对于黑色的 $L^*$值没有对称的容差，但有上限。

为了适用于多种场景，ISO 2846-1 还给出了其他条件的色度数据，如表 8-4 所示。

**表 8-4　其他条件下的色度数据**

| 油墨 | $D_{50}$ 照明体、8°/d 几何条件 | | | $D_{65}$ 照明体、8°/d 几何条件 | | | $D_{65}$ 照明体、0°/45°a 几何条件 | | |
|---|---|---|---|---|---|---|---|---|---|
| | $L^*$ | $a^*$ | $b^*$ | $L^*$ | $a^*$ | $b^*$ | $L^*$ | $a^*$ | $b^*$ |
| 黄 | 92.1 | −5.4 | 78.1 | 91.6 | −11.1 | 78.7 | 90.4 | −11.2 | 96.2 |
| 品红 | 55.4 | 66.6 | 1.0 | 53.8 | 65.0 | −2.1 | 48.1 | 75.2 | −6.8 |
| 青 | 59.8 | −32.2 | −43.8 | 61.2 | −24.7 | −40.9 | 58.6 | −30.6 | −42.8 |
| 黑 | 39.6 | 4.0 | 2.0 | 39.5 | 3.4 | 2.0 | 18.0 | 0.5 | −0.5 |
| 承印物 | 96.0 | 2.7 | −0.2 | 96.0 | 2.9 | −0.5 | 97.3 | −0.28 | 4.2 |

在实际应用中 8°/di 和 di/8°几何条件被认为是彼此等效的，因此在表 8-4 中仅给出了等效条件中的一种，但可以解释为两者的数据是相同的。

## 三、透明度

透明度是指油墨膜的透光能力，它用黑色承印物上叠印彩色油墨时油墨膜厚与色差之间的回归线斜率的倒数表示。

用于透明度评估的测试印刷品应通过在黑色承印物上印刷待测油墨来印制，至少要印制四个不同墨层厚度样品，墨层厚度要符合表 8-6 的要求。印制样品的黑色承印物的 $L^*$须小于 6（测量时要用白背衬），光泽度为（80±5）GU；黑色承印物可以是任意光泽涂布纸，具有一定的不透明度。这样的材料可以购买，也可以预印 $L^*$值不大于 6 的黑墨。

在印刷待测油墨前，测量黑色承印物的颜色。用待测油墨印刷的样品干燥后，在相同的位置测量每个样品的颜色。计算同一个样品黑色承印物的颜色和印刷待测油墨后颜色的 $\Delta E^*_{ab}$，获得每一个样品两次测量的色差后，将其画在膜层厚度的图中，如图 8-2 所示。

相同油墨的点拟合出一条直线，该直线斜率的倒数即透明度，可以用公式（8-1）计算。图 8-2 中 a 油墨的透明度是 0.13，b 油墨的透明度是 0.5。

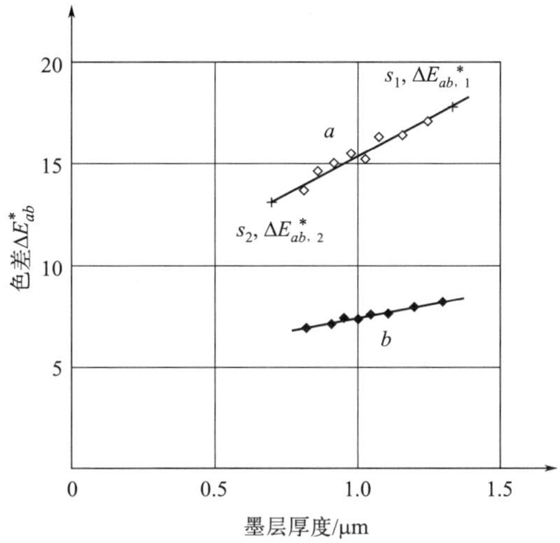


图 8-2 透明度评价

$$T = \frac{s_1 - s_2}{\Delta E^*_{ab,1} - \Delta E^*_{ab,2}} \tag{8-1}$$

式中 $T$——所测量的透明度值；

$s_1$——墨层厚度较大的厚度测量值；

$s_2$——墨层厚度较小的厚度测量值；

$\Delta E^*_{ab,1}$——$s_1$点的色差值；

$\Delta E^*_{ab,2}$——$s_2$点的色差值。

单张纸胶印、热固轮转和UV印刷的油墨透明度应符合表8-5的要求。

**表 8-5 油墨透明度要求**

| 油墨 | 透明度 $T$ |
|---|---|
| 黄 | >0.08 |
| 品红 | >0.12 |
| 青 | >0.20 |

## 四、墨层厚度

单张纸胶印、热固轮转和UV印刷的油墨膜厚度范围应符合表8-6的要求。

**表 8-6 油墨膜厚度范围** 单位：μm

| 干燥机理 | 油墨 | | | |
|---|---|---|---|---|
| | 青 | 品红 | 黄 | 黑 |
| 氧化干燥 | 0.7～1.1 | 0.7～1.1 | 0.7～1.1 | 0.7～1.3 |
| 辐射固化 | 0.7～1.3 | 0.7～1.3 | 0.7～1.3 | 0.9～1.3 |
| 卷筒热固化 | 0.7～1.3 | 0.7～1.3 | 0.7～1.3 | 0.9～1.3 |

## 第三节　胶印质量控制（ISO 12647-2）

ISO 12647-2《印刷技术—网目调分色版、样张和生产印刷品的加工过程控制》是印刷行业非常重要的质量控制标准，它规定了印刷设备、色彩空间、印刷颜色目标值等方面的要求，有助于印刷厂实现印刷品质量的可控性和可预测性。ISO 12647 分为多个部分，第 1 部分为参数与测试方法，第 2 部分为平版胶印，第 3 部分为新闻纸冷固型平版胶印，第 4 部分为出版凹印，第 5 部分为网版印刷，第 6 部分为柔性版印刷，第 7 部分为直接使用数字数据的打样过程，第 8 部分为直接使用数字数据的验证印刷品制作过程，第 9 部分为胶印金属装饰印刷工艺。

ISO 12647-2 在印刷行业中应用最为广泛，也是 PSO、G7 等质量认证的基础。现行的 ISO 12647-2:2013 是 ISO 12647-2 的第三版，较前一版删除了基于胶片的要求，修订了打样的要求、印刷条件、原色和二次色的颜色，引入了新的阶调值增加曲线，进行了整体上的调整等。

ISO 12647-2:2013 规定了四色单张纸胶印、卷筒纸胶印（不包含新闻纸的冷固胶印）时所用的一系列工艺参数及其量值，这些参数及其量值的选择涵盖了“分色”“印版制作”“打样”“印刷”和“表面整饰”等整个胶印工艺过程。它可以用于印刷机打样以及具有分色印版的印刷过程、四色以上的印刷机样张印刷品与印刷生产过程（条件是采用与四色印刷相似的数据、加网、印刷承印物和印刷参数）、包装的纸板印刷（包括所有的干燥方式，例如热干燥、红外干燥、UV 干燥），为质量保证和质量管理提供参考，但不能用于非胶印过程，如没有印版的直接数据印刷或数字印刷等。

### 一、一般的技术要求

数字文件在传送给印刷的时候必须要有数字打样样张、在机打样样张或之前印刷的 OK 样。用于印刷的数据应是 CMYK 模式或者三通道模式，最好使用 PDF/X。必须明确所用的印刷条件。使用 PDF/X 时必须使用规定的数据格式，使用其他的格式时，印刷条件描述、特征数据集或 ICC 特性文件必须要有。如果不是 CMYK 模式，必须使用 ICC 特性文件或其他方式的色彩描述进行定义，同时要含有 ICC CMYK 输出特性文件。映射意图必不可少。如果提供的特性化数据或 ICC 输出特性文件和 ISO 12647-2 提供的印刷条件冲突，必须用 ISO/TS 10128 中规定的一种方法在印刷生产前进行数据转换。如果各方一致，通过特性化数据就可以完成过程控制的目标。

制版机分辨率的选择要能保证不低于 150 级阶调的复制。

对于四色印刷，加网线数（周期加网）应该在 48～80cm$^{-1}$ 之间。推荐的标准网线数为：涂布纸 48～80cm$^{-1}$，非涂布纸 48～70cm$^{-1}$。

四色非周期性加网网点尺寸应在 20～40μm。推荐的网点尺寸为：涂布纸 20～30μm，非涂布纸 30～40μm。

无主轴的网点，青版、品红版和黑版的网线角度差应是 30°，黄版与其他色版的网线角度差应是 15°，主色版的网线角度应是 45°。有主轴的网点，青版、品红版和黑版的网线角度差应是 60°，黄版与其他色版的网线角度差应是 15°，主色版的网线角度应是 45°或 135°。

对于周期性加网，应使用圆形、方形和椭圆形网点。对于有主轴的网点，第一次连接应发生在不低于 40%的阶调值处，第二次连接应发生在不高于 60%的阶调值处。

涂布纸的阶调值总和，单张纸印刷时不得超过 350%，最好小于 330%，热固卷筒纸印刷时不得超过 300%。其他承印材料的阶调值总和，单张纸印刷不得超过 300%，热固卷筒纸印刷不得超过 270%。

能产生视觉中性灰的青、品红、黄的阶调值应根据标准印刷条件、实际印刷条件或相关的特性文件由公式计算。

## 二、打样和印刷的技术要求

（1）8 种印刷条件

单张纸印刷和卷筒纸印刷的印刷条件必须包含承印材料、颜色、加网、油墨和色序的描述，如表 8-7 所示。所有的印刷条件中油墨都应符合 ISO 2846-1 的要求，印刷色序为黑-青-品红-黄。

**表 8-7　典型承印材料的标准印刷条件**

| 印刷条件 | 承印材料 | 呈色材料 | 加网 | | | |
|---|---|---|---|---|---|---|
| | | | 周期性加网 | | 非周期性加网 | |
| | | | TVI 曲线 | 加网线数/$cm^{-1}$ | TVI 曲线 | 网点尺寸/μm |
| PC1 | PS1 | CD1 | *A* | 60～80 | *E* | 20（25） |
| PC2 | PS2 | CD2 | *B* | 48～70 | *E* | 25 |
| PC3 | PS3 | CD3 | *B* | 48～60 | *E* | 30 |
| PC4 | PS4 | CD4 | *B* | 48～60 | *E* | 30 |
| PC5 | PS5 | CD5 | *C* | 52～70 | *E* | 30（35） |
| PC6 | PS6 | CD6 | *B* | 48～60 | *E* | 35 |
| PC7 | PS7 | CD7 | *C* | 48～60 | *E* | 35 |
| PC8 | PS8 | CD8 | *C* | 48～60 | *E* | 35 |

注：括号中的网点尺寸推荐用于热固型轮转胶印。

基于常用的印刷承印材料、不同的印刷色序、不同的油墨的其他印刷条件应当遵循下列要求；必须规定印刷承印物和颜色的组合（表 8-8、表 8-10、表 8-11）、加网、TVI 曲线（表 8-14、图 8-5）。

标准印刷条件常常通过从一个或多个印刷机搜集色彩管理数据（尽可能平滑和平均）来特性化，这些印刷机都会被精心设置为给定的印刷条件。这些测量数据及描述特性化条件的元数据就是特性化数据集。当特性化数据用于描述 ISO 12647-2 的印刷条件时，该印刷条件的印刷承印材料、颜色、加网、油墨和印刷色序必须被清晰地描述出来。

（2）承印物的颜色

打样承印物应当和印刷的一样。如果有困难，应尽可能选用光泽度、颜色、表面特性（涂料或非涂料，压光等）、克重等方面与生产承印物接近的承印物。

对于评估在机印刷打样和印刷生产的承印材料，用表 8-8 的指标。各种纸张的示例如表 8-9 所示。

典型的纸张特征见表 8-8。为了确定与给定的纸张类型最匹配的印刷条件，比较所用纸张和表中的参数，选择最接近的承印物。这保证了相应颜色和视觉外观的快速匹配。

如果印刷生产用的纸张和表 8-8 中的目标值不同，不用进行新的特性化。在这种情况下，用表 8-8 中的指标把承印物描述清楚，推荐使用一个相对应的特性化数据。

**表 8-8 承印材料的 CIELAB 色度坐标、定量和 CIE 白度**

| 特征 | 纸张类型 | | | | | | | | | | | |
|---|---|---|---|---|---|---|---|---|---|---|---|---|
| | PS1 | | | PS2 | | | PS3 | | | PS4 | | |
| 表面类型 | 高级涂布纸 | | | 改进涂布纸 | | | 标准光泽涂布纸 | | | 标准亚光涂布纸 | | |
| 克重①/(g/$m^2$) | 80～250（115） | | | 51～80（70） | | | 48～70（51） | | | 51～65（54） | | |
| CIE 白度② | 105 ～135 | | | 90 ～105 | | | 60～90 | | | 75～90 | | |
| 光泽度③ | 10～80 | | | 25 ～65 | | | 60～80 | | | 7～35 | | |
| 颜色④ | 坐标 | | | 坐标 | | | 坐标 | | | 坐标 | | |
| | $L^*$ | $a^*$ | $b^*$ | $L^*$ | $a^*$ | $b^*$ | $L^*$ | $a^*$ | $b^*$ | $L^*$ | $a^*$ | $b^*$ |
| 白背衬 | 95 | 1 | −4 | 93 | 0 | −1 | 90 | 0 | 1 | 91 | 0 | 1 |
| 黑背衬 | 93 | 1 | −5 | 90 | 0 | −2 | 87 | 0 | 0 | 88 | 0 | −1 |
| 允差 | ±3 | ±2 | ±4 | ±3 | ±2 | ±2 | ±3 | ±2 | ±2 | ±3 | ±2 | ±2 |
| 荧光⑤ | 中等 | | | 低 | | | 低 | | | 低 | | |
| 特征 | 纸张类型 | | | | | | | | | | | |
| | PS5 | | | PS6 | | | PS7 | | | PS8 | | |
| 表面类型 | 化学浆非涂布纸 | | | 超级压光非涂布纸 | | | 改进非涂布纸 | | | 标准非涂布纸 | | |
| 克重①/(g/$m^2$) | 70～250（120） | | | 38～60（56） | | | 40～56（49） | | | 40～52（45） | | |
| CIE 白度② | 140～175 | | | 45～85 | | | 40～80 | | | 35～60 | | |
| 光泽度③ | 5～15 | | | 30～55 | | | 10～35 | | | 5～10 | | |
| 颜色④ | 坐标 | | | 坐标 | | | 坐标 | | | 坐标 | | |
| | $L^*$ | $a^*$ | $b^*$ | $L^*$ | $a^*$ | $b^*$ | $L^*$ | $a^*$ | $b^*$ | $L^*$ | $a^*$ | $b^*$ |
| 白背衬 | 95 | 1 | −4 | 90 | 0 | 3 | 89 | 0 | 3 | 85 | 1 | 5 |
| 黑背衬 | 92 | 1 | −5 | 87 | 0 | 2 | 86 | −1 | 2 | 82 | 0 | 3 |
| 允差 | ±3 | ±2 | ±2 | ±3 | ±2 | ±2 | ±3 | ±2 | ±2 | ±3 | ±2 | ±2 |
| 荧光⑤ | 高 | | | 低 | | | 微弱 | | | 微弱 | | |

① 括号中的值符合表中各自的色度坐标。

② 白度测量遵循 ISO 11475 标准，户外照明条件。注意该单点的测量值是基于 $D_{65}$ 的（不同于其他变量）。$D_{50}$ 是印刷标准的观察条件。白度值仅用于指导。

③ 测量遵循 ISO 8254-1 标准，采用 TAPPI 方法。

④ 测量遵循 ISO 13655 标准，采用 $D_{50}$ 照明体、2°观察者、0°/45°或 45°/0°几何条件、M1 模式。

⑤ 根据 ISO 2470-2 以及 ISO 15397 推荐的信息评估 D65 UV/Uvex 下典型的亮度差值。根据 ISO 3664 的要求，$D_{50}$ 标准照明条件下印刷品与样张进行比较时，该参数代表印刷品对蓝光偏移的敏感性。通常的荧光度界限是：微弱（0～4）、低（4～8）、中等（8～14）、高（14～25）。

（3）油墨颜色

对于前面规定的纸张，样张上印刷原色、二次和三次叠印色（不含黑）实地色块的 CIELAB 色度值必须符合表 8-10 和表 8-11 的白背衬目标值，最好也符合黑背衬目标值，允许色差值见表 8-12。白背衬下的 $a^*b^*$ 平面色域如图 8-3 和图 8-4 所示。

**表 8-9　典型的涂布纸和非涂布纸举例**

| 项目 | 纸张类型 | | | |
|---|---|---|---|---|
| | PS1 | PS2 | PS3 | PS4 |
| 表面类型 | 高级涂布纸 | 改进涂布纸 | 标准光泽涂布纸 | 标准亚光涂布纸 |
| 典型工艺 | 单张纸胶印、热固轮转胶印 | 热固轮转胶印 | 热固轮转胶印 | 热固轮转胶印 |
| 典型纸张 | 化学浆涂布纸、光泽或亚光或无光泽纸（WFC）、高或中定量涂布纸（HWC、MWC） | 中等定量涂布纸（MWC）、轻涂纸（LWC 改进型） | 轻涂纸，光泽和半光泽（LWC） | 机内涂布纸（MFC）、轻涂纸、半哑光（LWC） |
| 项目 | PS5 | PS6 | PS7 | PS8 |
| 表面类型 | 化学浆非涂布纸 | 超级压光非涂布纸 | 改进非涂布纸 | 标准非涂布纸 |
| 典型工艺 | 单张纸胶印、热固轮转胶印 | 热固轮转胶印 | 热固轮转胶印 | 热固轮转胶印 |
| 典型纸张 | 胶版纸、化学浆非涂布纸（WFU） | 超级压光纸（SC-A、SC-B） | 非涂布机械浆强化纸（UMI）、改进型新闻纸（INP） | 标准新闻纸（SNP） |

**表 8-10　色序为青-品红-黄时颜色的 CIELAB 色度值**

| 特征 | | 呈色材料 | | | | | | | | | | | |
|---|---|---|---|---|---|---|---|---|---|---|---|---|---|
| | | CD1 | | | CD2 | | | CD3 | | | CD4 | | |
| | | 高级涂布纸 | | | 改进涂布纸 | | | 标准光泽涂布纸 | | | 标准亚光涂布纸 | | |
| 颜色 | | 坐标 | | | 坐标 | | | 坐标 | | | 坐标 | | |
| | | $L^*$ | $a^*$ | $b^*$ | $L^*$ | $a^*$ | $b^*$ | $L^*$ | $a^*$ | $b^*$ | $L^*$ | $a^*$ | $b^*$ |
| 黑 | WB | 16 | 0 | 0 | 20 | 1 | 2 | 20 | 1 | 2 | 24 | 1 | 2 |
| | BB | 16 | 0 | 0 | 20 | 1 | 2 | 19 | 1 | 2 | 23 | 1 | 2 |
| 青 | WB | 56 | −36 | −51 | 58 | −37 | −46 | 55 | −36 | −43 | 56 | −33 | −42 |
| | BB | 55 | −35 | −51 | 56 | −36 | −45 | 53 | −35 | −42 | 54 | −32 | −42 |
| 品 | WB | 48 | 75 | −4 | 48 | 73 | −6 | 46 | 70 | −3 | 48 | 68 | −1 |
| | BB | 47 | 73 | −4 | 47 | 71 | −7 | 45 | 68 | −4 | 46 | 65 | −2 |
| 黄 | WB | 89 | −4 | 93 | 87 | −3 | 90 | 84 | −2 | 89 | 85 | −2 | 83 |
| | BB | 87 | −4 | 91 | 84 | −3 | 87 | 81 | −2 | 86 | 82 | −2 | 80 |
| 红 | WB | 48 | 68 | 47 | 48 | 66 | 45 | 47 | 64 | 45 | 47 | 63 | 41 |
| | BB | 46 | 67 | 45 | 47 | 64 | 43 | 45 | 62 | 43 | 46 | 61 | 39 |
| 绿 | WB | 50 | −65 | 26 | 51 | −59 | 27 | 49 | −56 | 28 | 50 | −53 | 26 |
| | BB | 49 | −63 | 25 | 49 | −57 | 26 | 48 | −54 | 27 | 49 | −51 | 24 |
| 蓝 | WB | 25 | 20 | −46 | 28 | 16 | −46 | 27 | 15 | −42 | 28 | 16 | −38 |
| | BB | 24 | 20 | −45 | 27 | 15 | −45 | 26 | 14 | −41 | 27 | 15 | −38 |
| 三色黑 | WB | 23 | 0 | −1 | 28 | −4 | −1 | 27 | −3 | 0 | 27 | 0 | −2 |
| | BB | 23 | 0 | −1 | 27 | −4 | −1 | 26 | −3 | 0 | 26 | 0 | −2 |

注：测量应遵循 ISO 13655 标准，采用 $D_{50}$ 照明体、2°观察者、0°/45°或 45°/0°几何条件、M1 模式。白背衬（WB）和黑背衬（BB）的值都是测量的干燥样张。

**表 8-11　色序为青-品红-黄时颜色的 CIELAB 色度值**

| 特征 | | 呈色材料 | | | | | | | | | | | |
|---|---|---|---|---|---|---|---|---|---|---|---|---|---|
| | | CD5 | | | CD6 | | | CD7 | | | CD8 | | |
| | | 化学浆非涂布纸 | | | 超级压光非涂布纸 | | | 改进非涂布纸 | | | 标准非涂布纸 | | |
| 颜色 | | 坐标 | | | 坐标 | | | 坐标 | | | 坐标 | | |
| | | $L^*$ | $a^*$ | $b^*$ | $L^*$ | $a^*$ | $b^*$ | $L^*$ | $a^*$ | $b^*$ | $L^*$ | $a^*$ | $b^*$ |
| 黑 | WB | 33 | 1 | 1 | 23 | 1 | 2 | 32 | 1 | 3 | 30 | 1 | 2 |
| | BB | 32 | 1 | 1 | 22 | 1 | 2 | 31 | 1 | 3 | 28 | 1 | 2 |
| 青 | WB | 60 | −25 | −44 | 56 | −36 | −40 | 59 | −29 | −35 | 54 | −26 | −31 |
| | BB | 58 | −24 | −44 | 54 | −35 | −40 | 57 | −29 | −35 | 52 | −26 | −31 |
| 品 | WB | 55 | 60 | −2 | 48 | 67 | −4 | 53 | 59 | −1 | 51 | 55 | 1 |
| | BB | 53 | 58 | −3 | 46 | 65 | −4 | 51 | 56 | −2 | 50 | 52 | −1 |
| 黄 | WB | 89 | −3 | 76 | 84 | 0 | 86 | 83 | −1 | 73 | 79 | 0 | 70 |
| | BB | 86 | −3 | 73 | 81 | 0 | 83 | 80 | −2 | 70 | 76 | 0 | 67 |
| 红 | WB | 53 | 56 | 27 | 47 | 63 | 40 | 51 | 57 | 31 | 48 | 53 | 31 |
| | BB | 51 | 55 | 25 | 46 | 61 | 38 | 49 | 54 | 29 | 47 | 51 | 29 |
| 绿 | WB | 53 | −43 | 14 | 49 | −53 | 25 | 53 | −43 | 18 | 47 | −38 | 20 |
| | BB | 52 | −41 | 13 | 48 | −52 | 24 | 51 | −43 | 17 | 46 | −37 | 18 |
| 蓝 | WB | 39 | 9 | −30 | 28 | 13 | −41 | 37 | 8 | −31 | 36 | 9 | −25 |
| | BB | 37 | 9 | −30 | 27 | 12 | −40 | 36 | 7 | −30 | 34 | 9 | −26 |
| 三色黑 | WB | 35 | 0 | −3 | 27 | −1 | −3 | 34 | −3 | −5 | 33 | −1 | 0 |
| | BB | 34 | 0 | −3 | 26 | −1 | −4 | 33 | −3 | −5 | 31 | −2 | 0 |

注：测量应遵循 ISO 13655 标准，采用 $D_{50}$ 照明体、2°观察者、0°/45°或 45°/0°几何条件、M1 模式。白背衬（WB）和黑背衬（BB）的值都是测量干燥样张得到的。

生产中 OK 样实地色的偏差受到严格限制，打样稿和 OK 样的色差不能超过表 8-12 中的偏差。如果没有提供打样稿、ICC 文件或数据集，表 8-10 和表 8-11 中的值就作为目标值。

印刷中实地的允差受到如下限制：对 68%的印刷品而言，印刷品和 OK 样的色差不能超出表 8-12 的有关规定。

**表 8-12　印刷色实地的 $\Delta E^*_{ab}$ 容差**

| 原色 | 偏差 | | 允差 | | |
|---|---|---|---|---|---|
| | OK 样 | | 印张 | | |
| | $\Delta E^*_{ab}$ | $\Delta E_{00}$ | $\Delta E^*_{ab}$ | $\Delta E_{00}$ | $\Delta H$ |
| 黑 | 5 | 5 | 4 | 4 | — |
| 青 | 5 | 3.5 | 4 | 2.8 | 3 |
| 品 | 5 | 3.5 | 4 | 2.8 | 3 |
| 黄 | 5 | 3.5 | 5 | 3.5 | 3 |

注：在这里 $\Delta E_{00}$ 数据仅供参考。

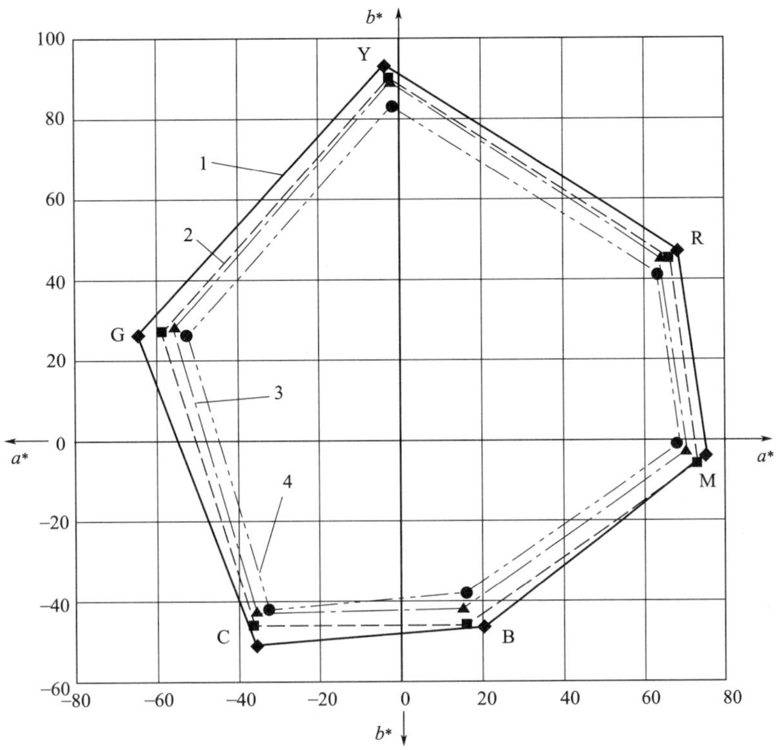


图 8-3　表 8-10 中的颜色在 CIE $a^*b^*$平面的投影

1—CD1；2—CD2；3—CD3；4—CD4

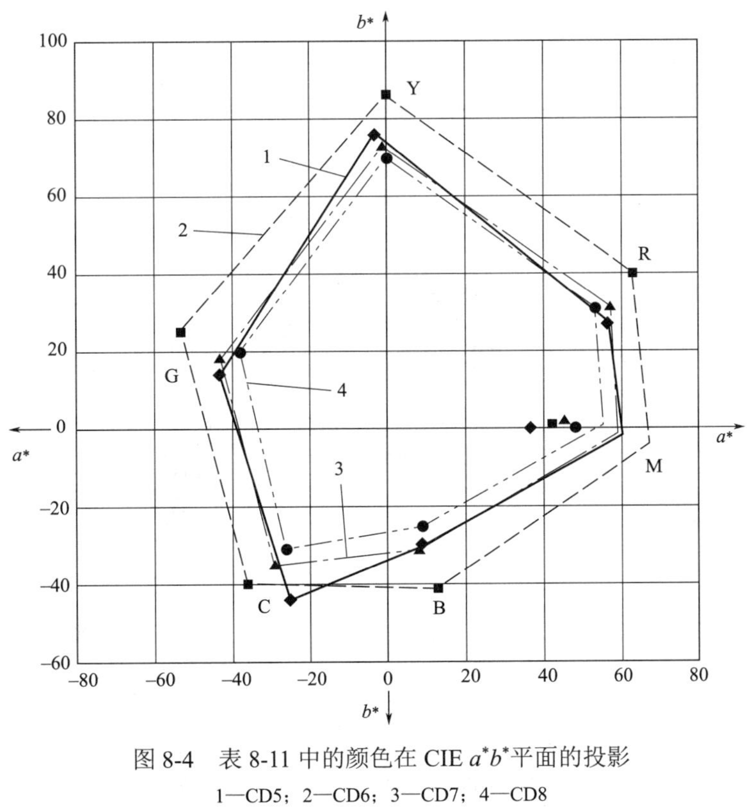


图 8-4　表 8-11 中的颜色在 CIE $a^*b^*$平面的投影

1—CD5；2—CD6；3—CD7；4—CD8

（4）承印物和油墨光泽度

打样的承印物的光泽度应尽量与生产用的承印物的光泽度相近。

如有必要，可以规定实地颜色的光泽度。应在 60°或 75°入射角和相应接收角的条件下测量承印物或单色实地区域的镜面光泽度。

## 三、阶调复制范围

下列数字文件中阶调复制范围的半色调网点模式必须要以稳定一致的方式转移到印刷品上：

① 涂布纸 2%～98%（加网线数介于 60～80cm$^{-1}$ 之间，调频网点 20μm）；

② 非涂布纸 4%～96%（加网线数 60cm$^{-1}$，调频网点 30μm）。

非主体图像部位的网点再现应取决于上述范围之外的阶调值。

## 四、阶调值增加和扩展

（1）目标值

打样和印刷的阶调值增加应符合表 8-13 的要求，也可参考图 8-5。校正时用表 8-14 给出的数据。

**表 8-13　测控条上控制块的阶调值增加**　　单位：%

| 印刷条件 | 周期性加网 | | | | 非周期性加网 | | | |
|---|---|---|---|---|---|---|---|---|
| | 40 | 50 | 75 | 80 | 40 | 50 | 75 | 80 |
| PC1 | 15 | 16 | 13 | 11 | 28 | 28 | 18 | 15 |
| PC2、PC3、PC4 | 19 | 19 | 14 | 12 | 28 | 28 | 18 | 15 |
| PC5、PC6、PC7、PC8 | 22 | 22 | 15 | 13 | 28 | 28 | 18 | 15 |

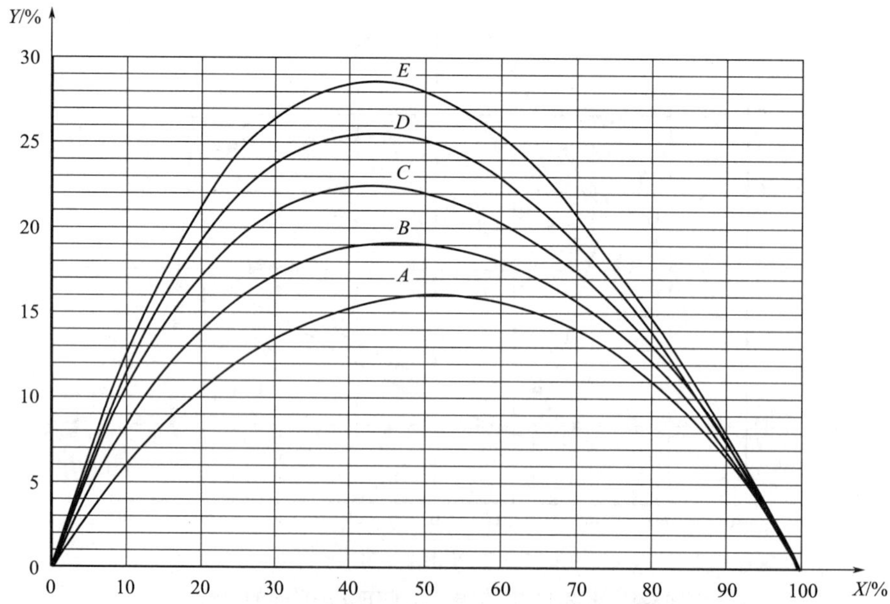


图 8-5　表 8-7 规定的印刷条件的阶调值增加曲线

表 8-14　表 8-7 规定的印刷条件的阶调值增加数据　　单位：%

| 阶调值 | 阶调值增加 | | | | |
|---|---|---|---|---|---|
| | *A* | *B* | *C* | *D* | *E* |
| 0 | 0.0 | 0.0 | 0.0 | 0.0 | 0.0 |
| 5 | 3.3 | 4.6 | 5.8 | 6.4 | 6.8 |
| 10 | 6.1 | 8.3 | 10.6 | 11.6 | 12.6 |
| 20 | 10.5 | 13.9 | 17.2 | 19.3 | 21.2 |
| 30 | 13.5 | 17.2 | 20.9 | 23.7 | 26.4 |
| 40 | 15.3 | 18.8 | 22.3 | 25.4 | 28.5 |
| 50 | 16.0 | 19.0 | 22.0 | 25.0 | 28.0 |
| 60 | 15.6 | 17.9 | 20.3 | 22.8 | 25.3 |
| 70 | 14.0 | 15.7 | 17.4 | 19.1 | 20.7 |
| 80 | 11.0 | 12.1 | 13.2 | 14.0 | 14.7 |
| 90 | 6.5 | 7.0 | 7.5 | 7.7 | 7.7 |
| 95 | 3.5 | 3.8 | 4.0 | 4.0 | 3.9 |
| 100 | 0.0 | 0.0 | 0.0 | 0.0 | 0.0 |

在实践中，测控条上中间调通常用 40%或 50%表示，暗调通常用 75%或 80%表示。测控条上 50%控制块的阶调值增加用整数值。

对于过程校正和控制，有时需要计算其他的阶调值和阶调值增加。式（8-2）给出了 *A*、*B*、*C*、*D*、*E* 五条 TVI 曲线的四次多项式函数。

$$\begin{cases} \mathrm{TVI}(x)_{\mathrm{A}} = 100(-0.3650x^4 + 0.673x^3 - 1.0108x^2 + 0.7029x) \\ \mathrm{TVI}(x)_{\mathrm{B}} = 100(-0.5877x^4 + 1.3575x^3 - 1.7678x^2 + 0.998x) \\ \mathrm{TVI}(x)_{\mathrm{C}} = 100(-0.7854x^4 + 1.9934x^3 - 2.4956x^2 + 1.2876x) \\ \mathrm{TVI}(x)_{\mathrm{D}} = 100(-0.4441x^4 + 1.4386x^3 - 2.3805x^2 + 1.3860x) \\ \mathrm{TVI}(x)_{\mathrm{E}} = 100(-0.0438x^4 + 0.7664x^3 - 2.1929x^2 + 1.4703x) \end{cases} \tag{8-2}$$

式中　TVI——阶调值增加；

$x$——归一化到 0～1 的阶调值，$x$=TV/100；

TV——阶调值，0～100%。

（2）误差和中间调扩展容差

OK 样的调阶调值增加和中间调扩展与指定目标值之间的容差不应超过表 8-15 中规定的允差值。

对于印刷生产，至少 68%的印刷品和 OK 样之间的允差不应超过表 8-15 中允差的规定。

印刷生产样本中 68%的印刷品的中间调扩展不应超过表 8-15 中的规定。

表 8-15 中的值是指和比较对象具有相同加网线数的印刷测控条的测量结果。容差是通过测量值减去目标值计算的。

表 8-15　阶调值增加容差和最大中间调扩展　　单位：%

| 控制块的阶调值 | 偏差 | 允差 |
|---|---|---|
| | OK 样 | 印刷品 |
| <30 | 3 | 3 |
| 30～60 | 4 | 4 |
| >60 | 3 | 3 |
| 最大中间调扩展 | 5 | 5 |

## 五、图像位置误差

颜色套准中心的平均值不能超过 0.10mm，这也是两个颜色套印的最大偏差。

## 六、纸张颜色偏差的处理

在一些情况下，印刷用的纸张不可能和参考纸张严格匹配，这就有必要调整印刷的目标值。目前还没有可靠的方法确定这种调整是必须的，而且也没有公认的调整方法。纸张颜色很小时，不用调整，本节中的目标值和容差不用修改。如果偏差很大，调整就有必要。

如果有必要，要对表 8-8、表 8-10、表 8-11 中的数值做承印物校正，这些校正数据要用于过程控制。印刷容差不用改。

一种生成新的结果的方法就是，在两种承印材料上印刷相同的图像（色块），测量它们的 CIE $X$、CIE $Y$、CIE $Z$ 并分别画出对应的曲线。如果匹配得好，就应该是直线。这大体上是线性转换。

对于 CIE $X$：

$$X_2 = X_1(1+C) - X_{\min}C \tag{8-3}$$

$$C = (X_{S2} - X_{S1}) / (X_{S1} - X_{\min}) \tag{8-4}$$

式中　$X_1$——承印材料 1 上色块的 $X$ 测量值；
$X_2$——承印材料 2 上相同色块的 $X$ 估计值；
$C$——常数；
$X_{S1}$——承印材料 1 的 $X$ 测量值；
$X_{S2}$——承印材料 2 的 $X$ 测量值；
$X_{\min}$——承印材料 1 上所有色块的 $X$ 最小值。

CIE $Y$、CIE $Z$ 同理计算，这样就可以计算出 CIE $L^*$、$a^*$和 $b^*$。

这种转换方法也叫三刺激值转换法。

# 第四节　打样质量控制（ISO 12647-7）

印刷打样的目的是尽可能模拟印刷产品的视觉特征。为了从视觉上匹配一个特定的印刷条件，打样过程需要指定一系列的参数，这些参数不必与印刷生产的参数完全相同。这种差异是由颜料的光谱和纸张的光泽度、光散射（印刷承印物和颜料内部）和透明度不同引起的。在这种情况下，色度测量相比密度测量更有优势。

另外，在低定量的纸张双面印刷和在几乎不透明承印物上数字样张之间的匹配，例如经常用到的热固轮转和出版凹印。如果打样使用了基于白背衬测量的色彩管理，那么这张打样稿与放在黑背衬下的印刷成品之间就会有不可避免的视觉和测量误差。印刷中多将黑背衬用于透明的双面印刷品。这种可能产生的误差需要各方提前沟通好。

长期以来，不管是特征化数据还是已有的有关满意匹配的准则和限定都没有一致性，这导致了人们在评价打样系统时耗费大量不必要的精力来了解不同但相似的应用程序，且得出不一致的结果，增加了成本和时间上的负担。

## 一、打样的基本要求

随着 CIEDE2000 色差公式在工业应用中的逐步普及，在新的 ISO 标准中也渐渐趋向于采用该公式，但是传统上都采用 CIELAB 色差公式 $\Delta E_{ab}^*$。研究表明在整个颜色空间中，$\Delta E_{ab}^*$ 和 $\Delta E_{00}$ 没有简单的相关性。

数码打样系统要能接收由 ISO 15930 定义的 PDF/X 文件和 ISO 12639 定义的 TIFF/IT 文件。当使用 TIFF/IT 文件时，颜色信息应包含在 ISO 12639 定义的 34675 和 34029 标签中。PDF/X 需要指定的印刷条件。如果印刷条件包含在 ICC 的特征注册表中，并且数据是青-品红-黄-黑格式（CMYK），ICC 注册表中使用的名称就可以用来代替 ICC 输出的特性文件。如果印刷条件没有包含在注册表中，PDF/X 要求必须包括 ICC 输出特性文件。如果数据不是 CMYK 格式，那么要求用 ICC 输入特性文件或其他方式对数据进行色度定义，ICC CMYK 输出特性文件应也包含其中，同时也应协商确定输出特性文件的再现意图。

半色调打样要与待模拟的印刷有相同的加网线数（容差在±3cm$^{-1}$ 以内）、加网角度（容差为±3°）、网点形状。半色调打样时，加网线数、加网角度或网点形状和待模拟的印刷有差异时，一定要进行说明。

## 二、打样承印物

理想情况下，数码打样承印物应该与印刷生产中使用的承印物相同。但这种可能性不大，因此，打样承印物必须满足下列条件。

① 印刷承印物和打样承印物应该处于相同的无光泽、亚光或高光泽等级。无光泽打样承印物不能用于光泽印刷承印物的打样，同样，光泽打样承印物不能用于无光泽印刷承印物的打样。

② 未打样的承印物的白点必须和待印刷承印物的色度匹配，误差在 $3.0\Delta E_{00}$ 以内。为了保证白点的匹配，打样承印物的 CIE $L^*$值应高于被模拟的印刷承印物。

③ 打样承印物的荧光等级应该和生产用的纸张一致。荧光等级分为四级，即弱、低、中、高。在实际中，还有一级是未添加荧光增白剂（OBA）。不含 OBA 有时也归入弱荧光。表 8-16 是荧光等级及各自的范围。荧光等级的计算按照 ISO 15397 的规定进行。

**表 8-16　荧光等级及其范围**

| 级 | 范围 |
|---|---|
| 不含 OBA | 0≤荧光度≤1 |
| 弱 | 1<荧光度≤4 |

续表

| 分类名称 | 范围 |
|---|---|
| 低 | 4<荧光度≤8 |
| 中 | 8<荧光度≤14 |
| 高 | 14<荧光度≤25 |

## 三、ISO 12647 测试色靶

ISO 12647-7 的测试色靶有两个版本，即 2009 版和 2013 版。2013 版是对 2009 版的改进，其英文全称为“IDEAlliance ISO 12647-7 3-Row Control Wedge 2013”。测试色靶主要用于印前打样的控制，但也可以用于控制印刷生产。测试色靶必须和处理的图像一样进行 RIP、色彩管理、加网等处理，使用相同的参数。如果要进行 IDEAlliance 的打样认证，每一张打样样张上都必须带有该测控色靶。每张印刷印张上最好也有该测控色靶，以保证生产的精度和稳定性。

ISO 12647-7：2013 的测试色靶有 3 行 84 个色块，两种排列格式，分别适用于测量仪器 X-rite i1 和 X-rite iSis，如彩插图 8-6 所示。

ISO12647-7：2013 的测试色靶组成如下。

① 印刷原色和二次色的实地色块 C、M、Y、R、G 和 B（6 个色块）。

② 印刷原色和二次色的中间调色块 C、M、Y、R、G 和 B（12 个色块）。

③ 黑色梯尺，至少有六级（包含实地色）。

④ CMY 叠印色调梯尺，级数和黑色相同。在平均状态下，CIELAB 值和对应的黑色梯尺的每个色块的值近似。

⑤ 重要的三次色，例如肤色、紫红色、紫色等（15 个色块）。

⑥ 对印刷承印物在印刷条件下颜色的模拟（1 个色块）。

图 8-6 中测试色靶的各色块阶调值如表 8-17 所示。图中第一行色块在表中的序号为 1～28，第二行为 29～56，第三行为 57～84。IDEAlliance 还给出了适用于不同条件的特性化数据。

色靶还可以添加测量块。色靶为 CMYK 模式，输出意图为要模拟的印刷条件。

## 四、打样出来的颜色

原色实地的 $L^*$、$a^*$、$b^*$值应该与待模拟的印刷条件下的目标色度值一致，色差在 $3.0\Delta E_{00}$ 之内。CMY 的 CIELAB 色相差应不超过 2.5。

为了检查均匀性，要设计三张印张，CMYK 的阶调值组合分别为 65%、50%、50%、50%，40%、30%、30%、30%，20%、15%、15%、15%，满版印刷。在整个样张上测量九宫格的 9 个点的颜色，在原始状态下印刷，$L^*$、$a^*$和 $b^*$的标准偏差要小于 0.5，任何一个点与平均值的色差最大为 $2\Delta E_{00}$。

为了进行测试，在每一个打样样张上都要用待模拟的印刷条件输出意图印一个图 8-6 的测试色靶。为了和特性化数据兼容，可以从 ISO 12642-2 中挑选尽可能多的油墨组合色块作为控制块。

控制块的容差见表 8-18。

表 8-17　ISO 12647-7：2013 的测试色靶各色块阶调值　　单位：%

| 序号 | C | M | Y | K | 序号 | C | M | Y | K | 序号 | C | M | Y | K |
|---|---|---|---|---|---|---|---|---|---|---|---|---|---|---|
| 1 | 100 | 0 | 0 | 0 | 29 | 100 | 100 | 0 | 80 | 57 | 100 | 70 | 0 | 40 |
| 2 | 75 | 0 | 0 | 0 | 30 | 100 | 100 | 0 | 0 | 58 | 100 | 100 | 0 | 40 |
| 3 | 50 | 0 | 0 | 0 | 31 | 75 | 75 | 0 | 0 | 59 | 70 | 100 | 0 | 40 |
| 4 | 25 | 0 | 0 | 0 | 32 | 50 | 50 | 0 | 0 | 60 | 0 | 100 | 70 | 40 |
| 5 | 10 | 0 | 0 | 0 | 33 | 25 | 25 | 0 | 0 | 61 | 0 | 100 | 100 | 40 |
| 6 | 0 | 100 | 0 | 0 | 34 | 0 | 100 | 100 | 80 | 62 | 0 | 70 | 100 | 40 |
| 7 | 0 | 75 | 0 | 0 | 35 | 0 | 100 | 100 | 0 | 63 | 70 | 0 | 100 | 40 |
| 8 | 0 | 50 | 0 | 0 | 36 | 0 | 75 | 75 | 0 | 64 | 100 | 0 | 100 | 40 |
| 9 | 0 | 25 | 0 | 0 | 37 | 0 | 50 | 50 | 0 | 65 | 100 | 0 | 70 | 40 |
| 10 | 0 | 10 | 0 | 0 | 38 | 0 | 25 | 25 | 0 | 66 | 70 | 40 | 0 | 40 |
| 11 | 0 | 0 | 100 | 0 | 39 | 100 | 0 | 100 | 80 | 67 | 40 | 70 | 0 | 40 |
| 12 | 0 | 0 | 75 | 0 | 40 | 100 | 0 | 100 | 0 | 68 | 0 | 70 | 40 | 40 |
| 13 | 0 | 0 | 50 | 0 | 41 | 75 | 0 | 75 | 0 | 69 | 0 | 40 | 70 | 40 |
| 14 | 0 | 0 | 25 | 0 | 42 | 50 | 0 | 50 | 0 | 70 | 40 | 0 | 70 | 40 |
| 15 | 0 | 0 | 10 | 0 | 43 | 25 | 0 | 25 | 0 | 71 | 70 | 0 | 40 | 40 |
| 16 | 100 | 100 | 100 | 100 | 44 | 0 | 0 | 0 | 0 | 72 | 70 | 40 | 40 | 0 |
| 17 | 0 | 0 | 0 | 3 | 45 | 3 | 2.2 | 2.2 | 0 | 73 | 70 | 70 | 40 | 0 |
| 18 | 0 | 0 | 0 | 10 | 46 | 10 | 7.5 | 7.5 | 0 | 74 | 40 | 70 | 40 | 0 |
| 19 | 0 | 0 | 0 | 25 | 47 | 25 | 18.9 | 18.9 | 0 | 75 | 40 | 70 | 70 | 0 |
| 20 | 0 | 0 | 0 | 50 | 48 | 50 | 40 | 40 | 0 | 76 | 40 | 40 | 70 | 0 |
| 21 | 0 | 0 | 0 | 75 | 49 | 75 | 66.1 | 66.1 | 0 | 77 | 20 | 40 | 70 | 0 |
| 22 | 0 | 0 | 0 | 90 | 50 | 90 | 85.3 | 85.3 | 0 | 78 | 20 | 70 | 70 | 0 |
| 23 | 0 | 0 | 0 | 100 | 51 | 100 | 100 | 100 | 0 | 79 | 70 | 40 | 70 | 0 |
| 24 | 40 | 10 | 10 | 0 | 52 | 10 | 40 | 10 | 0 | 80 | 10 | 10 | 40 | 0 |
| 25 | 40 | 40 | 10 | 0 | 53 | 10 | 40 | 40 | 0 | 81 | 40 | 10 | 40 | 0 |
| 26 | 100 | 40 | 0 | 0 | 54 | 0 | 100 | 40 | 0 | 82 | 40 | 0 | 100 | 0 |
| 27 | 40 | 100 | 0 | 0 | 55 | 0 | 40 | 100 | 0 | 83 | 100 | 0 | 40 | 0 |
| 28 | 100 | 0 | 0 | 80 | 56 | 0 | 100 | 0 | 80 | 84 | 0 | 0 | 100 | 80 |

表 8-18　控制块的容差

| 控制块描述 | 容差 |
|---|---|
| 除专色外的所有色块 | 最大 $\Delta E_{00} \leqslant 5.0$<br>平均 $\Delta E_{00} \leqslant 2.5$ |
| CMY 的叠印色块，主要用于在常规条件下替代灰梯尺，至少包含五个色块，且在整个阶调范围内均匀分布 | 最大 $\Delta C_h \leqslant 3.5$<br>平均 $\Delta C_h \leqslant 2.0$ |
| ISO 12642-2 的所有控制块 | 平均 $\Delta E_{00} \leqslant 2.5$<br>95%$\Delta E_{00} \leqslant 5.0$ |
| 所有实地专色 | 最大 $\Delta E_{00} \leqslant 2.5$ |

如果为了模拟印刷承印物，需要在打样承印物上进行叠印。叠印后的打样承印物和实际的印刷承印物的色差要小于等于 $3\Delta E_{00}$。

容差是指打样值和待模拟的印刷条件特性化数据之间的偏差。由于模型间较差的一致性，小于 2.5 的容差规定并不实用，然而，如果用同一个仪器进行相关的测量，容差值建议减半。如果最终的打样稿要表面整饰，最终的颜色和未表面整饰的可能差异很大。在这种情况下，需要一个新的打样或模拟 profile，或进行一些调整。在印刷承印物上，专色实地块应当用实地专色墨的 CIELAB 标注清楚。没有通用的办法来表征专色半色调颜色，所以专色半色调的目标值和容差的表征必须用单独的协议来约定，比如用实际的参考样本。

## 五、其他要求

ISO 12642-2 的 226 个超色域色块必须要打样，这些色块的实际值和目标值的色差不能超过 $2.5\Delta E_{00}$。打样机支持多个印刷条件时，这个测试会保证打样机的色域足够大，以满足所有的印刷条件。打样时必须包括待模拟专色的实地和一组代表性的半色调，条件允许的话至少包括 50%。

要准备四份测试版的打样稿，样张要包括未印刷部分、原色和二次色的实地及中间调。还必须包括打样系统的所有的墨水色的组合，可能不止四种颜色。四份打样稿要在暗室（温度 23℃±1℃，相对湿度 50%±2%）中存放至少 24h。四张打样稿分别满足以下条件：

① 温度 25℃±1℃，相对湿度 25 %±2 %，暗室中保存 24h；

② 温度 40℃±1℃，相对湿度 80 %±2 %，暗室中保存 24h；

③ 温度 40℃±1℃，相对湿度 10 %±2 %，暗室中保存 24h；

④ 按照 ISO 12040 规定的蓝色羊毛标样测试方法测试耐光色牢度，使用带窗玻璃的过滤氙弧灯，其测试图文的曝光水平相当于 3 级耐光度。宜用蓝色羊毛标样褪色 3 级（酸性蓝 83）作为参照来检查计量。

对于每一次处理，处理前后承印物和测试版上所有色块的最大色差不能超过 $2.5\Delta E_{00}$，最好不要超过 $2.0\Delta E_{00}$，对于无光泽承印物，容差可以放宽到 $4.0\Delta E_{00}$。粗糙表面的印刷品一般更容易褪色，但在某些情况下，打样样张与生产印刷品表面的相似度比打样印刷品的耐光性更重要，因此上述容差应对物理表面粗糙度的打样印刷品适当放宽。

打样样张原色、二次色和原色中间调在 1～2 天的颜色变化不能超过 $2.0\Delta E_{00}$，如果有必要，进行重新校准。测量色块时应该用同一仪器，在样张上相同的位置测量，仪器要经过预热，如果有必要，还要进行校正。

在 ISO 3664 规定的 ISO 标准观察条件 P1 下，用 ISO 12640-1 的图像 S6 在阶调复制范围内不能有明显的视觉阶梯，如彩插图 8-7 所示。

对于图像套准和解像力，任何两个印刷色图像中心最大偏差不应超过 0.05mm；打样的分辨率能保证 CMY 阳图、非衬线的 2 磅字符，或 8 磅大小的阴图字符或 2 磅的阴线可以清晰复制出来。测试时使用 ISO 12640-1 的分辨率测试图像 S2 和 S3，如图 8-8 所示。上面要求不能适用于粗糙的或机械性能不稳定的承印物。比如新闻纸，也不能用于容差大于 0.05mm 的情况。

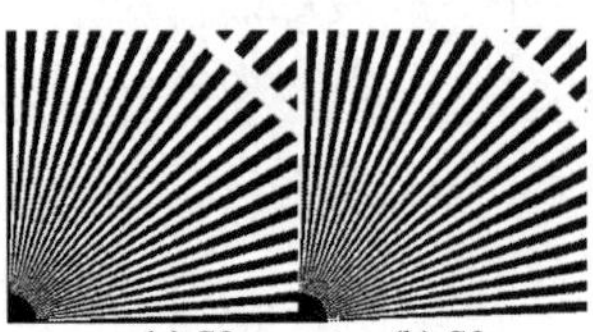

(a) S2　　(b) S3

图 8-8　ISO 12640-1 的分辨率测试图像

为了便于阅读，在测试样张上必须提供下列信息：文件名、数字打样系名称、承印材料类型、待模拟的印刷条件、生产日期和时间、测量模式（M0、M1 或 M2）。另外，还可以包括色料类型、使用的色彩管理特性化文件、RIP 名称和版本、梯尺（如果用到）、涂布类型（如果用到或者需要模拟）、最后的校正日期和时间、任何特殊数据处理的细节、纸张/结构模拟的类型［比如噪声或图案（如果需要）］。

当用 PDF/X 文件打样时，页边信息必须包括文件名及文件的最后修改日期和时间，并应包括文件编号。当包含文件编号时，要印成两个 16 进制字符串。为了便于识别，每个字符串的最后五位数字应突出显示。

## 第五节　工艺无关的特性化数据（ISO 15339）

油墨、承印物、印刷工艺之间相互制约着印刷实地所能复制的最大色域，从而也限制了特定组合下所能得到的色彩范围（色域）。常规的油墨色料能够用于所有的传统油墨工艺。半色调和喷墨系统与传统油墨工艺具有不同的色彩限制，它们只是倾向于模拟传统印刷油墨目标，而在实际中则被视为传统油墨工艺的变种。特性化印刷参考条件的色域可以按照不同工艺（从新闻纸上的冷固印刷到高光涂布纸上的印刷）进行分类。另外，中间特性化参考印刷条件同时也代表着常用的印刷方式，并作为决定性因素来确定 ISO/PAS 15339-2 中列出的特性化参考印刷条件（characterized reference printing condition，CRPC）。ISO/PAS 15339-2 中的特性化参考印刷条件 7 包含了超出特性化参考印刷条件所能呈现色域的广色域交换情况，因此单独作为广色域的参考文件。

每一特性化参考印刷条件都需要一组色彩特性化数据集。ISO 15339 的目的在于提供一组可用于所有印刷工艺的参考数据，因此，这些数据可能并不是典型的关于特定印刷工艺的 TVI 或叠印率参数。而所选择的参数需要能够代表所有可能使用的潜在工艺，例如虚拟印刷系统上生成的模拟打印。

数字数据可以是编码后的分色 CMYK 信息，也可以由用于定义印刷样张目标色彩的补充信息（ICC 特性文件等）的未分隔数据（通常在 RGB 色彩空间中）构成。这些未分隔数据加上相关的补充数据通常被称作“虚拟 CMYK”数据。所有按照 PDF/X 任一规范编码的数据（ISO 15930 部分）都允许包含必要的用于识别目标特性参考印刷条件的元数据。

印刷承印物的色彩对于印刷图片的外观至关重要（它类似于印刷的第五种颜色）。目前由于荧光增白剂（OBA）的广泛使用，承印物的色彩通过它在 $D_{50}$ 光源下的反射外观来进行定义（见 ISO 3664）。对于半色调图片，承印物的本身色彩主要影响油墨未覆盖的区域。

尽管密度、阶调值增加、灰平衡等都是对印刷和出版行业非常重要的控制手段，但在 ISO 15339-1 中，它们被认为是过程控制的一种手段而不是印刷定义。在发展参考色彩特性化数据时需要将其考虑进去，并且作为本地化推行过程控制的一部分。

现代的特性化数据和特性文件评估工具能够识别彩色实地、单色阶调色块以及中性灰阶的 CMY 值（非彩色）。使用从色彩特性化数据得到的值作为印刷过程的控制目标更能够符合特定的特性化参考印刷条件。

### 一、技术要求

#### 1. 原则和假设

主要原则是，由于每种印刷工艺都可以通过调整色彩数据内容从而达到指定的色域，进而复制出所指定参考色彩特性化数据色域范围内的图像。印刷目标是与工艺无关。

另一个原则就是过程控制的目标和手段应该基于（或脱胎于）所选择的参考色彩特性化数据，而非先验假设。许多类似于阶调值增加、灰平衡等用于过程控制的参数在作为参考的色彩特性化数据中都可追溯到。初始设置过程中也可以使用内部标准，但前提是色彩特性化数据目标与实际印刷系统的色彩特性化数据差异巨大。

一些不同的特性化参考印刷条件（具有不同色域）可能需要一些相似的特性（例如阶调值），而这些特性也需要建立在特性化参考印刷条件的色彩特性化数据中。特性化参考印刷条件及其相关的色彩特性化数据可以被认为一个虚拟的印刷系统，因此特性化数据可以进行修改优化实现更完美的印刷效果。

能够取得完美复制的关键在于用于印刷系统的特性化数据与参考色彩特性化数据具有一致的色域，且足以完成必要的调整。

### 2. 数据准备

所有印刷元素都需作为设备代码值或定义的色度数据。但是两种类型的数据如果以印刷元素的形式出现，则需要作为单独的特性化参考印刷条件。这一状态需要以 PDF/X 形式输出内容，便于 ISO 15930 中定义的交换，或是以其他共同商定的方式进行沟通。

### 3. 特性化参考印刷条件和色彩特性化数据

如果代替的印刷工艺使用的色料并不符合特性化数据集的色度值，则色度值可以通过现有色料结合来进行模拟，前提现有色料的色域能够包含所选择的特性化参考印刷条件。为了方便起见，ISO/PAS 15339 仍旧以单色实地、二次叠印色等作为替代印刷系统下现有色料结合模拟的目标值。

所有色度的测量均需符合 ISO 13655 的要求。M0、M1、M2 测量模式及背衬的选择要和特性化参考印刷条件一致。

### 4. 特性化参考印刷条件的选择标准

可以预见印刷行业（在油墨和纸张协会的支持下）会开始建立支持大多数特性化参考印刷条件的承印物类型和印刷工艺的分类标准。同样的内容需要用多种工艺或多种承印物印刷时，要选择能够满足它们共同需求的色域。如果仅有一种承印物和印刷系统参与，则通常选择最大的色域。

在进行印刷品设计和创建时要以选择的特性化参考印刷条件为基础。各方（印前、打样和印刷）对于目标印刷状态的沟通仅需基于 ISO 15339，而在印前准备、打样或印刷时需充分考虑所选印刷工艺对色域的限制。不是所有的印刷工艺在同样的限制下都能够达到一样的色域。胶印、凹印、柔印、静电成像、喷墨等每种工艺的局限都需要在印刷的数据准备环节考虑周全。这些限制通常包括总油墨覆盖率、最小和最大可印刷网点等。

### 5. 调整承印物色差

包含在 ISO/PAS 15339-2 中的特性化数据均需基于 ISO12642-2 定义的 CMYK 特性化目标，因此在每一数据集的元数据中都会给出承印物色度。

如果使用的印刷承印物的色彩与所选择的参考印刷条件存在差异，要对差异进行修正，经过数据修正后才能够让不同的用户得到一致的结果。半色调图像能够正确复制的转换按照前述“纸张颜色偏差的处理方法”处理。

当印刷承印物与所选择的用于数据准备和数据交换的特性化参考印刷条件存在差异，且色差大于2小于5（CIEDE2000）时，则在开始打样和印刷前按照上述方法进行调整。

如果承印物的色差大于5（CIEDE2000），则在进行修正时需注意一些特殊的色彩特性化数据可能超出ISO 15339的定义范围。

#### 6. 可选印刷参考

如果因为使用的油墨、纸张或印刷工艺不同导致无法找到合适的印刷状态，则可以定义一组色彩特性化数据作为ISO 15339的补充部分。但需相关各方在复制准备前达成一致，使用的色彩特性化数据以及色彩管理文件须与文件内容一起传递。

色彩特性化文件的使用是数据准备过程的重要部分，色彩特性化文件通常由业务相关单位制定，用于限制和提供更为一致的输出内容。但是应避免将色彩特性化数据和色彩管理特性化文件混淆。尽管特性化文件基于特性化数据，但是它们往往还包含其他数据处理信息。当数据需要转换成CMYK或其他工作空间时，就需要色彩特性化文件的参与。根据色彩管理的要求，输出设备特性文件需要包含特性化文件转换连接空间的索引，以及设备值与连接空间之间的感知，饱和度和再现意图的相互转换。另外，转换还包括色域映射、分色原理、阶调复制，以及阶调值总和等工艺限制性要求。

### 二、过程控制

尽管过程控制被认为是工厂的责任，但还是要遵循一些基本原则。

通常过程控制的主要步骤包括：

① 将印刷系统的性能优化至尽可能接近特性化参考印刷条件的色域。

② 在既定的色域下确定印刷系统的色彩特性。

③ 为了实现输入数据与所选的CRPC印刷色彩间的匹配，内容数据如果需要调整，需要在稳定的印刷状态下进行。

④ 可以使用恰当的控制工具保持印刷的稳定性，使印刷结果符合步骤②的要求。

⑤ 如果必要，可以根据临时变化对印件内容进行针对性调整步骤④。

#### 1. 印刷至既定色域

在这些过程控制调整中，能够稳定保证印刷至既定色域是最重要的准则。既定目标是印刷系统的色域边缘与特性化参考印刷条件的边缘相匹配。但如果色料存在差异则无法达到要求，一般是校正印刷系统保证印刷系统的边缘色域能够包含特性化参考印刷条件的边缘。因此完全可以通过色彩管理或其他手段来让印刷达到CRPC的色彩范围。

来于特性化数据集的过程控制目标和承印物修正的电子表格可在网上下载。如果因为油墨、纸张及所用的印刷工艺导致ISO 15339中没有可选择的参考色彩特性化数据，则可以自行定义印刷状态。但自定义的印刷状态必须各方达成一致。印刷状态的色彩特性化数据用于定义其色域及相关因素等参数。ISO12642-2目标和CRPC定义CIELAB印刷色域范围的数据见表8-19。

#### 2. 确定色彩特性

一旦印刷状态能够保证达到所需的色域并代表可复制的稳定印刷状态，则ISO12642-2的

表 8-19 ISO 12642-2 描述印刷色域范围的目标值

| 色彩 | 色块编号 | 阶调值/% | | | |
|---|---|---|---|---|---|
| | | 青色 | 品红 | 黄色 | 黑色 |
| 纸张 | 1 | 0 | 0 | 0 | 0 |
| 青色 | 73 | 100 | 0 | 0 | 0 |
| 蓝色 | 81 | 100 | 100 | 0 | 0 |
| 品红 | 9 | 0 | 100 | 0 | 0 |
| 红色 | 657 | 0 | 100 | 100 | 0 |
| 黄色 | 649 | 0 | 0 | 100 | 0 |
| 绿色 | 721 | 100 | 0 | 100 | 0 |
| 黑色 | 1260 | 0 | 0 | 0 | 100 |
| 三次叠印色 | 729 | 100 | 100 | 100 | 0 |
| 四次叠印色 | 1286 | 100 | 100 | 100 | 100 |

色彩特性目标及其他过程控制目标都可以满足。测试目标和过程控制元素需要与实际印刷活件的图文结构结合。对于胶印，应包含分色、加网及阶调值总和。对于凹印，雕刻滚筒的参数是至关重要的。对于柔印，转移油墨的雕刻网纹辊起到了关键作用。行业贸易协会及行业协会，例如 GhentWorkgroup、BVDM、ECI、FOGRA、WAN-IFRA、IDEAlliance 均提供了如何在各类印刷中保证一致性的操作指引。

测试印刷状态（包括测试版制作和其他图像转移过程）均应仅包括用于印版线性化的必要调整而不涉及其他数据变更。制版过程应保证可再现，并记录下印版阶调值。

应测量 ISO12642-2 中目标色块的色度值。应选择 ISO/TS 10128 中三种方法中的一种来确定是否需要数据调整，以使印刷图文能够尽量接近参考色彩特性化数据的再现效果。

如果进行了数据调整（单色版曲线或多通道转换），则需要记录下来并作为后续印刷的目标状态。

### 3. 维持印刷设备的运行特性

一旦在印刷设备的最佳状态下确立了色度标准，则往往使用传统的过程控制手段更能保证这一状态的维持。密度、TVI、灰平衡等都更加灵敏，并被操作人员熟知。印刷过程控制目标、色度目标以及其他相关测量（例如密度、网点阶调等）都为后续过程控制提供了基准。

### 4. 工作内容的具体调整

在印刷行业中，客户尽管确定了特性化数据集但仍要求色彩调整的情况并不鲜见。这种调整会被确认为 OK 样张，在实际中这种情况不容忽视。

如果在客户的指示下改变了之前所达成一致的特性化参考印刷条件的定义值，则应重新记录数据并作为印刷生产的过程控制目标。

## 三、7 种特性化参考印刷条件

ISO/PAS 15339-2 中定义的特性化参考印刷条件的相关特性化数据是标准的，包含的数据文件为 ISO 15339-CRPC1～ISO 15339-CRPC7。尽管该标准进行了固化，但是只要在分发文件头标明它们属于 ISO 15339 的一部分，仍然能够进行自由使用和分发。

所用的阶调复制曲线基于 CGATS TR015 中定义的步骤，并与承印物、黑色和三色叠印实地的反射相关。CGATS TR015 的公式根据中性灰梯尺中青的阶调值计算出了对应 $Y$ 刺激值。

为了创建 ISO 15339-1 中不同数据集与修正后承印物中性阶调的线性关系，CMY 三色比例可以通过式(8-5)反映出修正后承印物灰阶的所有数据比例。

$$M = Y = 0.7470C - 4.100\times10^{-4}C^2 + 2.940\times10^{-5}C^3 \tag{8-5}$$

此外，CMY 三色的密度阶调曲线要调整为具有相同的阶调值增加。

表 8-20～表 8-22 为 CRPC1～CRPC7 的 CMYKRGB 的目标值，用 CIELAB $a^*$-$b^*$表示。

所有的色度定义均使用符合 ISO 13655 的白背衬、M1 测量条件。

**表 8-20　特性化参考印刷条件——基础色目标值**

| CRPC | 承印物 | | | 印刷实地 | | | | | | | | | | | |
|---|---|---|---|---|---|---|---|---|---|---|---|---|---|---|---|
| | | | | 青色 | | | 品红 | | | 黄色 | | | 黑色 | | |
| | $L^*$ | $a^*$ | $b^*$ | $L^*$ | $a^*$ | $b^*$ | $L^*$ | $a^*$ | $b^*$ | $L^*$ | $a^*$ | $b^*$ | $L^*$ | $a^*$ | $b^*$ |
| 1 | 85 | 1 | 5 | 59 | −24 | −26 | 56 | 48 | 0 | 80 | −2 | 60 | 37 | 1 | 4 |
| 2 | 87 | 0 | 3 | 57 | −28 | −34 | 52 | 58 | −2 | 82 | −2 | 72 | 30 | 1 | 2 |
| 3 | 96 | 1 | −4 | 60 | −26 | −44 | 56 | 61 | −2 | 89 | −3 | 76 | 32 | 1 | 1 |
| 4 | 89 | 0 | 3 | 55 | −36 | −38 | 47 | 66 | −3 | 83 | −3 | 83 | 23 | 1 | 2 |
| 5 | 92 | 0 | 0 | 57 | −37 | −44 | 48 | 71 | −4 | 87 | −4 | 88 | 19 | 0 | 1 |
| 6 | 95 | 1 | −4 | 56 | −37 | −50 | 48 | 75 | −4 | 89 | −4 | 93 | 16 | 0 | 0 |
| 7 | 97 | 1 | −4 | 54 | −42 | −54 | 47 | 79 | −10 | 90 | −4 | 103 | 14 | 0 | 0 |

**表 8-21　特性化参考印刷条件——二次叠印色目标**

| CRPC | 红色 | | | 绿色 | | | 蓝色 | | |
|---|---|---|---|---|---|---|---|---|---|
| | $L^*$ | $a^*$ | $b^*$ | $L^*$ | $a^*$ | $b^*$ | $L^*$ | $a^*$ | $b^*$ |
| 1 | 54 | 44 | 25 | 55 | −35 | 17 | 42 | 7 | −22 |
| 2 | 51 | 55 | 32 | 51 | −44 | 19 | 36 | 9 | −32 |
| 3 | 54 | 56 | 28 | 54 | −43 | 15 | 38 | 10 | −31 |
| 4 | 46 | 62 | 39 | 49 | −54 | 24 | 28 | 14 | −39 |
| 5 | 48 | 65 | 45 | 51 | −62 | 26 | 27 | 17 | −44 |
| 6 | 47 | 68 | 48 | 50 | −66 | 26 | 25 | 20 | −46 |
| 7 | 47 | 75 | 54 | 50 | −72 | 29 | 20 | 26 | −53 |

表 8-22 中列出了各特性化参考印刷条件 CMYK 四色中间调的 TVI 值。

**表 8-22　色度 TVI**

| CRPC | 50%阶调处的色度 TVI/% | | | |
|---|---|---|---|---|
| | C | M | Y | K |
| 1 | 24.3 | 26.1 | 26.1 | 26.2 |
| 2 | 17.3 | 19.2 | 19.2 | 22.0 |
| 3 | 16.8 | 19.1 | 19.0 | 22.1 |
| 4 | 15.9 | 19.1 | 19.0 | 22.1 |

续表

| CRPC | 50%阶调处的色度 TVI/% | | | |
|---|---|---|---|---|
| | C | M | Y | K |
| 5 | 15.0 | 16.0 | 16.0 | 19.1 |
| 6 | 13.4 | 16.0 | 16.0 | 19.0 |
| 7 | 11.6 | 16.1 | 16.1 | 19.1 |

表 8-20 和表 8-21 中的色度定义 CIELAB $a^*b^*$平面图投影见彩插图 8-9。

表 8-23 列出了各特性化参考条件的常规用途，并以一个便于理解的名称对各特性化参考印刷条件进行了命名。这些挑选出的特性化参考印刷条件处于两种相邻级别的中间状态，可以用于前后任意一种特性化参考印刷条件的色度和承印物定义。对于承印物色彩的调整允许每一特性化参考印刷条件满足较大范围的需要，并不与使用的印刷方式相关。

**表 8-23　特性化参考印刷条件的常规用途**

| CRPC | 名称 | 常规用途 |
|---|---|---|
| 1 | 常规冷固新闻纸 | 较小印刷色域（新闻纸印刷） |
| 2 | 常规热固新闻纸 | 中等色域的改进型新闻纸印刷 |
| 3 | 常规优质非涂布纸 | 亚光非涂布纸上的印刷效果 |
| 4 | 常规超级压光纸 | 在超级压光纸张上的一般印刷效果 |
| 5 | 常规出版涂布纸 | 常规出版印刷 |
| 6 | 常规优质涂布纸 | 较大色域印刷（通常为商业印刷） |
| 7 | 常规广色域 | 广色域印刷工艺 |

## 复习思考题

（1）印刷标准化的意义是什么？

（2）FOGRA 特性化数据有哪些？分别对应什么印刷条件？

（3）印刷质量控制的手段一般有哪些？

（4）胶印油墨的质量有何要求？

（5）ISO 12647-2:2013 中有几种印刷条件？对应的承印物分别是什么？

（6）如何评价数码打样系统？

· 第九章 ·

# 印刷认证

随着买家对印刷品的质量要求越来越多地采用国际化标准，更多的印刷品供应商已经意识到国际印刷标准认证的重要性。“印刷标准认证”属于工艺标准认证，包括基于印刷数字化工作流程，为符合 ISO12647-2（胶印工艺技术标准）等印刷标准而设计的印刷工艺方法及对此进行的认定。目前主要的印刷标准认证主要有 G7、PSO、C9、绿色印刷认证等。

## 第一节　G7 认证

G7 是由 IDEAlliance 提出的建立在 CTP 数码出版成像和分光光度计检测基础上的一种新工艺。它通过分光光度计，对印张上的中性灰平衡进行测量控制，并以一个新 NPDC 曲线来匹配图像的视觉效果。G 代表要校正的灰色（gray）值，7 则代表 7 个在 ISO 12647-2 印刷标准中定义的基本色，即青、品红、黄、黑、红、绿和蓝。尽管其初衷是为商业印刷做的，但 G7 方法实际上可用于任何 CMYK 的成像过程，已经成功地推广到了很多的工艺上，包括涂料纸和非涂料纸胶印、新闻纸印刷、凹印、柔性版印刷、染料升华打印、喷墨打印、静电印刷等，且不局限于调频加网或调幅加网。G7 可用于不同的印刷方法和打样，是一种校正方法，不是标准，是品质控制的方法，利用灰平衡（gray balance）作为校正的基础，是结合印刷数据化及目测的应用。

使用 G7 可以更快、更有效地达到 ISO 12647、GRACoL 等标准，也可令校正机器的时间缩短，效率得以提高。

### 一、IDEAlliance G7 企业认证计划

IDEAlliance G7 企业认证计划专为已经应用 G7 校准方法的打样公司及印刷企业而设，此认证的意义是指打样公司或印刷企业具备一定的能力使用最先进的技术、质量控制方法与标准制作高质量的商业印刷品。G7 认证企业在生产的过程中应用 G7 色彩控制及校正方法，可以确保印刷的质量。G7 企业认证计划须一年申请认证一次。

G7 企业认证计划共设四个级别，分别为 G7 Grayscale、G7 Targeted、G7 ColorSpace 和 G7 Production Proof，见表 9-1。

① G7 Grayscale。这是认可企业的最低要求。要通过此级别，必须达到中性灰的要求（测量两个 P2P），同时样张左右要平均。

② G7 Targeted。要达到此级别，先要达到 G7 Grayscale 的要求，同时 CMYK 和 RGB 也必须达到标准。建议企业认证时使用 ISO 2846 油墨或 CMYK 墨色达 ISO 12647 的要求；纸张方面可选择使用 ISO 或非 ISO 标准纸。若使用非 ISO 标准纸，则可使用“随纸白修改目标值概念（substrate-corrected aims）”，就是目标值随纸白而变，可用 APTEC 提供的运算工具，重新计算印刷目标值，假如样张达到要求，就可取得 G7 Targeted 的资格。另外，亦可选使用 ISO 标准纸张认证，如果样张达到标准，可取得 G7 Targeted 的资格。

③ G7 Colorspace。印前制版或提供数码打样服务的企业适合考取，平版印刷企业亦可选择考核此级别。企业要考获此级别，必须使用 ISO 标准纸张。同时，除了达到上述 G7 Targeted 的要求外，IT8.7/4 整个数据库也必须达到达标要求。

④ G7 Production Proof。适用于打样公司，必须达到 ISO12647-7 的要求以及 IDEAlliance 所规定的 IT8.7/4 的要求。

**表 9-1　G7 企业认证计划各级别的达标要求**

| 要求 | G7 Grayscale | G7 Targeted | G7 Colorspace | G7 Production Proof |
|---|---|---|---|---|
| 印张均匀性 | ▲ | ▲ | ▲ | ▲ |
| P2P 中性灰 | ▲ | ▲ | ▲ | ▲ |
| P2P 的 CMTKRGB |  | ▲ | ▲ | ▲ |
| IT8.7/4 数据 |  |  | ▲ | ▲ |
| 适用企业 | 平版印刷<br>柔性版印刷<br>丝网印刷<br>数码印刷 | 平版印刷<br>数码印刷 | 平版印刷<br>数码印刷<br>数码打样 | 数码打样 |

注：▲表示不同级别的认证需要达到的要求。

## 二、G7 的理念

### 1. 灰阶定义

在 G7 中主要的变革就是用灰阶如何在人眼中成像的定义替代了单色色阶的网点面积、网点增大或其他机械测量的定义。灰阶被定义为色空间的“脊梁骨”，并且允许通过视觉特性对灰平衡进行判断，中性阶调可以通过使用大多数 RIP 中能找到的 CMYK 校准模块中的一维曲线来控制。

### 2. 高光保留

G7 中有一个特殊的地方，即在不考虑动态变化的情况下，当暗调部分进行压缩或扩展时，其亮调部分（人眼对此十分敏感）的密度和反差仍得到了保留。这就表明了通过 G7 多通道校正后的 CMYK 图片仍拥有广泛的阶调变化范围，从而保留所存在的连续的亮度以及反差。

### 3. 承印物相关

G7 的灰平衡计算公式是“承印物相关”的，它可以自动根据承印物色彩来定义灰平衡，而不是将灰平衡色度规定在一个特定的数值上。当与实际的承印物印刷色彩比较时，灰阶图片需要在经过 G7 校准后始终在视觉上保持中性。

#### 4. 反差相关

G7 的灰阶计算公式（NPDC 或中性印刷密度曲线）是“反差相关”的，它能自动计算，以适合承印物的亮度和设备中性密度的最大值。这表明了灰阶图片在 G7 校准后的设备中能一直拥有最大中性密度反差的优势。

#### 5. 设备无关

G7 的关键价值在于它的规则适用于任何成像技术和色彩设置，而这也同样表明了 G7 是真正的设备无关规范。G7 常规的灰平衡以及中性阶调规则能适用于任何视觉色彩成像机制，而不考虑设备、承印物、油墨、加网技术等。

## 三、G7 的基本概念

#### 1. 中性灰印刷密度曲线（neutral print density curve，NPDC）

中性灰印刷密度曲线是灰平衡的网点百分数与其相对密度值之间的关系。NPDC 灰平衡的三色 CMY 组合是由 GRACoL 专门确定的一组数据，如表 8-1 所示。其色度要求由公式(2-69)给出。

GRACoL 的 Press2Proof（简称 P2P）标准样张如彩插图 9-1 所示。P2P 的第 4 列为单色黑，第 5 列为黄、品红、青叠印的三色灰。

NPDC 需要测量 P2P 样张来完成绘制。在 G7 中，需要测量的 NPDC 有两条，一条是 CMY 的三色组合曲线（彩插图 9-3），另一条是单黑版的 NPDC（彩插图 9-4），分别用 P2P 的第 4、5 列数据来完成。

#### 2. 亮调范围（highlight range，HR）

亮调范围是一个单独测量的量，它在印刷过程中或印刷后可以对中间调进行快速检查。在 G7 中，它取代了 TVI 来进行整体明暗度和灰平衡的检查。

HR 有两个数据，一个用于 CMY 的灰平衡，另一个用于单色黑。三色灰的 HR，其三色组合为（50C，40M，40Y），单色黑的 HR，其网点百分数为 50K，它们的相对密度值分别为 0.54 和 0.50。

#### 3. 暗调反差（shadow contrast，SC）

在 G7 中，不使用印刷相对反差 K，而是用暗调反差 SC。SC 在印刷过程中或印刷完成后，可以对暗调的灰平衡进行快速检查。

SC 有两个数据，一个用于 CMY 的灰平衡，另一个用于单色黑。三色灰的 SC，其三色组合为（75C，66M，66Y），单色黑的 SC，其网点百分数为 75K，它们的相对密度值都取决于实际的实地密度。

#### 4. 亮调反差（highlight contrast，HC）

亮调反差 HC 在印刷过程中或印刷完成后，可以对亮调的灰平衡进行快速检查。

HC 有两个数据，一个用于 CMY 的灰平衡，另一个用于单色黑。三色灰的 HR，其三色组合为（25C，19M，19Y），单色黑的 HC，其网点百分数为 25K，它们的相对密度分别为 0.25 和 0.22。

## 四、G7 校正的工具

G7 校正离不开色度、密度的测量，因此分光光度计、密度计等是基本的工具，同时 G7 还有其特有的工具。

### 1. P2P 色靶

G7 工具中最重要的就是 P2P 色靶。其最新的版本是 P2P51，如图 9-1 所示。它能够用 X-rite i1、X-rite i1iO、X-rite i1iSis 等仪器直接读取。P2P 色靶早期的版本针对不同的测量设备有不同的排列形式，例如，P2P25X 能被 X-Rite i1iSis 读取，而 P2P25 则不能，不过只要版本号相同（例如 25），那么各色块的比例值也是相同的。

### 2. 灰平衡查找表

灰平衡查找表是使用 GrayFinder 进行 G7 校正的必要工具，如彩插图 9-2 所示。

灰平衡查找表 22 版本于 2009 年发布，其多了 87.5%处的色块，这样对于暗调部分的灰平衡分析有更好的作用；75%及 87.5%的色块对于 M 与 Y 的比例有所增强，纠正了暗调部分的灰平衡错误。测试靶分为两部分，下半部分的 CMY 核心组合是正常的能够获得中性灰的组合；上半部分的 CMY 核心组合是等量组合，用于帮助偏差很大的色靶找到中性灰。

### 3. G7 NPDC FanGraph 图

FanGraph 图分为 CMY 和 K 两张，如彩插图 9-3 和图 9-4 所示。

FanGraph 图是用于手动校正的工具，其高分辨率图像可以到 G7 官方网站下载。具体使用 FanGraph 进行手动校正的方法详见下一小节。

### 4. IT.8/4 特性文件测试靶（或等同测试靶）

大多数数码打样系统及一些印刷设备都要求常规的 ICC 特性文件与 G7 校正配合使用或替代其功能。如果预计需要常规的 ICC 特性文件，那么就要使用 IT.8.7/4 测试靶（图 7-2 和图 7-3）或等价特性文件测试靶。

### 5. 软件

G7 可以进行自动化校正，曲线生成软件用 IDEAlink Curve，自动测量 P2P 目标测试靶的软件可以用 X-Rite MeasureTool 或 ColorPort，自动测量设备可以用 X-Rite Spectroscan、X-Rite EyeOne Pro、X-Rite EyeOne IO、X-Rite DTP-70、X-Rite i1iSis 等。

## 五、使用 FanGraph 进行 G7 校正

### 1. 准备工作

全过程共需要两次印刷操作，分别为校正基础印刷和特性化印刷，各需约 1～2h，中间需要 0.5～1h 的印版校正，共需约半个工作日。所有的工作都应安排在同一天，并由相同的操作人员用同样的设备材料完成。

使用符合要求的耗材情况下，印刷机应调试到最佳工作状态。使用未经线性化校正的自然曲线出版，在 RIP 中为 G7 选定专用的空通道。半色调加网线数为 150lpi 或 175lpi，对于对称点型，如方型网点，可采用的网线角度通常为 C 15°、M 75°、Y 0°和 K 45°；对于非对称点型，如链型网点，K 版采用 135°。

纸张尽量不带荧光，其色度参数如表 9-2 所示。纸张大约需要 6000～10000 张不等，由操作效率决定。

油墨应使用符合 ISO 2846-1 的油墨。基本色油墨及叠印色油墨的参数如表 9-2 所示。表中数据是在白色衬纸上测量得到的。

**表 9-2 G7 所用纸张、油墨的基本参数**

| 项目 | 纸基 | C | M | Y | K | MY | CY | MC | CMY |
|---|---|---|---|---|---|---|---|---|---|
| $L^*$ | 95 | 55 | 48 | 89 | 16 | 46.9 | 49.76 | 23.95 | 22 |
| $a^*$ | 0 | −37 | 74 | −5 | 0 | 68.06 | −68.07 | 17.18 | 0 |
| $b^*$ | −2 | −50 | −3 | 93 | 0 | 47.58 | 25.4 | −46.11 | 0 |
| $\Delta E$ | 5 | 5 | 5 | 5 | 5 | 5 | 5 | 5 | |

标准测试版可以直接在 G7 网站下载，也可以自行设计。如果自己设计，应该包括：两份 P2P 色靶且互成 180°；GrayFinder 灰平衡查找表；两张互成 180°且排成一排的 IT8.7/4 特性文件测试靶（也可以用近似的其他色靶）；一条横布全纸张长的宽度为 1/2in（约 1cm）50C，40M，40Y 的信号条；一条横布全纸张长的宽度为 1/2in（约 1cm）50K 的信号条；一条合适的印刷机测控条（应包括 G7 的一些重要参数，如 HR、SC、HC 等）；一些典型的 CMYK 图像。常规 G7 印刷测试版（28in×40in）如彩插图 9-5 所示。

### 2. 校正过程

（1）测量 P2P 色靶

测量 P2P51 色靶第 4、5 列（第 4 列是只含 K 的灰阶，第 5 列是只含有 CMY 成分的灰阶）的中性灰密度值，并将结果在 FanGraph 上描点。密度值必须是减去纸张密度，当减去承印物后，CMY 与 K 灰阶的最高光部分的 ND（中性灰密度）值都应该刚好为 0.0。

（2）绘制常规 CMYK NPDC 曲线

将上面所描的数据点连线，在 CMY 图中用蓝色表示（彩插图 9-6），在 K 图中用紫色表示（彩插图 9-7）。

（3）找到最接近实地密度值的目标曲线

在 FanGraph 图中找到最接近实地密度的已有 NPDC 曲线。在这两条扇形线之间，绘制一条能够真实代表你的设备在 100%（最大密度值）的扇形曲线，如彩插图 9-8 所示。

（4）选择最佳校准点

检查图表并决定具体需要多少“校正点”（通常来说就是曲线有明显弯折处）。举例来说，在彩插图 9-9 中需要校正的点是在 2%和 15%处，而基于最大准确性考虑通常在 10%和 20%处校正。对于高光阶调的最准确控制点应该包括 2%、5%和 10%处。

（5）当无需灰平衡校正时的 RIP 补偿曲线

如果不需要灰平衡调整，则对于 CMY 三色通道，可以生成一条公用的 RIP 曲线，具体如下：

在 50%点处的 $X$ 轴垂直作一条直线与目标曲线相接；在该处水平作一条直线（向左或向右）相交于样本曲线；在样本曲线相交处垂直作一条向下与 $X$ 轴相交的直线来得到新的目标值；记录下 FanGraph 图上得到的新目标值数据，如彩插图 9-10 所示。

对除了 0%和 100%之外的曲线点重复以上步骤。

（6）考虑灰平衡因素生成 RIP 补偿曲线

使用分光光度计测量承印物上印刷的 P2P51 色靶以及灰平衡查找表（图 9-2）的 $a^*$和 $b^*$数据。由公式（2-69）得到每个色靶所需的 $a^*$值和 $b^*$值。

在 50%的灰平衡查找表色靶处找到上一步得到所需 $a^*$与 $b^*$值最接近的色块。如果最中央的色块是最接近的灰色，则该色靶不需要任何校正；有时通过分光光度计测量得到的最接近的色块可能会是相邻两个色块，则标注该色块的品红以及黄色比例坐标。在图 9-11（b）中，所需的 $a^*$值与 $b^*$值是在+2 与+3 的品红之间且在−3 的黄色上，因此灰平衡需要添加+2.5 的品红及−3 的黄的灰平衡校正比例来得到校正曲线。

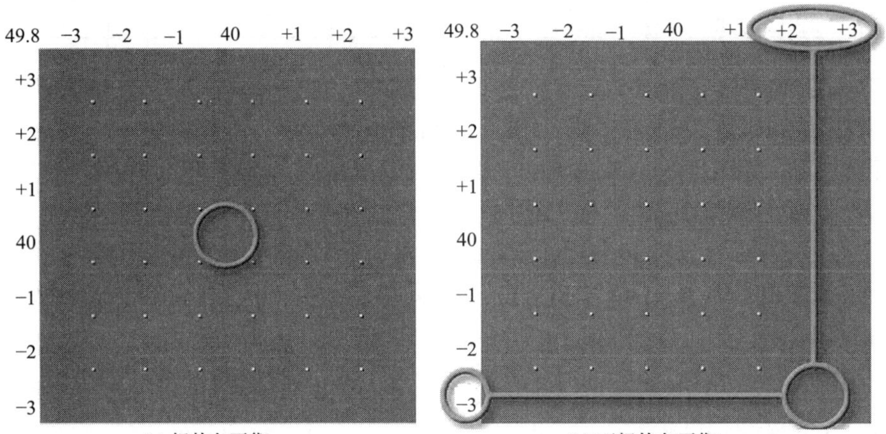


(a) 好的灰平衡　　(b) 不好的灰平衡

图 9-11　好的灰平衡和不好的灰平衡

如果下排的灰平衡查找表没有包含所需的 $a^*$和 $b^*$值，则使用上半部分的查找表。

对 12.5%、25%、37.5%、63.5%、75%（可能有 87.5%）色靶重复以上步骤。

在 G7 NPDC FanGraph 上列出 M 和 Y 所需的灰平衡校正比例，见图 9-12。

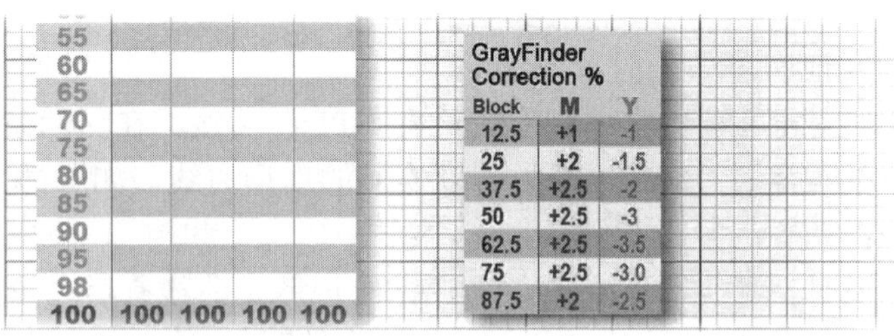


图 9-12　在 FanGraph 纸上一个常规的 M 和 Y 灰平衡比例校正

在常规 CMY 图中与 40%处的垂直相交点，计算出之前记录的 M 和 Y 色彩网点向左或向右的校正比例，如彩插图 9-13 所示。M 和 Y 的网点必须与青色图标的相交点保持在同一水平高度上。50%的灰平衡查找表的色靶的灰平衡校正值需在 40%的交叉点处进行标定，因为该色靶中 M 和 Y 的比例为 40%。

对其余色靶重复以上步骤，并使用彩插图 9-14 中的垂直线标定 M 和 Y。

连接品红与黄色的各点绘制两条新的 M 与 Y 曲线，如彩插图 9-15 所示。

寻找新的 CMY 目标曲线如下：首先对曲线上的每一点垂直于 $X$ 轴作一条直线并与目标

曲线相交；然后在相交点作一条水平线分别与 C、M 和 Y 曲线相交；接着对这三个相交点作垂直向下线相交于 *X* 轴得到 C、M 和 Y 的新目标值，如彩插图 9-16 所示；最后在 FanGraph 上记录 CMY 的新目标值，如图 9-17 所示。

| 关键点 | C | M | Y | K |
|---|---|---|---|---|
| 0 | 0 | 0 | 0 | 0 |
| 2 | | | | |
| 4 | | | | |
| 6 | | | | |
| 8 | | | | |
| 10 | 9 | 8 | 7.5 | |
| 15 | | | | |
| 20 | | | | |
| 25 | 23.5 | 21.5 | 20 | |
| 30 | | | | |
| 35 | | | | |
| 40 | | | | |
| 45 | | | | |
| 50 | 49 | 46 | 43 | |
| 55 | | | | |
| 60 | | | | |
| 65 | | | | |
| 70 | | | | |
| 75 | 74 | 72 | 69 | |
| 80 | | | | |
| 85 | | | | |
| 90 | 90 | 91 | 88 | |
| 95 | | | | |
| 98 | | | | |
| 100 | 100 | 100 | 100 | |

图 9-17　在 G7 FanGraph 上记录的新目标值

### 3. 通过灰平衡调整 NPDC 误差

如果使用单独曲线来计算 *C*、*M* 和 *Y*，则由于 *M* 值的 ND 增加，NPDC 可能会不准确。该不准确性可以通过在目标 C 值中减去目标 M 值来得到 ND 校正值，并将 ND 校正值分别与 C、M 和 Y 目标值相加。公式如下：

$$\begin{cases}\mathrm{ND_c}=(C_{\mathrm{new}}-M_{\mathrm{new}})/2\\ C_{\mathrm{c}}=C_{\mathrm{new}}+\mathrm{ND_c}\\ M_{\mathrm{c}}=M_{\mathrm{new}}+\mathrm{ND_c}\\ Y_{\mathrm{c}}=Y_{\mathrm{new}}+\mathrm{ND_c}\end{cases} \tag{9-1}$$

式中　$\mathrm{ND_c}$——中性灰密度校正值；

$C_{\mathrm{new}}$，$M_{\mathrm{new}}$——青、品红墨的新目标值；

$C_{\mathrm{c}}$，$M_{\mathrm{c}}$，$Y_{\mathrm{c}}$——青、品红、黄墨校正后的目标值。

举例如表 9-3 所示（使用上述目标值）。该公式假设 CMY 灰色区域的品红与青色增加了大约一样的中性密度，黄色值少许增加或未增加中性密度。当 *M* 值略低于单独的 *C* 值大约 1%～2%时，该校正可以完全忽略。

**表 9-3　校正示例**

| 新目标值 | | | ND 校正值 | 校正目标值 | | |
|---|---|---|---|---|---|---|
| C | M | Y | | C | M | Y |
| 8 | 9 | 7.5 | (8−9)/2=−0.5 | 7.5 | 8.5 | 7 |
| 21.5 | 23.5 | 20 | (21.5−23.5)/2=−1 | 20.5 | 22.5 | 19 |
| 46 | 49 | 43 | (46−49)/2=−1.5 | 44.5 | 47.5 | 41.5 |
| 72 | 74 | 69 | (72−74)/2=−1 | 71 | 73 | 68 |
| 90 | 91 | 88 | (90−91)/2=−0.5 | 89.5 | 90.5 | 87.5 |

### 4. 提供新目标值给 RIP

将上述 CMY 和 K 的 NPDC 校正结果，为 RIP 或校正设备赋新的目标值。新的目标值就是经过校正后每个曲线点都应该得到的值。

### 5. 利用新的 RIP 补偿曲线制版

用新的 RIP 曲线制作标准样张的新印版，并且将 P2P 上的印版值与未校正过的印版曲线进行对比，确保所要求的变化已经获得。例如，如果 50%的曲线点有一个新的目标值为 55%，则检查新版的 50%色块处是否比未校正过的印版高大约 5%。由于印版表面测量困难，因此，只要这些值大概正确即可。

6. 印刷

使用新的印版以及相同的印刷条件再次印刷测试版，并应注意均匀性和灰平衡。

调机时，测量 HR、SC 和 HC 值，确定印刷机满足 NPDC。如果可能的话，也测量 P2P 标准样，或者在一张空的 G7 图纸上动手绘出第 4、5 列。这些曲线此时应该与目标曲线几乎完全一致。如果不是，调节实地密度，或者再多印几张让印刷机预热。

检查其他参数，如灰平衡、均匀性等，其数据都在控制范围内，然后高速开动机器到正常印刷速度。

从现场选取两张或更多张，自然干燥。如果可能，再以相同的条件进行两次或更多次的印刷机操作，从每一次印刷中选取最佳的印张，为后续工作平均化作准备。

## 六、G7 的常规印刷

在完成了 G7 工艺的测试实验后，就获得了 G7 生产中的特性化数据。用这些特性化数据可以进行高质有效的 G7 印刷。

G7 印刷机控制法与传统的印刷机控制类似，即以 CMYK 的实地密度读数作为一个基本的出发点，然后用中间调读数来控制阶调变化。区别在于，G7 不靠传统的 CMYK 的 TVI 数据来控制，而是由亮调范围 HR（50C，40M，40Y）和一个 50K 的色块所代替。传统的印刷相对反差 K 值的计算则由暗调反差 SC（75C，66M，66Y）代替。

G7 的方法相比 TVI 可更加可靠地控制灰平衡和亮度，由实地密度变化而带来的中间调密度或者灰平衡的变化会更小。不过，胶印机上的控制灰平衡比控制 TVI 更加困难，所以，机长和质量人员在整个印刷过程中要做好充分的准备。

这种胶印机的控制方法建立时间不长，还没有一个能普遍接受的公差。需做多次实验，以建立起设备、条件和公差范围。

基于 G7 的常规印刷步骤如下。

（1）将印刷机开到常规的油墨水平

开机，按指定的实地密度或色度印刷。在机器调整阶段要把 CIELAB 值放在密度值前面考虑。调机工作完成后，相对密度测量是印刷机控制的基础。此时，可以记录下密度和色度之间的关系，为以后的调试阶段作准备。

（2）调节灰平衡、CMY 的 HR 和 SC

在允许的公差内调节实地密度或其他印刷机的参数，直到 CMY 的 HR 点（50C，40M，40Y）尽可能地接近灰平衡的目标值。检查 CMY 的 SC 点（75C，66M，66Y），尽可能接近其目标值。由于一般印刷机存在着变化，有些折中的方法也是必要的，但是应尽量均衡控制 HR 和 SC 色块间的误差。

（3）调节黑版的 HR 和 SC

调节黑版实地密度或其他胶印机的参数，直到黑版的 HR（50K）尽可能接近其目标值。检查黑版的 SC 色块（75K），尽可能接近其 SC 目标值。由于一般印刷机存在着变化，有些折中的方法也是必要的，但是应尽量均衡控制 HR 和 SC 色块间的误差。

表 9-4 为一般的 HR、SC 和 HC 的目标值。不同实地密度时 HR、SC 和 HC 的目标值见彩插图 9-18。

表 9-4 一般的 HR、SC 和 HC 的目标值

| 灰色块 | 相对密度值 | | 绝对密度值 | | 绝对亮度 $L^*$值 | |
|---|---|---|---|---|---|---|
| | CMY | K | CMY | K | CMY | K |
| 25%（HC） | 0.25 | 0.22 | 0.31 | 0.28 | 75.5 | 77.5 |
| 50%（HR） | 0.54 | 0.50 | 0.60 | 0.55 | 57.4 | 59.9 |
| 75%（SC） | 0.92 | 0.90 | 0.97 | 0.95 | 38.9 | 39.8 |

在整个印刷过程中，必须要时刻保持 CMY 的灰和 50K 的色块同样的 $L^*$、$a^*$、$b^*$值。如果灰平衡和实地密度在类似的方向变化，可以通过少量的实地密度来恢复灰平衡，也可以利用以前记录下的实地密度值来参考调节。

# 第二节 PSO 认证

PSO 全称为 Process Standard Offset，即胶印过程的标准化。不同于 ISO，PSO 本身并不是一个标准，而是一系列过程标准的合集，从文件组织到文件接收、PDF 创建、色彩管理、屏幕打样、数码打样、油墨、印刷、标准光源等的全过程，均有可以遵循的 ISO 标准，见图 9-19。除此之外，每一个过程都强调要有严格的 SOP（standard operation procedure，标准作业程序）。SOP 的标准作业体系被誉为 PSO 认证的核心和灵魂，即每个生产过程都要有步骤化、细节化和可量化的作业程序，要求无论是谁来操作，只要按照 SOP 规范操作，结果应该都可控并一样。

PSO 认证在欧洲比较盛行，由德国 FOGRA 和瑞士 Ugra 组织推行。

首先，有 FOGRA PSO 认证需求的印刷企业要联系有合格资质的 FOGRA PSO 认证专家；然后，FOGRA PSO 认证专家对印刷企业进行考察，对印前到印刷的整个流程进行详细调研，根据 FOGRA PSO 认证的要求及相关规范，有针对性地提出改善意见，并对印刷企业进行色彩管理、印刷标准化、ISO 国际标准、印刷品质监控等相关知识的系统培训；最后，待到必要的测量仪器配置齐全且在合格有效期之内、设备运转维护保养得当、专业培训考核完成、所有的作业程序操作规范之后，编写和检查每个生产环节的 SOP，进行认证前的练习和预审。实地认证时，FOGRA PSO 认证专家会根据 FOGRA PSO 认证的印刷类型，提供由德国 FOGRA 组织授权的相关测试文件及测试要求资料。下面是按照最新版 ISO 标准执行的 FOGRA PSO 实地认证时的相关重要考查点。

（1）客户文件

德国 FOGRA 组织提供的文件并不是完稿文件，而是需要认证印刷企业根据指定要求进行再次处理的文件，包括 InDesign 文件、链接图像和字体文件等。其中，链接图像尤其考验印前操作人员对不同 ICC 特性化文件的转换能力。一幅图被分解成 B、C、D 几个不同版本、不同格式，包括 RGB 格式及 CMYK 格式，而且内嵌了不同的 ICC 特性化文件，需要印前操作人员使用正确的色彩管理方式在 Photoshop 中对其进行处理转换，包括源 ICC 特性化文件、目标 ICC 特性化文件转换意图选择等。只有当 B、C、D 图片的色彩处理正确，才能保证转换后的图片色彩与右下角的 A 图片完美匹配。

（2）专色处理

这是新版 ISO 标准推行以来的一项新任务，增加了对专色处理能力的考验。德国 FOGRA

组织提供包含两个专色的 eps 格式文件，包括色域外的专色和色域内的专色，要求使用正确的分色方法将专色转换成 CMYK 格式，并且保证最大程度的色彩还原。如果选取的 ICC 特性化文件不正确或转换参数设置不当，专色处理就会失败。其中一个文件更是要求在涂布纸上模拟出书纸的印刷效果，考验了印前操作人员对色彩管理的正确运用。

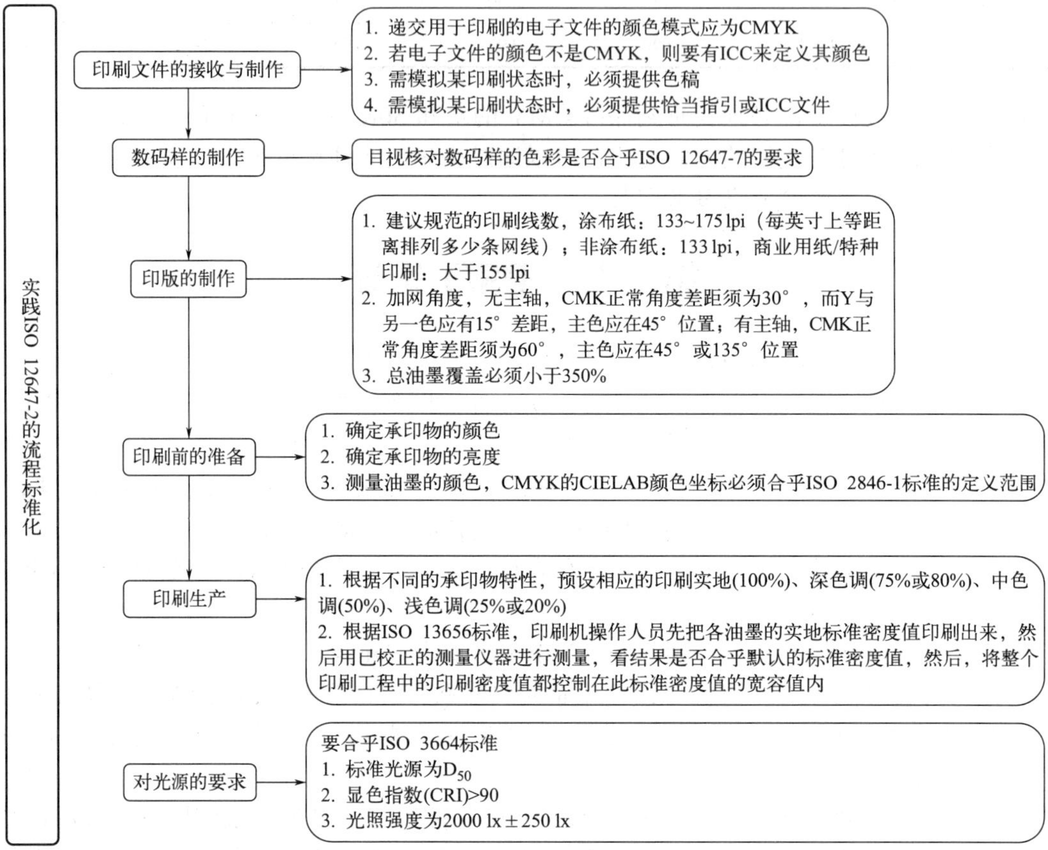


图 9-19 PSO 认证的主要内容

（3）PDF 规范

所有经过处理的四色和专色图片都需要作为外部链接图链接到 InDesign 文件中，并按照认证书面要求逐一处理好字体、出血等问题，在确保没有任何印前错误之后，再按照 ISO 15930 印前规范标准导出 PDF/X 格式的标准 PDF 文件。

目前绝大多数印前流程普遍采用 PDF 作为标准规范的文件格式。此外，德国 FOGRA 组织还有意提供了两份有问题的 PDF 完稿测试文件，包括 RGB 图片、专色、ICC 特性化文件错误、无法印刷的极细线、大墨量、超高/超低分辨率、出血错误、字体缺失等 14 种错误，要求印前操作人员一一找出并解决。如果没有专业的预检工具软件，很难发现其中的问题，更难全部找出，这是对申请认证企业进行的一次文件规范的比较全面的检验。

最后所有的过程文件和步骤细节都必须收集归档、截图描述（以英文），刻录成 CD 或 DVD，以备德国 FOGRA 组织进行对照查验。

（4）数码打样

数码打样对 FOGRA PSO 认证来说是一个重要的环节，要求按照 Coated（PS1）和 Uncoated

（PS5）两种不同纸张分类进行数码打样。由于执行的是新版 ISO 标准，因此必须匹配 FOGRA 51（PSO_Coated_V3）和 FOGRA 52（PSO_Uncoated_V3）两个参考目标。所有打印的数码样张必须要加载 FOGRA/Ugra Media Wedge V3 测控条，并且要严格通过 ISO 12647-7 标准的检验，包括纸白 $\Delta E$、平均 $\Delta E$、最大 $\Delta E$、一次色最大 $\Delta E$、一次色最大 $\Delta H$ 和三色灰 $\Delta H$。尤其值得一提的是，新版 ISO 标准采用的是 M1 测量模式，因此配套的数码打样软件和校验软件需要随之升级到最新版本（经确认，CGS ORIS 和 GMG 目前均已升级到可以支持新版 ISO 标准）。

另外，同样的打样纸张的 Lab 参数最好也要变更到匹配新的纸白。在这种情况下，由于要打印在两种不同的纸张上，至少要有两台 EPSON 打样机才会是一个比较理想的选择。

（5）屏幕软打样

屏幕软打样的标准为 ISO 12646，所以至少一台 Eizo 系列专业级显示器是必备条件。通过专业的软件校正，配合分光光度仪以及正确的参数（譬如白点、亮度、对比度、伽马值等），可以将显示器调整到符合屏幕软打样的标准状态。

UGRA PSO 对屏幕软打样有严格要求，并视为必考项目之一，同时指定使用 Ugra Display Analysis and Certification Tool（UDACT）作为屏幕软打样的官方考核软件，但使用其他软件可以，不做强制性要求。

（6）标准光源

光源是颜色产生的三要素之一，其对色彩的重要性不言而喻。除了熟知的色温和亮度，显色指数、同色异谱指数、照度平均性等也都是光源非常关键的参数，同样不可或缺、不容忽视。所以，定期对光源进行检测和更换是非常必要的。当然一些必要的软硬件也是离不开的。

PSO 认证要求认证印刷企业出具标准光源的检测报告，要求各项指标符合 ISO 3664 标准。笔者推荐使用 Babel Color CT&A，配合 X-rite i1 Pro 2 对光源进行测量，并可以出具非常专业的光源检测报告，包括 9 个点的平均性测试。

由于光源要求苛刻，推荐使用 GTI 或 JUST 品牌的灯箱。另外，印刷机台灯管的选择也非常讲究。一般来说，选择进口品牌的灯管有助于通过此项测试，譬如 JUST、OSRAM、TOSHIBA、PHILIPS。

（7）制版

性能优异的制版机和状态稳定的冲版机是获得良好的印刷品质的前提。FOGRA PSO 认证对制版环节要求出版版面干净、无刮痕脏点、网点成像清晰、显影状态正常，当然最重要的是要有网点测量仪器进行数据测量和记录。

（8）印刷

印前是过程，印刷是结果。PSO 既然如此强调印刷的过程控制，当然也就非常重视过程控制最后的结果——印刷。

首先，四色套印是最基本的前提。FOGRA PSO 认证对四色套准的要求是≤80μm，建议要配备 25 倍或以上的放大镜来查看和检验样张。

其次，整个版面色彩一致对印刷来说也是一项重要的考验。FOGRA PSO 认证要求严格按照 ISO 12647-2 标准，分别对 CMYK 四色的实地密度、网点增大率以规定的偏差值进行控制。整个版面的左下、中上、右下 3 个位置分别放置 4 条 CMYK 单色网点增大测控条图表，每一个主色、每一个测控表都要达到 ISO 规定的容差范围，不但要考虑到左、中、右的平衡，而且需要考虑叼口和拖梢部位的一致性，所以一台轨道扫描仪是 FOGRA PSO 认证必不可少的。当然最重要的是要有一台注重日常维护保养、拥有良好状态的印刷机，否则很难通过这项测试。

G7 认证只需提交 6 张印张，而 FOGRA PSO 认证要求首先在密度和网点增大达到 ISO 标准的前提条件下提交 10 张 OK 样张（OK Sheet），这 10 张 OK 样张需要重点检查各项测量值与 ISO 标准值的偏差值（deviation）；然后印刷机以接近实际生产的速度正式开始印刷，以每 500 张为单位抽样 1 张，一共从 5000 张样张中抽出 10 张，重点检查这 10 张抽样样张与之前的 10 张 OK 样张之间的允差值（variation）。如果印刷机本身的稳定性不佳，即便经过调整 OK 样张可以勉强过关，但抽样样张也会露出马脚。从这点可以看出，PSO 认证更加注重机器本身的状态以及对后续实际生产的帮助，也反映了 PSO 对过程控制的重视。

经过初次印刷、调整 CTP 补偿曲线，再次印刷，抽取 OK 样张和抽样样张，最终完成 PSO 样张收集。

（9）数据及样张提交

针对整个认证过程的操作说明、所有 SOP、印刷文件、打样文件、光源检测报告、PDF 预检报告等内容进行刻盘（CD/DVD），连同最后印刷抽样的 20 张印张一起寄给德国 FOGRA 组织。正常情况下，这些资料通过国际快递（FedEx、DHL 等）进行邮寄，一周内即可送达。德国 FOGRA 组织对提交的资料进行审核之后，再提交给 BVDM（德国印刷和媒体协会）进行复核［遵循“四眼原则”（four eyes principle），分别使用 3 种不同品牌的测量仪器（包括美国 X-Rite、德国 TECHKON 等）对印张进行数据测量］，最后双方出具书面数据报告。只有各项考核均合格后，才会颁发由双方机构共同签名的 FOGRA PSO 认证证书。

# 第三节　C9 印刷包装品质管控与评价

C9 印刷包装品质管控与评价（简称 C9 评价）是中国印刷科学技术研究院自主研发并于 2018 年发布的一套对标国际、国家标准，适应中国国情，面向印刷、表面整饰与印品成型全过程控制与评测的印品整体质量评价体系。

C9 评价旨在通过科学的检测手段对印刷产品的生产过程进行监控、指导和验证，结合目前国际主流生产条件和中国印刷行业材料供给条件，要求申请企业具有一定软硬件配置及相应指导性文件，设定了印前、制版、印刷等生产流程中每一个生产步骤的目标值和容差，比如屏幕打样的均匀度和色差、数码打样的色差、CTP 制版的网点还原、印刷车间的环境控制、印刷机的压力调节控制等，并从外观和色彩误差方面对印刷品进行数据化评估。

## 一、C9 评价的基本要求

C9 评价要求申请企业在印前、制版、印刷等生产流程中具有一定软硬件配置及相应指导性文件，见表 9-5～表 9-7。

表 9-5　C9 评价的印前软硬件要求

| 项目 | 要求 |
|---|---|
| 软件要求 | （1）具有打样色彩管理软件，如 CGS、GMG、EFI、i1Profiler 等或其他类似功能软件 |
| | （2）具有图形图像处理软件，如 InDesign、Photoshop、Illustrator 或其他类似功能软件 |

续表

| 项目 | 要求 |
| --- | --- |
| 打样设备要求 | （1）具有打样设备标准操作流程（作业指导书） |
| | （2）具有打样设备维护保养作业指导书 |
| | （3）具有打样设备维护保养记录（最近三个月及以上） |

**表 9-6　C9 评价的制版要求**

| 项目 | 要求 |
| --- | --- |
| 仪器要求 | 具备经校正可用的测量仪器，包括温湿度计、印版测量仪等 |
| 制版设备要求 | （1）具有 CTP 制版系统，设备分辨率不低于 2400dpi |
| | （2）具有制版设备标准操作流程（作业指导书） |
| | （3）具有制版设备维护保养作业指导书 |
| | （4）具有制版设备维护保养记录（最近三个月及以上） |
| 输出要求 | 加网线数不低于 175lpi，调幅网点形状为圆形或者方圆形 |

**表 9-7　C9 评价的印刷要求**

| 项目 | 要求 |
| --- | --- |
| 仪器要求 | 具备经校正可用的测量仪器，包括温湿度计、分光光度仪、分光密度仪、pH 计、扭力扳手、测厚仪、硬度计、红外测温仪等 |
| 印刷设备要求 | （1）四色或四色以上印刷机，建议印刷色序为 KCMY |
| | （2）具有印刷设备标准操作流程（作业指导书） |
| | （3）具有印刷设备维护保养作业指导书（包括但不限于胶辊硬度和压力控制、橡皮布、标准衬垫厚度和扭力设置、润版液 pH 值和温度控制等） |
| | （4）具有印刷设备维护保养记录（最近三个月及以上） |
| 物料要求 | （1）纸张推荐使用符合 ISO 12647-2:2013 PS1 标准的优质涂布纸 |
| | （2）使用标准橡皮布衬垫 |

## 二、胶印印刷质量测试版文件

C9 评价的测试版文件如彩插图 9-20 所示。

测试版包含了 IT8.7/4 色靶、CMTKRGB 梯尺、测试图像、灰平衡测试色靶等，可以满足 C9 评价的数据测试及视觉测试工作。

## 三、测量条件

密度测量为 T 状态，依据 ISO 5-3:2009；

测量几何条件 0°/45°，视角 2°，光源条件 M1，色差公式 $\Delta E_{00}$（1∶1∶1），依据 ISO 13655:2017；

白衬底（WB）的数据基于干燥印张。

## 四、C9 评价的评分

### 1. C9 评价的评分准则

C9 评价分为过程控制评价和印刷样张评价两个部分。其中过程控制评价又分为印前、制版和印刷评价，印刷样张评价又分为样张外观评价及样张颜色评价，如表 9-8 所示。

**表 9-8　C9 评价的评分准则**

| 项目 | | 分值 | 权重 | 评价项 |
|---|---|---|---|---|
| 过程控制评价 | 印前 | 12 分 | 40% | 4 |
| | 制版 | 6 分 | | 4 |
| | 印刷 | 22 分 | | 7 |
| 印刷样张评价 | 样张外观 | 20 分 | 60% | 7 |
| | 样张颜色 | 40 分 | | 3 |
| 综合评分 = 过程控制评价分数 + 印刷样张评价分数 | | | | |
| 综合评分（总分 100 分） | | 评价状态 | | |
| ≥80 分 | | 合格 | | |
| <80 分 | | 不合格 | | |

### 2. 过程控制评价

过程控制评价的评价指标、评价标准以及各指标的占比情况如表 9-9～表 9-11 所示，在进行印前、制版和印刷评价时，如果得分值低于各自总分的 60%分直接判定为 C9 评价不合格。

印前过程控制评价可以根据需求选择屏幕软打样、数字硬打样、数字印刷之一。

**表 9-9　印前过程控制评价**

| 评分项目 | | 评分标准 | 分值占比/% |
|---|---|---|---|
| 屏幕软打样 | 屏幕均匀性（显示器四周与中心） | 亮度偏差≤10% | 3 |
| | | 颜色偏差 $\Delta E_{00}$≤4.0 | 3 |
| | 色度准确性 | 所有色块平均 $\Delta E_{00}$≤2.0 | 3 |
| | | 所有色块最大 $\Delta E_{00}$≤5.0 | 3 |
| 数字硬打样/数字印刷 | 模拟介质（纸张） | $\Delta E_{00}$≤3.0 | 2 |
| | 所有色块 | 平均 $\Delta E_{00}$≤2.5 | 2 |
| | | 最大 $\Delta E_{00}$≤5.0 | 2 |
| | C、M、Y | 最大 $\Delta E_{00}$≤3.0 | 2 |
| | | 最大 $\Delta H$≤2.5 | 2 |
| | 灰色色块 | 平均 $\Delta H$≤2.0 | 2 |

**表 9-10　制版过程控制评价**

| 评分项目 | 评分标准 | 分值占比/% |
|---|---|---|
| 印版外观 | 无划伤、脏点、起雾和线条等明显瑕疵 | 1 |
| 网点形状 | 边界清晰无变形 | 1 |

续表

| 评分项目 | 评分标准 | 分值占比/% |
|---|---|---|
| 网点精度 | 与目标值偏差≤1.0% | 2 |
| 网点均匀性 | 最大偏差≤1.0% | 2 |

**表 9-11 印刷过程控制评价**

| 评分项目 | 评分标准 | | 分值占比/% |
|---|---|---|---|
| 印刷温湿度 | 温度控制在 18～28℃ | | 1 |
| | 相对湿度控制在 40%～70% | | 1 |
| 印刷光源 | □ $D_{50}$ 光源 | 色温(5000±100)K | 1 |
| | | CRI≥90 | 1 |
| | □ $D_{65}$ 光源 | 色温(6500±100)K | 1 |
| | | CRI≥90 | 1 |
| 胶辊控制 | 墨辊表面硬度（25±5）SHA | | 3 |
| | 符合设备维护保养作业指导书要求 | 墨辊靠版压力 | 2 |
| | | 水辊靠版压力 | 1 |
| 橡皮布和衬垫控制 | 橡皮布标准厚度值±0.01mm | | 2 |
| | 衬垫总标准厚度值±0.01mm | | 1 |
| | 符合设备维护保养作业指导书要求 | 扭力设置 | 3 |
| 润版液控制 | pH 值在 4.5～5.5 | | 1 |
| | 温度值在 8～12℃ | | 1 |
| 墨路温度控制 | 检测墨路温度，应为(25±4)℃ | | 2 |
| 仪器操作 | 操作熟练、规范，可以运用实地密度、色度、网点增大等实测数据 | | 2 |

### 3. 印刷样张评价

印刷样张评价是对客户印刷的图 9-20 测试版进行评价。印刷样张的外观评价及颜色评价见表 9-12 及表 9-13，如果得分值低于各自总分的 60%分直接判定为 C9 评价不合格。

**表 9-12 样张外观评价**

| 评分项目 | 评分标准 | 分值占比/% |
|---|---|---|
| 印刷缺陷 | 样张版面无脏点、划伤、鬼影、花版、糊版、条杠、拉丝等印刷缺陷 | 1 |
| 星标 | 四色星标中心点清晰，线条清晰无重影 | 2 |
| 套印精度 | 四色套印误差≤0.1mm | 1 |
| 文字线条 | 0.02mm 线条清晰，2.0 磅字体无缺笔断划 | 2 |
| 阶调范围 | 2%网点不丢失，98%网点不糊版 | 2 |
| 网点质量 | 50%网点边界清晰，无变形或毛刺等 | 8 |
| 实地均匀性 | 四色最大密度差≤0.1 | 4 |

表 9-13　样张颜色评价

| 评分项目 | | 目标值 | | | 容差 | 分值占比/% |
|---|---|---|---|---|---|---|
| | | $L^*$ | $a^*$ | $b^*$ | | |
| 实地色度值 | K | 16 | 0 | 0 | $\Delta E_{00}\leqslant 3.5$ | 3 |
| | C | 56 | −36 | −51 | $\Delta E_{00}\leqslant 3.5$ | 3 |
| | M | 48 | 75 | −4 | $\Delta E_{00}\leqslant 3.5$ | 3 |
| | Y | 89 | −4 | 93 | $\Delta E_{00}\leqslant 3.5$ | 3 |
| | R | 48 | 68 | 47 | $\Delta E_{00}\leqslant 3.5$ | 2 |
| | G | 50 | −65 | 26 | $\Delta E_{00}\leqslant 3.5$ | 2 |
| | B | 25 | 20 | −46 | $\Delta E_{00}\leqslant 3.5$ | 2 |
| 阶调值增加 | 25% | 12.2% | | | ±3% | 4 |
| | 50% | 16% | | | ±4% | 4 |
| | 75% | 12.7% | | | ±3% | 4 |
| 灰平衡 | 25% | 25 | 19 | 19 | $\Delta C_h\leqslant 3.0$ | 4 |
| | 50% | 50 | 40 | 40 | $\Delta C_h\leqslant 3.8$ | 4 |
| | 75% | 75 | 66 | 66 | $\Delta C_h\leqslant 3.4$ | 2 |

# 第四节　绿色印刷认证

## 一、绿色印刷

### 1. 绿色印刷的背景

20 世纪 60 年代开始，人类逐渐意识到环境污染、资源匮乏、能源短缺的严重状况。在世界环保大潮的推动下，欧洲、美国、日本等于 20 世纪 80 年代率先倡导了绿色印刷概念。绿色印刷是指对生态环境影响小、污染少、节约资源和能源的印刷方式。绿色印刷强调在顾及当代人的同时兼顾下一代人的生存发展，它要求印刷企业将近期利益与国家长远利益结合，将环境效益与经济效益接轨，实现环保事业与市场经济双赢，体现可持续发展理念。绿色印刷强调在印刷产品的整个生命周期过程中，始终贯穿“以人为本”的宗旨理念，在科学发展观的指导下，一切以“人”为出发点，一切为“人”服务，重点关注公众的健康与安全。由于绿色印刷契合了印刷业可持续发展的内在要求，又体现了“以人为本”的服务宗旨，因此成为中国印刷业实现低碳经济和结构调整、产业升级的有效途径。所以，绿色印刷是中国未来印刷业发展的主要方向。

### 2. 绿色印刷的发展现状

2010 年，新闻出版总署发布《新闻出版总署关于进一步推动新闻出版产业发展的指导意见》，明确提出：“鼓励印刷企业上下游共同探索循环用纸等新材料新工艺的研发和应用，大力发展绿色印刷。对高耗能、高排放的落后产能，要运用环保、技术标准、产业和融资政策等手段，坚决予以淘汰。”2012 年，新闻出版总署与环境保护部共同签署《实施绿色印刷战略合作协议》，标志着中国全面启动推进绿色印刷的伟大工程，并在随后公布的《新闻出版业

“十二五”时期发展规划》中明确提出，要在“十二五”末期，基本建立绿色环保印刷体系，力争绿色印刷企业数量占到全国印刷企业总数的30%。2011年，环境保护部颁布《环境标志产品技术要求 印刷 第一部分：平版印刷》，使得占据印刷市场 60%以上份额的胶印有了明确的绿色印刷标准。该标准的实施，也标志着中国的绿色印刷认证工作全面展开。同年 10月，新闻出版总署联合环境保护部印发了《关于实施绿色印刷的公告》，并有60家企业获得了首批绿色印刷环境标志产品认证。这些政策和措施营造了良好的发展绿色印刷氛围，有力推动了中国绿色印刷的发展。

3. 绿色印刷的内涵

绿色印刷是指采用环保材料和工艺，印刷过程中产生污染少、节约资源和能源，印刷品废弃后易于回收再利用再循环、可自然降解的印刷方式。绿色印刷不仅体现了可持续发展、以人为本的理念以及先进科技水平，也是实现节能减排与低碳经济的重要手段。

绿色印刷的产业链主要包括绿色印刷材料、印刷图文设计、绿色制版工艺、绿色印刷工艺、绿色印后加工工艺、环保型印刷设备、印刷品废弃物回收与再生等。通过绿色印刷的实施，可使包括材料、加工、应用和消费在内的整个供应链系统步入良性循环状态。

4. 绿色印刷的主要特征

一般而言，绿色印刷应具有下列基本特征。

减量与适度。在满足信息识别、保护、方便、销售等功能的条件下，应是用量最少、工艺最简化的适度印刷。

无毒与无害。印刷材料对人体和生物应无毒无害。印刷材料中不应含有有毒物质，或有毒物质的含量应控制在有关标准以下。

无污染与无公害。在印刷产品的整个生命周期中，均不应对环境产生污染或造成公害，即从原材料采集、材料加工、制造产品、产品使用、废弃物回收再生，直至最终处理的生命周期全过程均不应对人体及环境造成公害。

## 二、绿色印刷认证的依据和程序

绿色印刷认证作为企业实现绿色发展的重要手段，在企业管理、业务拓展、形象建立等经营活动中起着越来越重要的作用。印刷企业参与绿色认证的积极性在不断增强，通过认证的企业数量在逐渐增多。目前，绿色印刷认证主要包括平版印刷、商业票据印刷、凹版印刷三类，认证依据分别为《环境标志产品技术要求 印刷 第一部分：平版印刷》（HJ 2503—2011）、《环境标志产品技术要求 印刷 第二部分：商业票据印刷》（HJ 2530—2012）、《环境标志产品技术要求 印刷 第三部分：凹版印刷》（HJ 2539—2014）和《环境标志产品保障措施指南》。

2011年10月8日，新闻出版总署和环保部联合发布《关于实施绿色印刷的公告》，标志着绿色印刷认证工作的正式实施。绿色印刷认证在引导印刷业的原辅材料绿色化、生产过程绿色化、环保设备技术发展等方面发挥了积极的作用。显影冲版废水和显影液处理系统、VOCs收集处理系统、润版液循环过滤系统、粉尘收集装置、污水集中处理和循环系统等各项环保装备和环保技术得到了广泛采用。

2014年，中小学秋季教科书实现了绿色印刷认证的全覆盖。2016年，中国印刷技术协会公布的调查结果显示，34%的企业表示获得绿色印刷认证对承揽业务有帮助，59%的企业表示部分有帮助，7%的企业表示没有帮助。通过实施绿色印刷认证，将部分产品指定给达标的企业，可使部分优秀企业迅速做强。同时，对具有一定条件的企业，可引导其技术升级，达到合格的标准，跻身强企之列；而对那些落后的企业，可通过不断扩大绿色印刷的品种将其淘汰出局，最终实现调整产业结构、推动印刷业产业转型的目标。

申请绿色印刷认证的主要程序有前期辅导、标准培训、资料准备、认证申请及认证合同签订、认证检查及抽样、检查结果评价、获证后工作。证书有效期3年，每年需要进行一次监督，保障措施持续改进。

## 三、平版印刷品环保检测要求

HJ 2503—2011《环境标志产品技术要求 印刷 第一部分：平版印刷》是胶印绿色印刷认证的标准，也给印刷企业指明了方向。

该标准包括印刷用原辅料的要求、印刷产品有害物限量、印刷宜采用的原辅材料、印刷过程宜采用的环保措施等几个方面。

### 1. 印刷用原辅料的要求

（1）油墨、上光油、橡皮布、胶黏剂等原辅料不得添加的物质

油墨、上光油、橡皮布、胶黏剂等原辅料不得添加的物质（邻苯二甲酸酯类物质）如表9-14所示。

**表9-14 邻苯二甲酸酯类物质**

| 中文名称 | 英文名称 | 缩写 |
|---|---|---|
| 邻苯二甲酸二异壬酯 | Di-iso-nonylphthalate | DINP |
| 邻苯二甲酸二正辛酯 | Di-*n*-octylphthalate | DNOP |
| 邻苯二甲酸二（2-乙基已基）酯 | Di-（2-ethylhexy)-phthalate | DEHP |
| 邻苯二甲酸二异癸酯 | Di-isodecylphthalate | DIDP |
| 邻苯二甲酸丁基苄基酯 | Butylbenzylphthalate | BBP |
| 邻苯二甲酸二丁酯 | Dibutylphthalate | DBP |

（2）纸张亮（白）度

纸张亮（白）度的最高限量要符合GB/T 24999的要求，如表9-15所示。

**表9-15 相关纸和纸板的亮度（白度）最高限量**

| 产品 | 亮度（白度）最高限量/% |
|---|---|
| 新闻纸 | 53 |
| 复印纸 | 95 |
| 胶版印刷纸 | 90 |
| 胶印书刊纸 | 85 |
| 涂布纸和纸板 | 93 |
| 纸巾纸、厨房纸巾 | 90 |
| 马桶垫纸 | 88 |
| 食品包装纸和纸板 | 85 |
| 热敏纸 | 90 |

中小学学生需要较长时间看书，如果教材所用的纸张白度过高，很容易引起视觉疲劳，因此 GB/T 18359 规定了中小学教材所用纸张亮（白）度的限量，见表 9-16。

**表 9-16　中小学教材所用纸张亮（白）度的限量**

| 纸张类型 | 亮度（白度） |
|---|---|
| 胶印书刊纸 | 72%～80% |
| 胶版印刷纸 | 75%～85% |
| 彩色胶版印刷纸 | 80%～90% |
| 涂布美术印刷纸 | 85%～90% |

（3）油墨

油墨的要求引用了 HJ 2542《环境标志产品技术要求 胶印油墨》的内容。主要要求在生产过程中不添加卤代烃、异佛尔酮、对苯二酚、对甲氧基苯酚及表 9-14 列出的邻苯二甲酸酯类物质；不使用沥青作为原材料；能量固化油墨不添加二苯甲酮（BP）、异丙基硫杂蒽酮（ITX）、2-甲基-1-(4-甲硫基苯基)-2-吗啉基-1-丙酮（907）作为光引发剂。

油墨中所使用的植物油含量应符合表 9-17 的要求。

**表 9-17　油墨中所使用的植物油含量要求**

| 印刷方式 | 限值/% |
|---|---|
| 单张纸胶印油墨≥ | 20 |
| 热固轮转胶印油墨≥ | 7 |
| 冷固轮转胶印油墨≥ | 30 |

产品使用的矿物油中芳香烃的质量分数应小于 1%。

产品中挥发性有机化合物（VOC）、苯、甲苯、二甲苯和乙苯限量，重金属及其他有害物质限量应符合表 9-18 的要求。

**表 9-18　油墨中的有害物限量要求**

| 控制指标 | | 单位 | 限量要求 | | |
|---|---|---|---|---|---|
| | | | 热固轮转胶印油墨 | 单张纸胶印油墨、冷固轮转胶印油墨 | 能量固化胶印油墨 |
| 挥发性有机化合物含量（VOC） | ≤ | % | 10 | 3 | 2 |
| 苯、甲苯、二甲苯和乙苯 | ≤ | mg/kg | 100 | | |
| 铅、镉、六价铬、汞总量 | ≤ | mg/kg | 100 | | |
| 锑（Sb） | | | 60 | | |
| 砷（As） | | | 25 | | |
| 钡（Ba） | | | 1000 | | |
| 铅（Pb） | | | 90 | | |
| 镉（Cd） | | | 75 | | |
| 铬（Cr） | | | 60 | | |
| 硒（Se） | | | 500 | | |
| 汞（Hg） | | | 60 | | |

（4）其他原材料

上光油应为水基或光固化上光油；喷粉应为植物类喷粉；润湿液不得含有甲醇；涂膜覆膜胶黏剂应为水基覆膜。

### 2. 印刷产品有害物限量

印刷产品中重金属及有害有机物的限量要求如表 9-19 所示。

**表 9-19 印刷产品有害物限量**

| 序号 | 项目 | 单位 | 限值 |
|---|---|---|---|
| 1 | 锑（Sb） | mg/kg | ≤60 |
| 2 | 砷（As） | mg/kg | ≤25 |
| 3 | 钡（Ba） | mg/kg | ≤1000 |
| 4 | 铅（Pb） | mg/kg | ≤90 |
| 5 | 镉（Cd） | mg/kg | ≤75 |
| 6 | 铬（Cr） | mg/kg | ≤60 |
| 7 | 汞（Hg） | mg/kg | ≤60 |
| 8 | 硒（Se） | mg/kg | ≤500 |
| 9 | 苯 | $mg/m^2$ | ≤0.01 |
| 10 | 乙醇 | $mg/m^2$ | ≤50.0 |
| 11 | 异丙醇 | $mg/m^2$ | ≤5.0 |
| 12 | 丙酮 | $mg/m^2$ | ≤1.0 |
| 13 | 丁酮 | $mg/m^2$ | ≤0.5 |
| 14 | 乙酸乙酯 | $mg/m^2$ | ≤10.0 |
| 15 | 乙酸异丙酯 | $mg/m^2$ | ≤5.0 |
| 16 | 正丁醇 | $mg/m^2$ | ≤2.5 |
| 17 | 丙二醇甲醚 | $mg/m^2$ | ≤60.0 |
| 18 | 乙酸正丙酯 | $mg/m^2$ | ≤50.0 |
| 19 | 4-甲基-2-戊酮 | $mg/m^2$ | ≤1.0 |
| 20 | 甲苯 | $mg/m^2$ | ≤0.5 |
| 21 | 乙酸正丁酯 | $mg/m^2$ | ≤5.0 |
| 22 | 乙苯 | $mg/m^2$ | ≤0.25 |
| 23 | 二甲苯 | $mg/m^2$ | ≤0.25 |
| 24 | 环己酮 | $mg/m^2$ | ≤1.0 |

### 3. 印刷过程宜采用的原辅材料

建议企业使用通过可持续森林认证、再生纸浆占 30%以上或本色的纸张，免处理的 CTP 印版等一系列符合环保要求的原辅材料。表 9-20 中给出了分值分配，其综合评价得分应超过 60 分。

表 9-20 印刷产品所用原辅材料要求

<table>
<tr><th>原辅料</th><th>要求</th><th>分值分配</th><th>总分值</th></tr>
<tr><td rowspan="3">承印物</td><td>使用通过可持续森林认证的纸张</td><td>25</td><td rowspan="3">25</td></tr>
<tr><td>使用再生纸浆占 30%以上的纸张</td><td>25</td></tr>
<tr><td>使用本色的纸张</td><td>25</td></tr>
<tr><td>印版</td><td>使用免处理的 CTP 印版</td><td>5</td><td>5</td></tr>
<tr><td rowspan="2">橡皮布</td><td>大幅面印刷机换下的橡皮布可在单色机上使用</td><td>10</td><td rowspan="2">10</td></tr>
<tr><td>大幅面印刷机换下的橡皮布可在小幅面机上使用</td><td>10</td></tr>
<tr><td rowspan="2">润湿液</td><td>使用无醇润湿液</td><td>20</td><td rowspan="2">20</td></tr>
<tr><td>使用醇类添加量小于 5%的润湿液</td><td>10</td></tr>
<tr><td>印版、橡皮布清洗材料</td><td>使用专用抹布清洗橡皮布</td><td>7</td><td>7</td></tr>
<tr><td rowspan="2">热熔胶</td><td>使用聚氨酯（PUR）型热熔胶</td><td>8</td><td rowspan="2">8</td></tr>
<tr><td>EVA 热熔胶符合 HJ 2541 的要求</td><td>5</td></tr>
<tr><td rowspan="3">印后表面处理</td><td>使用预涂膜</td><td>25</td><td rowspan="3">25</td></tr>
<tr><td>水基覆膜胶有害物符合 HJ 2541 中的要求</td><td>10</td></tr>
<tr><td>水基上光油有害物符合 HJ 2542 中的要求</td><td>15</td></tr>
</table>

### 4. 印刷过程宜采用的环保措施

鼓励企业制定并实施符合环保要求的制度，采用符合环保要求的设备。表 9-21 中给出了各项环保措施的量化分值，其综合评价得分应超过 60 分。

表 9-21 印刷过程宜采用的环保措施

<table>
<tr><th>指标</th><th colspan="2">工序</th><th>要求</th><th>分值分配</th><th>总分值</th></tr>
<tr><td rowspan="16">资源节约</td><td colspan="2" rowspan="7">印前</td><td>建立实施版面优化设计控制制度</td><td>1.0</td><td rowspan="7">12</td></tr>
<tr><td>建立实施长版印件烤版制度</td><td>0.6</td></tr>
<tr><td>采用计算机直接制版（CTP）系统和数字化工作流程软件</td><td>4.8</td></tr>
<tr><td>采用节省油墨软件，利用底色去除（UCR）工艺减少彩色油墨用量</td><td>0.8</td></tr>
<tr><td>通过数字方式进行文件传输</td><td>1.2</td></tr>
<tr><td>采用软打样和数码打样</td><td>1.8</td></tr>
<tr><td>制版与冲片清洗水过滤净化循环使用</td><td>1.8</td></tr>
<tr><td rowspan="9">印刷</td><td rowspan="9">单张纸平印</td><td>建立实施装、卸印版、校正套准规矩时间控制制度</td><td>1.6</td><td rowspan="9">16</td></tr>
<tr><td>建立实施纸张加放量的控制程序</td><td>1.6</td></tr>
<tr><td>建立实施印版、橡皮布消耗定额控制程序</td><td>1.6</td></tr>
<tr><td>建立实施橡皮布的保养程序</td><td>1.6</td></tr>
<tr><td>建立实施印刷油墨控制程序，集中配墨，定量发放</td><td>1.6</td></tr>
<tr><td>采用墨色预调和水/墨快速调节装置</td><td>0.8</td></tr>
<tr><td>采用静电喷粉器</td><td>1.6</td></tr>
<tr><td>采用喷粉收集装置</td><td>1.6</td></tr>
<tr><td>采用中央供墨系统</td><td>1.6</td></tr>
</table>

续表

| 指标 | 工序 | | 要求 | 分值分配 | | 总分值 |
|---|---|---|---|---|---|---|
| 资源节约 | 印刷 | 单张纸平印 | 采用自动洗胶布装置 | 0.6 | | 16 |
| | | | 采用无水印刷方式 | 0.5 | | |
| | | | 根据印刷幅面调节幅面和喷粉量 | 0.5 | | |
| | | | 上光油使用后废气集中收集处理后排放 | 0.8 | | |
| | | 卷筒纸平印 | 建立实施装、卸印版、校正套准规矩时间程序 | 3.8 | | 16 |
| | | | 建立实施橡皮布的保养程序 | 3.0 | | |
| | | | 建立实施印刷机台全面生产设备管理程序 | 3.0 | | |
| | | | 采用墨色预调和水/墨快速调节装置 | 3.0 | | |
| | | | 采用中央供墨系统 | 3.2 | | |
| | 印后加工 | | 建立实施烫箔工艺控制程序 | 3.0 | | 12 |
| | | | 建立实施印后表面处理材料的控制程序 | 3.0 | | |
| | | | 建立实施模切控制程序（教材书刊类不实施考核） | 2.4 | | |
| | | | 建立实施上光油或覆膜工艺控制程序 | 3.6 | | |
| 节能 | 印前 | | 采用发光二极管（LED）灯 | 6.4 | 6.4 | 12 |
| | | | 采用小直径灯代替大直径灯 | 4.8 | | |
| | | | 采用纳米反光片的灯 | 2.0 | | |
| | | | 在工作空闲时，电脑置于休眠状态 | 3.6 | | |
| | 印刷 | 单张纸平印 | 建立实施印刷机能耗考核制度 | 2.0 | | 16 |
| | | | 建立实施减少印刷机空转制度 | 2.5 | | |
| | | | 采用发光二极管（LED）灯 | 4.6 | 4.6 | |
| | | | 采用小直径灯代替大直径灯 | 2.4 | | |
| | | | 采用纳米反光片的灯 | 1.0 | | |
| | | | 安装自动门，对印刷车间的温度进行有效控制 | 1.5 | | |
| | | | 彩色印件采用多色印刷机印刷 | 2.4 | | |
| | | | 采用中央真空泵系统 | 2.0 | | |
| | | 卷筒纸平印 | 建立实施折页机组以及装纸卷和穿纸等准备时间控制制度 | 2.4 | | 16 |
| | | | 建立实施印刷机能耗考核制度 | 2.0 | | |
| | | | 建立实施烘干温度控制程序 | 2.0 | | |
| | | | 采用发光二极管（LED）灯 | 4.6 | 4.6 | |
| | | | 采用小直径灯代替大直径灯 | 2.4 | | |
| | | | 采用纳米反光片的灯 | 1.0 | | |
| | | | 安装自动门，对印刷车间的温度进行有效控制 | 1.5 | | |
| | | | 采用烘干系统加装二次燃烧装置 | 2.5 | | |
| | 印后加工 | | 建立实施印后加工设备能耗考核制度 | 2.4 | | 12 |
| | | | 建立实施印后装订工艺制度 | 3.0 | | |
| | | | 建立实施胶锅温度控制程序 | 3.0 | | |
| | | | 采用 LED 灯 | 3.6 | 3.6 | |
| | | | 采用小直径灯代替大直径灯 | 2.4 | | |

续表

| 指标 | 工序 | 要求 | 分值分配 | 总分值 |
|---|---|---|---|---|
| 回收、利用 | | 建立实施剩余油墨综合利用控制制度 | 1.0 | 20 |
| | | 建立实施电化铝废料回收制度 | 2.0 | |
| | | 建立实施废物管理制度 | 2.0 | |
| | | 建立实施装订用漆布、人造革、纱布等下脚料回收制度 | 1.0 | |
| | | 建立实施装订用胶黏剂残余胶料回收制度 | 1.0 | |
| | | 建立实施废物台账程序 | 1.5 | |
| | | 建立实施印刷车间空调系统余热回收利用程序 | 1.5 | |
| | | 建立实施废弃物分类收集程序 | 3.0 | |
| | | 建立实施印版隔离纸、卷筒纸外包装纸皮、表层残破纸、剩余纸尾，废纸边分类回收程序 | 5.0 | |
| | | 采用印前印刷的预涂感光印版 | 2.0 | |

# 第五节 其他认证

## 一、PSA认证

PSA 全名为 Printing Standards Audit，由美国 RIT（Rochester Institute of Technology，罗切斯特理工学院）设计及执行，用于评估印刷厂的工作流程是否符合国际标准。PSA 可以说是 G7 Master 的一个延伸，由 G7 PC Expert 协助进行。其主要目的是审核企业的标准工作流程情况、印刷颜色的准确性、色彩数据库匹配。

PSA 认证重点是审核印刷企业能否根据色彩数据库（characterization dataset）进行印刷及制作打样，并审核由印前至印刷的流程。申请认证的企业可选择 GRACoL 或 SWOP 为目标值。如果印刷企业选择 GRACoL（SWOP），并成功通过 PSA 认证，将会取得“PSA Certification to CGATS TR006（TR003，TR005）Dataset According to CGATS TR016”的资格；如果该企业同时为 G7 认证企业（G7 Master），将会取得由 IDEAlliance 颁发的“G7 GRACoL（SWOP）Certified”资格。取得了 PSA 认证资格，表示印刷企业已经掌握了标准化的应用。PSA 有效期为两年，但需要进行中期审核。

根据 PSA 的规定，PSA 顾问/培训员和 PSA 审核员的角色必须分开，只有从事印刷教育的人士方能成为 PSA 审核员，并且不能与申请的印刷企业有任何商业关系。审核员的作用是在 PSA 考核当日进行实地审核，并撰写审核报告，最终的印张测量、分析及证书颁发则是 RIT 的工作。PSA 审核员完成当天的实地审核后，申请公司必须将印张寄往 RIT 进行测量。RIT 会对下列内容进行评估，见表 9-22。

PDF 文件处理：检查 PDF 文档内的总油墨量处理及色彩管理/转换的处理。

打样的标准：包括打样纸张颜色、CMYK 实地的偏差宽容度（即与目标值的最大差别）、印张均匀度、阶调值增加、中性灰、IT8.7/4 及 IDEAuiance 打样测控条的颜色要求。

印前及 CTP 制版的审核：包括制作流程、版材品质控制、版材处理及维护、RIP 设定等。

印张标准：包括偏差宽容度（即校准后印张与目标值的最大差别，包括 IT8.7/4、CMYK

实地、50%CMYK 和中性灰）、变化宽容度（即印品与 OK 印张的最大差别，包括 CMYK 实地、50% CMYK 和中性灰）、印张均匀度（IT8.7/4）。PSA 必须使用 ISO 2846-1 标准油墨，可使用 ISO/TS 10128 内所列的其中一种校正方法，目标值亦可根据 GRACoL 或 SWOP 再随纸白而重新计算。

**表 9-22　PSA 相关标准要求**

<table>
<tr><th>工作流程</th><th>目标</th><th>宽容度</th><th>相关标准</th></tr>
<tr><td>PDF 文件处理</td><td>ISO 15390</td><td>—</td><td>ISO 12647-2 数据传递</td></tr>
<tr><td>打样</td><td>ISO 12647-7</td><td>ISO 12647-2</td><td></td></tr>
<tr><td rowspan="3">印刷机校正及印张标准</td><td>TR003（SWOP）</td><td>CGATS TR016</td><td rowspan="3">ISO/TS 10128（校正）<br>ISO 2846-1（油墨）<br>ISO 13655（测量）</td></tr>
<tr><td>TR005（SWOP）</td><td>CGATS TR016</td></tr>
<tr><td>TR006（GRACoL）</td><td>CGATS TR016</td></tr>
</table>

## 二、GMI 认证

GMI 是 Graphic Measures International（国际图形测量公司）的简称。GMI 认证的主要目的是提高产品的包装质量、生产效率及稳定印刷色彩。

GMI 认证把主要焦点集中在了印刷生产的过程控制上，印刷技术能力要求相对较严谨，认证涵盖面也较为广泛。这样做的目的就是希望原有的以经验为主导的作业模式能过渡到数字化的制程控制模式，不同的国家、不同的印刷厂、不同的时间段都能印出相同色彩与质量的包装产品，实现透明化管理；而且最为重要的是，通过认证后包装供应商就具有了合法竞标零售商订单的机会，从而也促进了业界的良性竞争。

## 复习思考题

（1）印刷工业常见的认证有哪些？

（2）如何利用 NPDC 进行 G7 灰平衡校正？

（3）PSO 认证基于哪些标准？

（4）C9 是从哪些方面进行评价的？

（5）什么是绿色印刷？

（6）实施绿色印刷认证有何意义？

（7）绿色印刷对印刷用原材料及辅助材料有何要求？

（8）印刷品中有害物的限量是多少？

（9）如何检测印刷品中的有害物含量？

# 参考文献

[1] 郑元林. 颜色科学. 北京: 化学工业出版社, 2021.
[2] 郑元林. 印刷质量与标准化. 北京: 化学工业出版社, 2018.
[3] ISO 15930 Graphic technology—Prepress digital data exchange using PDF.
[4] CIE/IEC 61966-2-1: 1999 Multimedia systems and equipment—Colour measurement and management—Part 2-1: Coulour management—Default RGB colour space—sRGB.
[5] ISO 20654: 2017 Graphic technology—Measurement and calculation of spot colour tone value.
[6] ISO 5-1: 2009(E) Photography and graphic technology—Density measurements—Part 1: Geometry and functional notation.
[7] ISO 5-3: 2009(E) Photography and graphic technology—Density measurements—Part 3: Spectral conditions.
[8] ISO 13655: 2017 Graphic technology—Spectral measurement and colorimetric computation for graphic arts images.
[9] ISO 12647-2: 2013 Graphic technology—Process control for the production of half-tone colour separations, proof and production prints—Part 2: Offset lithographic processe.
[10] BSISO 12647-7: 2017 Graphic technology—Process control for the production of half- tone colour separations, proof and production prints—Part 7: Proofing processes working directly from digital data.
[11] AS ISO 3664: 2012 Graphic technology and photography—Viewing conditions.
[12] ISO 12646: 2015 Graphic technology—Displays for colour proofing—Characteristics.
[13] ISO/TS 10128: 2023(E) Graphic technology—Methods of adjustment of the colour reproduction of a printing system to match a set of characterization data.
[14] ISO 2846-1: 2017. Graphic technology—Colour and transparency of printing ink sets for four-colour printing—Part 1: Sheet-fed and heat-set web offset lithographic printing.
[15] ISO 14861: 2015 Graphic technology—Requirements for colour soft proofing systems.
[16] GB/T 41466—2022 印刷技术 彩色软打样系统要求.
[17] ISO 15339-1: 2024 Graphic technology—Printing from digital data across multiple technologies—Part 1: Principles.
[18] ISO/PAS 15339-2: 2015 Graphic technology—Printing from digital data across multiple technologies—Part 2: Characterized reference printing conditions, CRPC1-CRPC7.
[19] BSISO 22028-4: 2023 Photography and graphic technology—Extended colour encodings for digital image storage, manipulation and interchange—Part 4: European Colour Initiative RGB colour image encoding [eciRGB (2008)].
[20] ISO 28178: 2022 Graphic technology—Exchange format for colour and process control data using XML or ASCII text.
[21] ISO/CIE 23603: 2024 Standard method of assessing the spectral quality of daylight simulators for visual appraisal and measurement of colour.
[22] GB/T 18359—2009 中小学教科书用纸、印制质量要求和检验方法.
[23] GB/T 18720—2002 印刷技术 印刷测控条的应用.
[24] GB/T 24999—2018 纸和纸板 D65 亮度最高限量.
[25] GB/T 5702—2019 光源显色性评价方法.
[26] GB/T 34053.1～6.—2017 纸质印刷产品印制质量检验规范.
[27] GB/T 20000.1—2014 标准化工作指南 第 1 部分: 标准化和相关活动的通用术语.

[28] bvdm. Media standard print 2018—Technical guidelines for data, proof and production run printing. Berlin: Bundesverband Druck und Medien, 2018.
[29] 曲洪. 浅谈绿色印刷之认证. 今日印刷, 2016(6): 32, 33.
[30] 莫春锦. 国际印刷标准: 概念及架构. 印刷杂志, 2010(1): 44-46.
[31] 牟笑竹, 汪丽霞. 国际主流印刷标准化认证介绍. 印刷质量与标准化, 2014(7): 45-48.
[32] HJ 2503—2011 环境标志产品技术要求 印刷 第一部分: 平版印刷.
[33] HJ 2539—2014 环境标志产品技术要求 印刷 第三部分: 凹版印刷.
[34] HJ 2542—2016 环境标志产品技术要求 胶印油墨.
[35] HJ 371—2018 环境标志产品技术要求 凹印油墨和柔印油墨.
[36] 孟琳琳, 姜桂平. 解读数字印刷质量标准——ISO 13660. 印刷质量与标准化, 2010(6): 58-61.
[37] 姚海根. 印刷质量的客观评价标准 ISO 13660. 印刷质量与标准化, 2005(8): 16-19.
[38] 郭强. 高速单张品检机走纸系统稳定性研究. 北京: 北京印刷学院, 2015.
[39] 付芦静. 基于视觉特性的印刷质量在线检测技术研究. 无锡: 江南大学, 2014.
[40] 黄韬. 印刷品质量评价与检测的探讨. 广东印刷, 2023(4): 41-45.

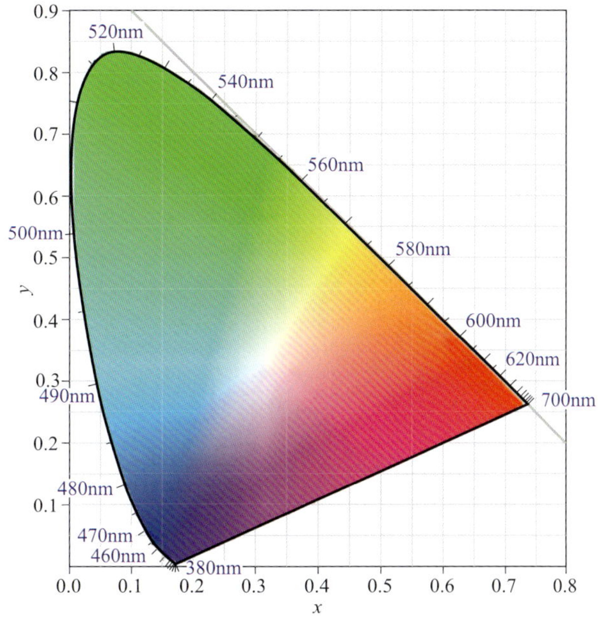


图 2-2　CIE 1931 XYZ 系统的 *xy* 二维色度图

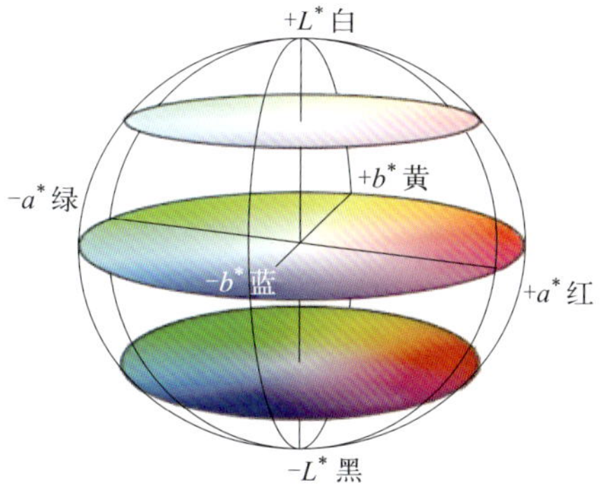


图 2-3　CIE 1976 $L^*a^*b^*$ 颜色空间

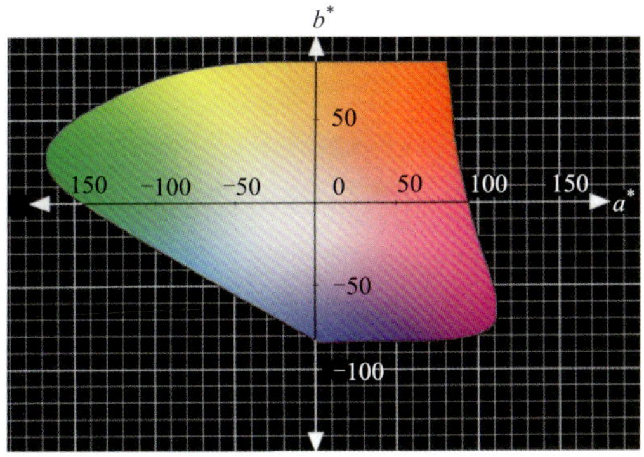


图 2-4　CIELAB 的二维色度图

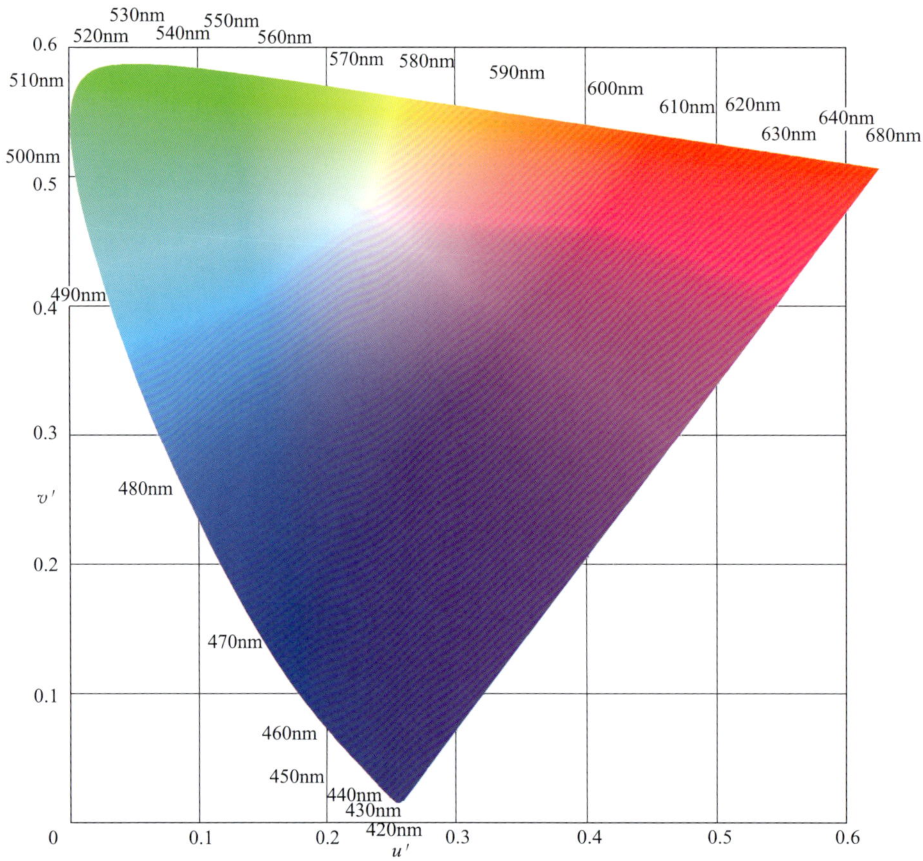


图 2-6　CIE LUV 的 $u'v'$ 色度图

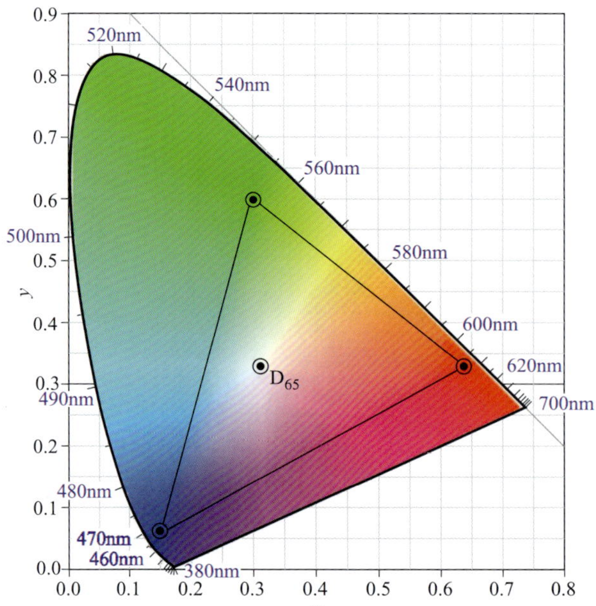


图 2-10　sRGB 在 CIE1931 $xy$ 色度图中的色域大小

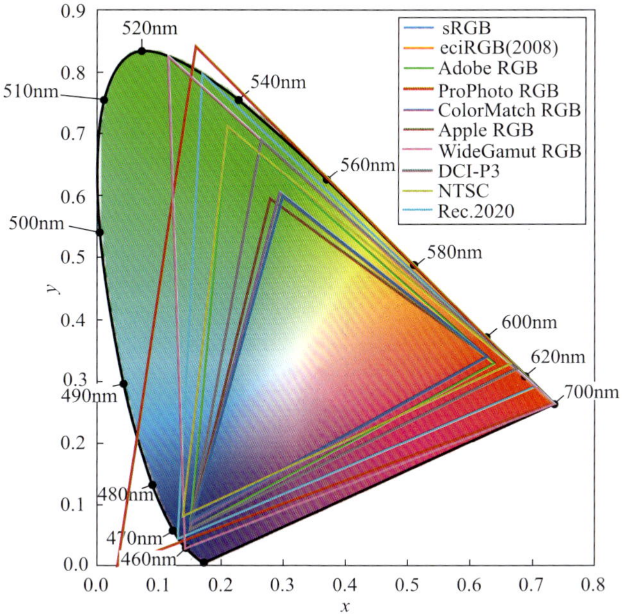


图 2-11　各 RGB 色域图

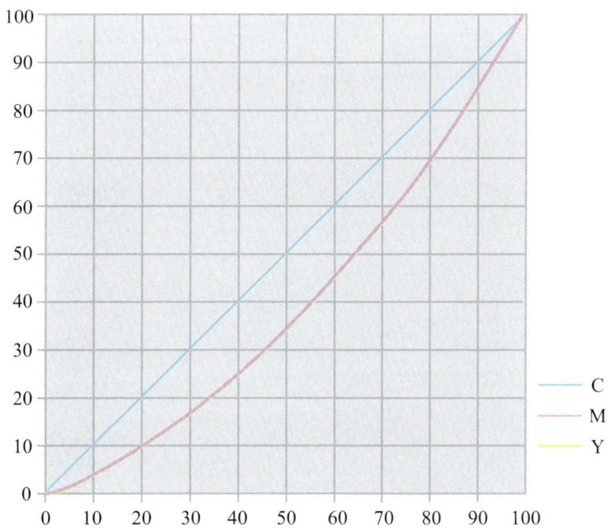


图 2-19　灰平衡曲线示例

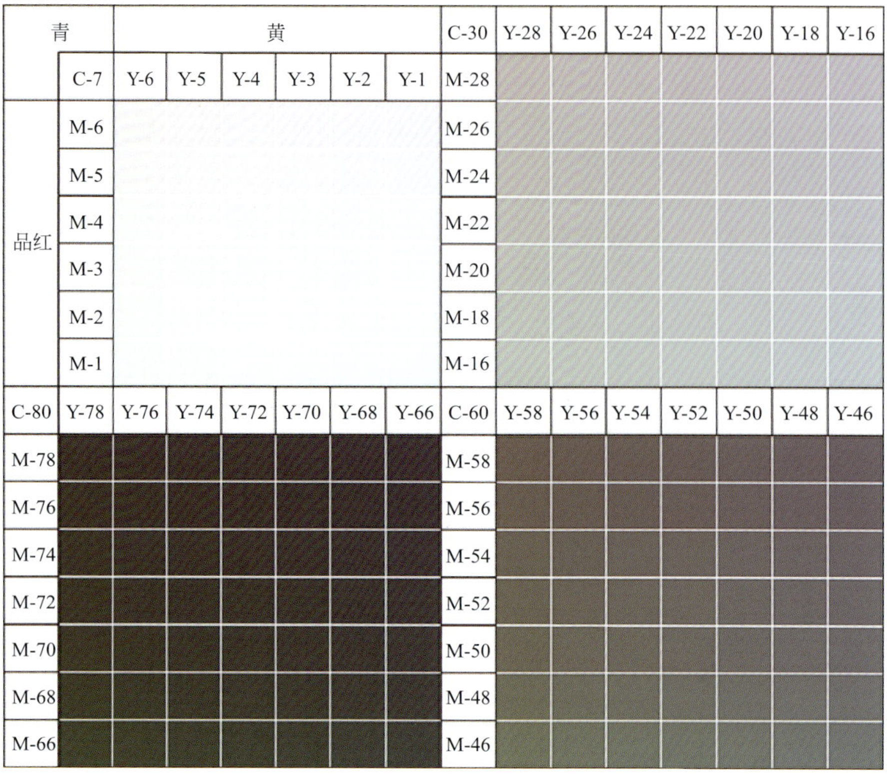


图 2-20　GATF 灰平衡测试图

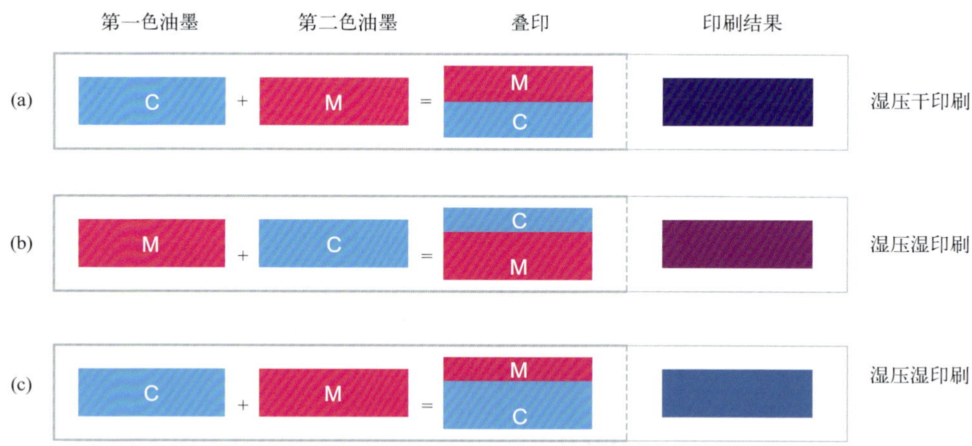


图 2-21　不同的叠印结果

图 4-2　四色星标

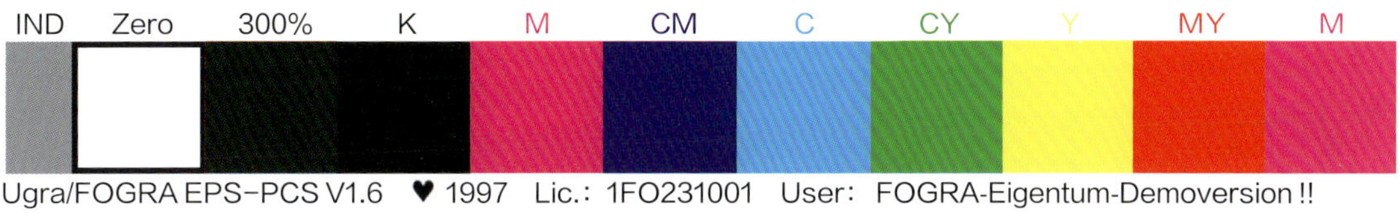


图 4-14 Ugra/FOGRA 印刷测控条的模块一

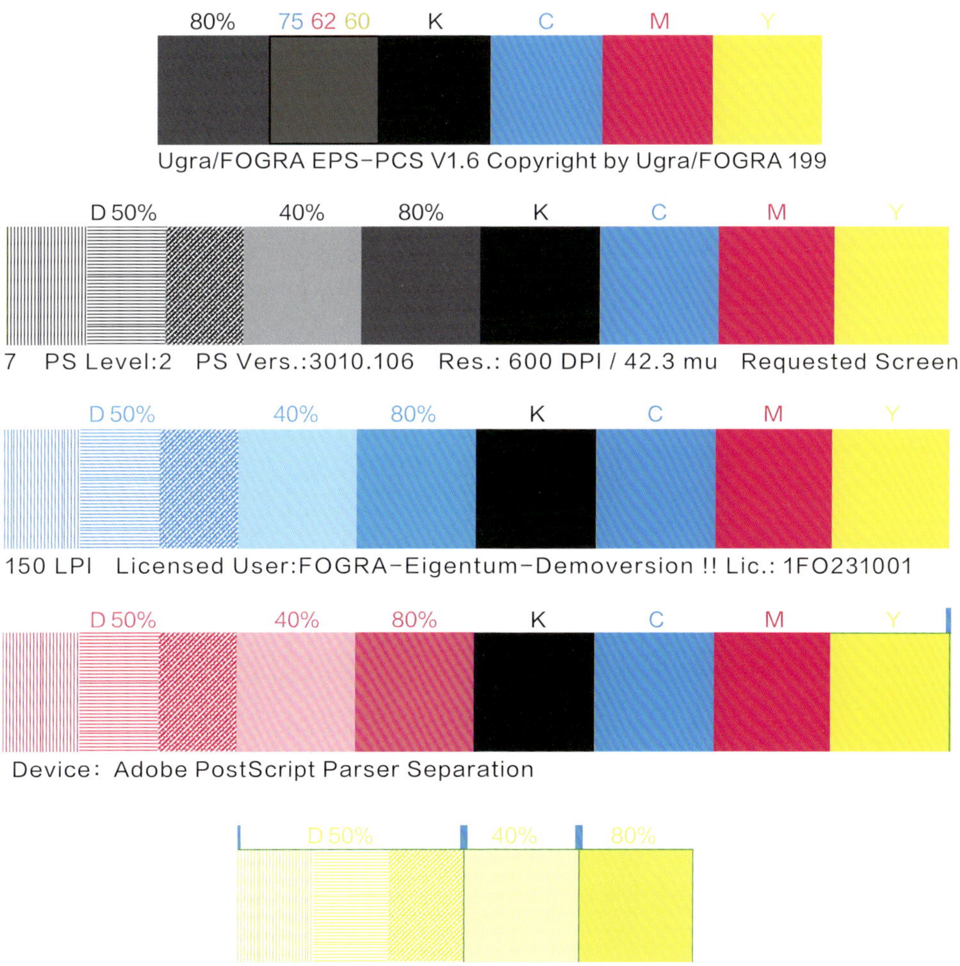


图 4-15 Ugra/FOGRA 印刷测控条的模块二

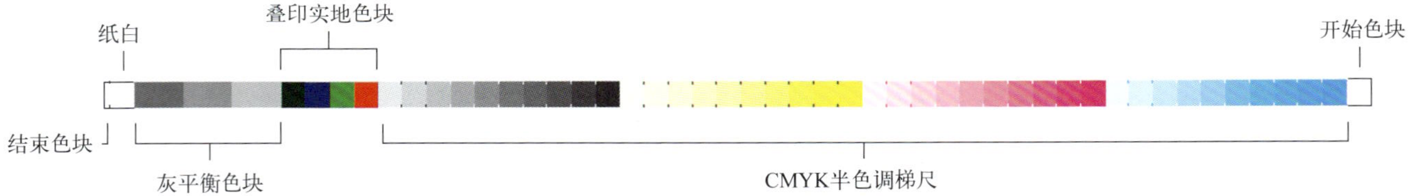


图 4-17　ECI/bvdm 中性灰控制条 “L” 版

图 4-18　ECI/bvdm 中性灰控制条 “M” 版

图 4-19　ECI/bvdm 中性灰控制条 “M i1” 版

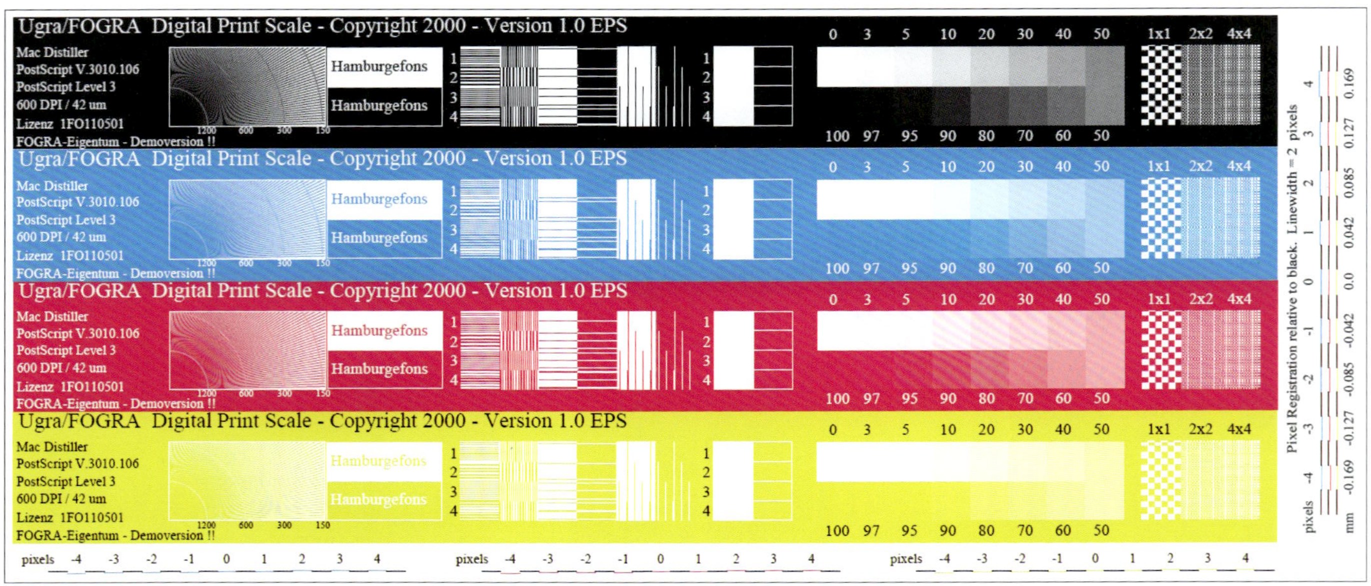


图 4-20　Ugra/FOGRA 数字印刷测控条

图 4-21　标准光源检测测控条在 $D_{50}$ 光源下的状态

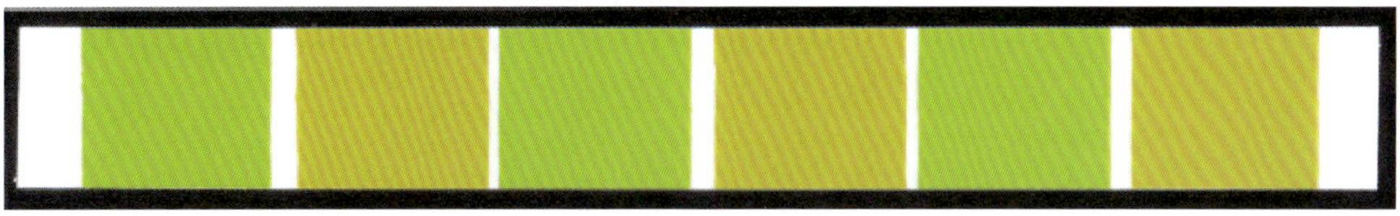

图 4-22　标准光源检测测控条在非 $D_{50}$ 光源下的状态

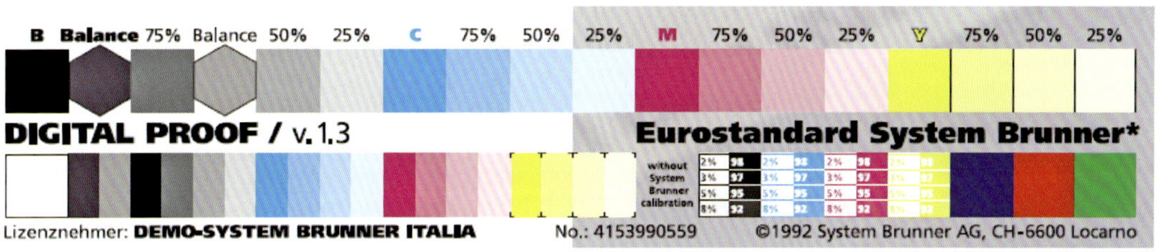


图 4-23　Brunner 打样测控条

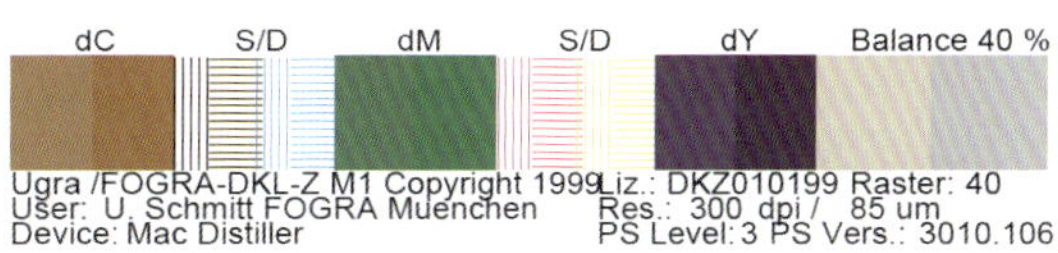


(a) 模块一

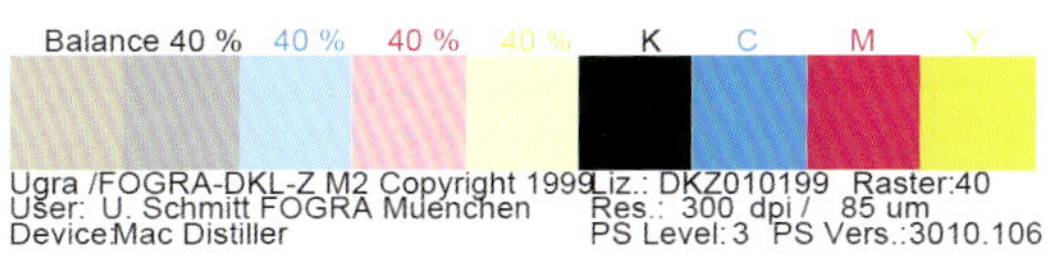


(b) 模块二

(c) 模块三

图 4-24　Ugra/FOGRA 报纸印刷测控条

图 5-1 GATF 11in×17in 四色测试版

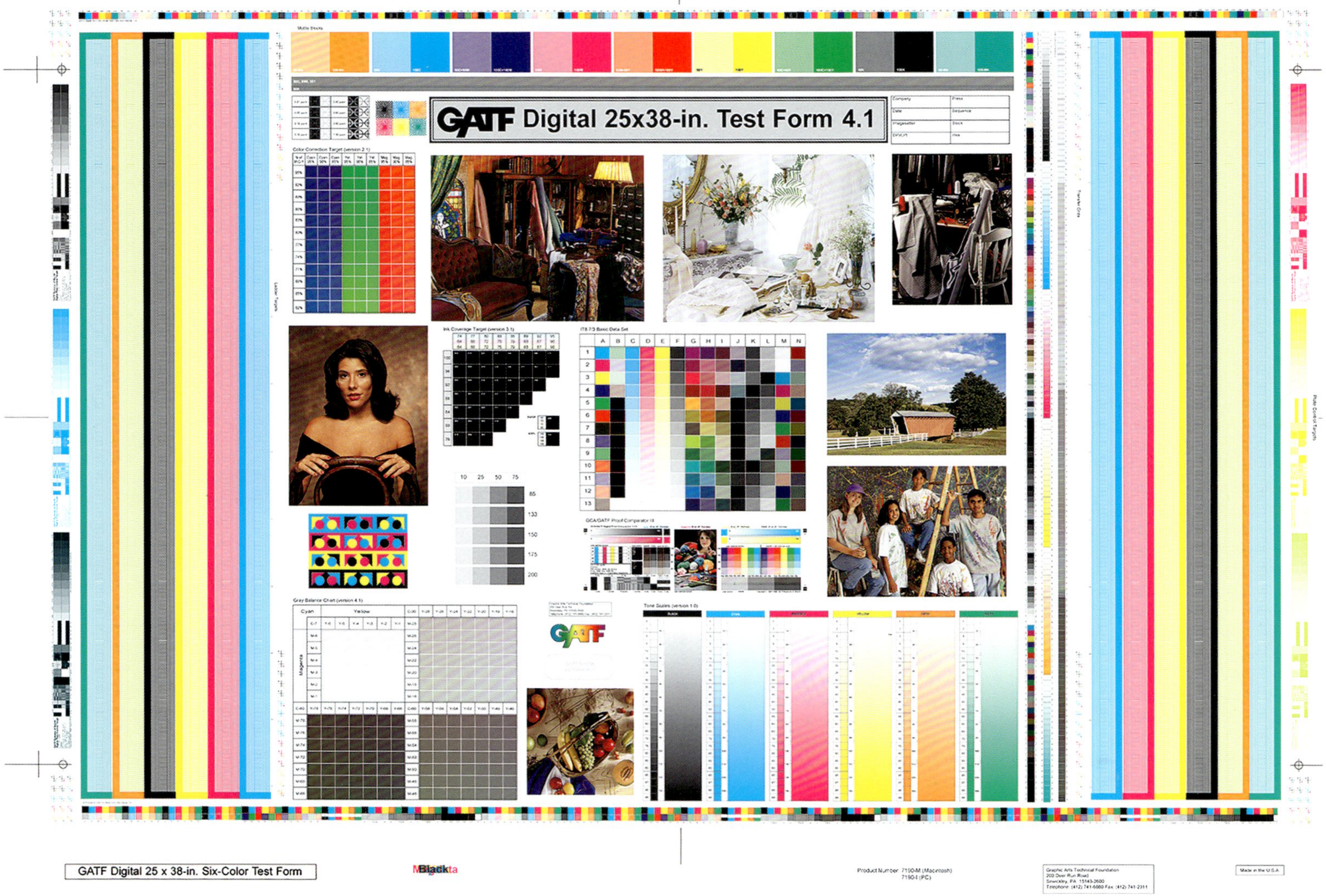


图 5-2　GATF 六色测试版

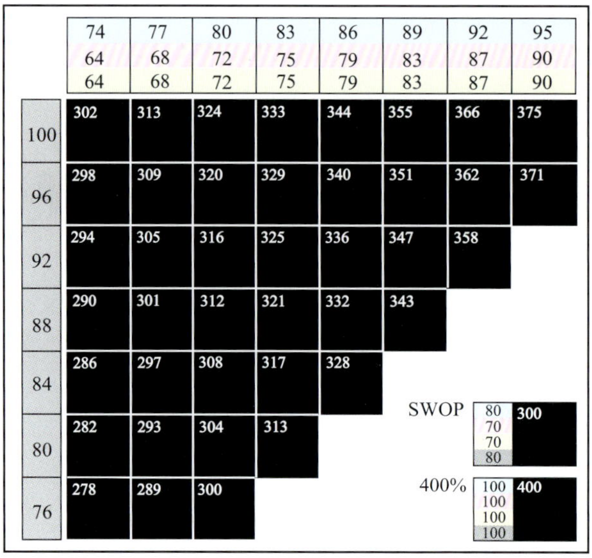


图 5-3 受墨量测试区

图 5-4 网目调梯尺图和渐变梯尺图

图 5-6　套印精度检测块

图 5-7　墨斑测试块图

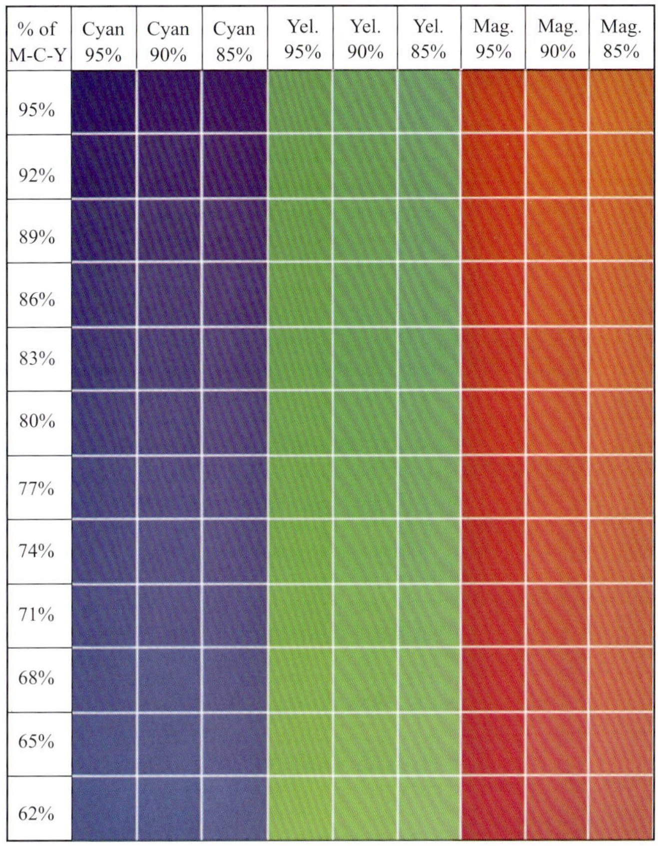


图 5-8　色彩校正测试表

图 5-9　双行测控条

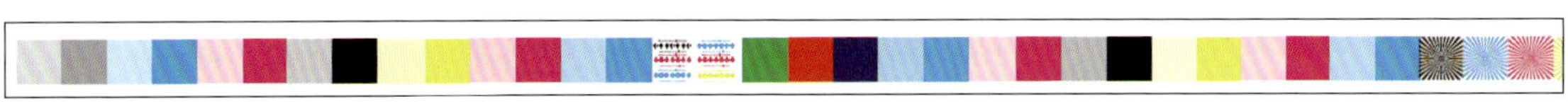

图 5-10　单行测控条

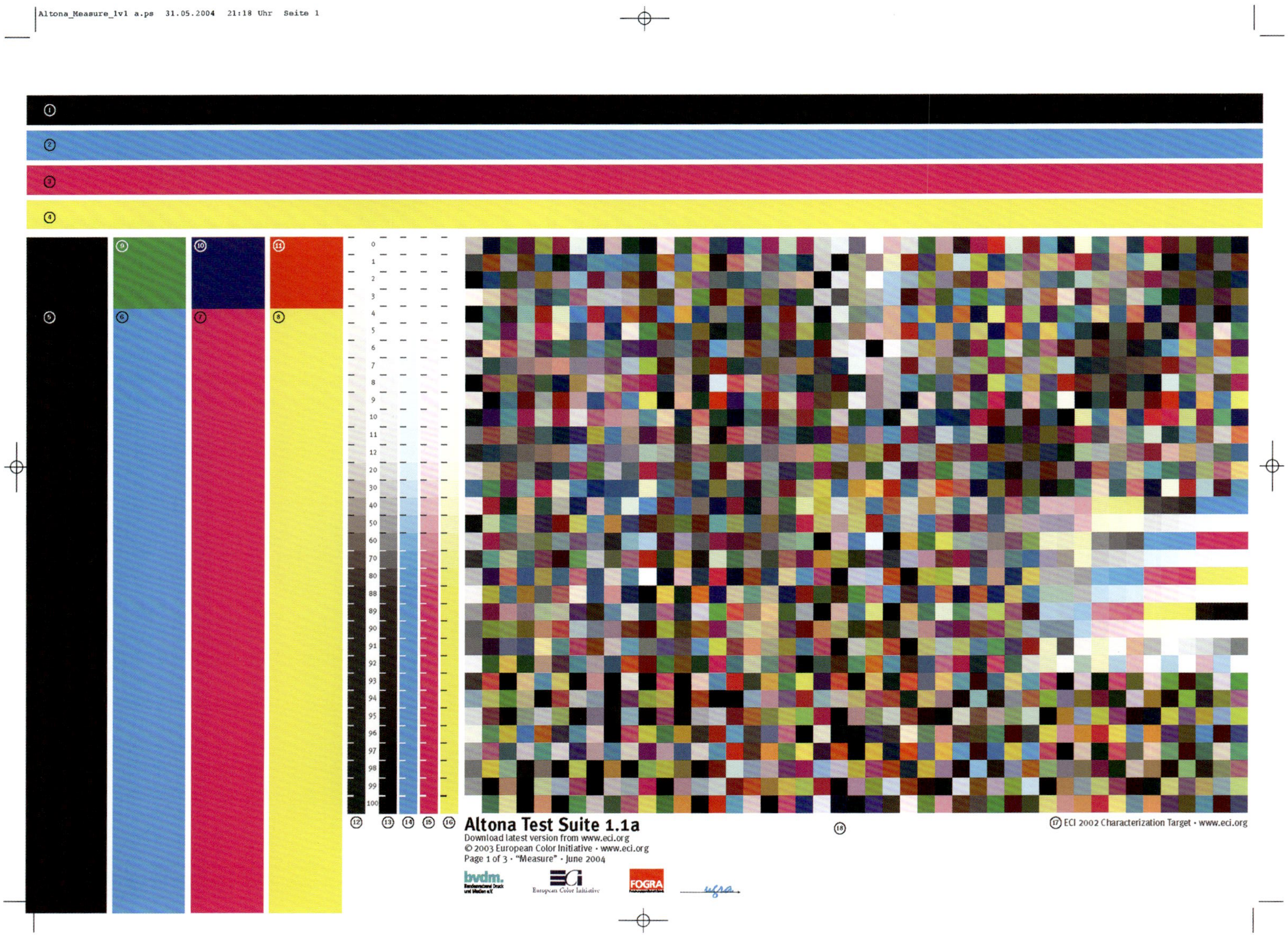


图 5-12 Altona 测试版数据检测页面

图 5-13　Altona 测试版视觉测试页面

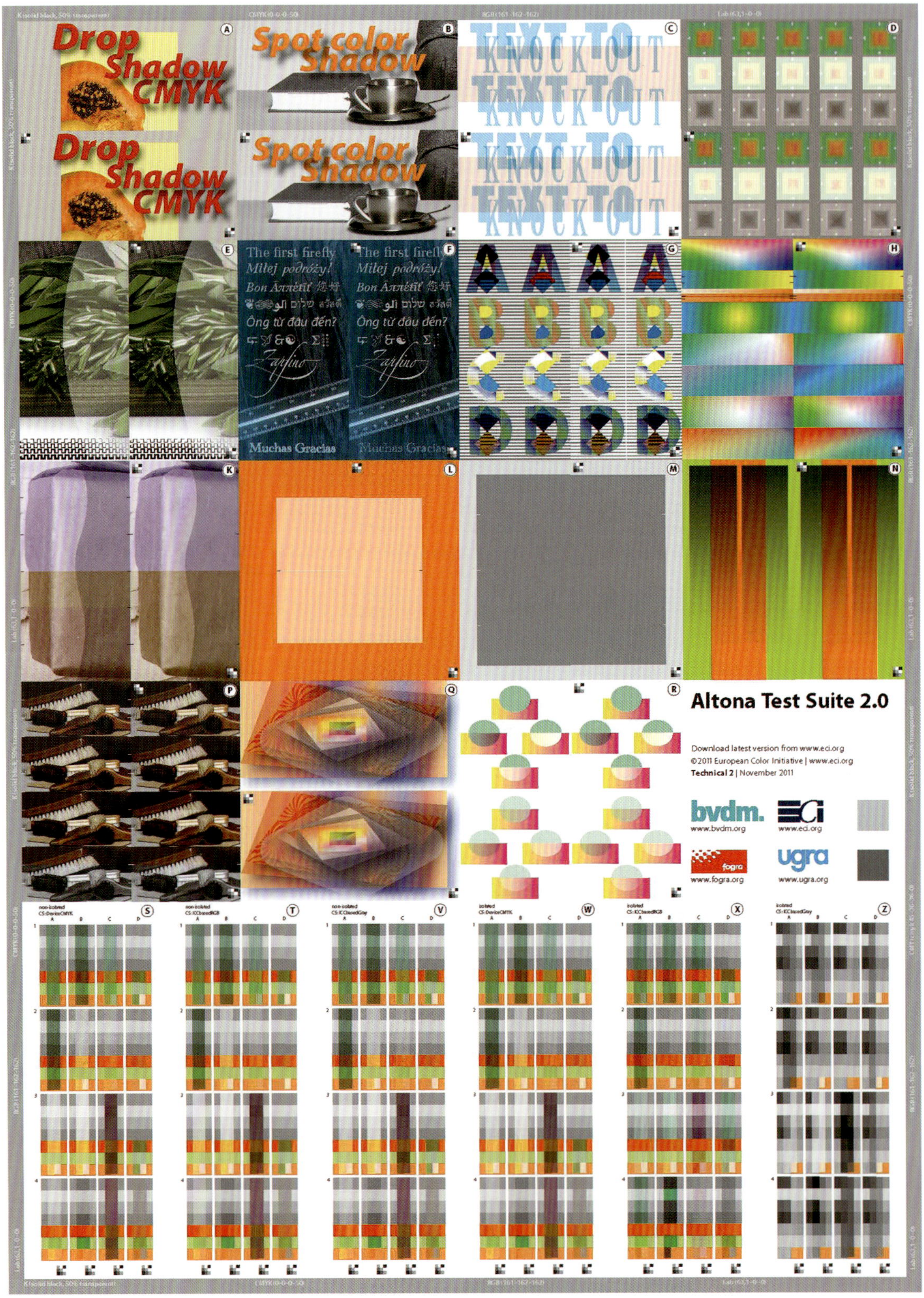


图 5-14　Altona 测试版技术测试页面

图 5-15　测试块 A 不正确的结果

图 6-5　pressSIGN 界面

图 7-2　IT8/7.4 视觉版式

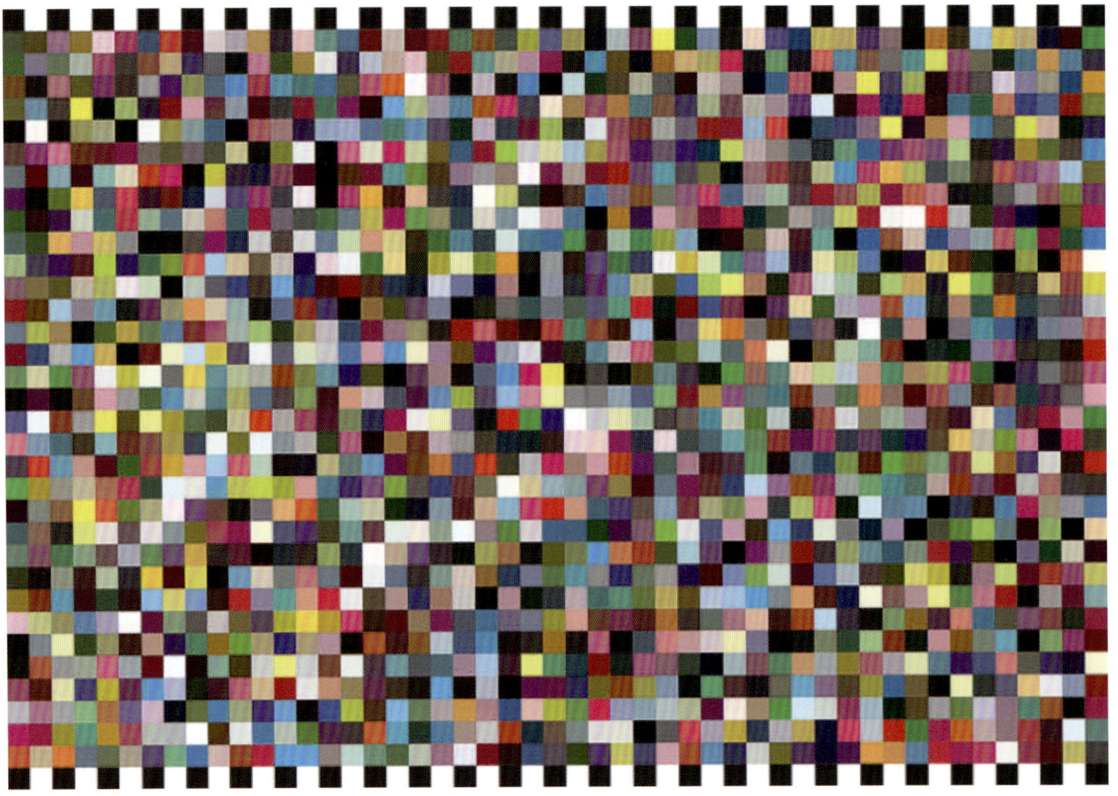

图 7-3　IT8/7.4 随机版式

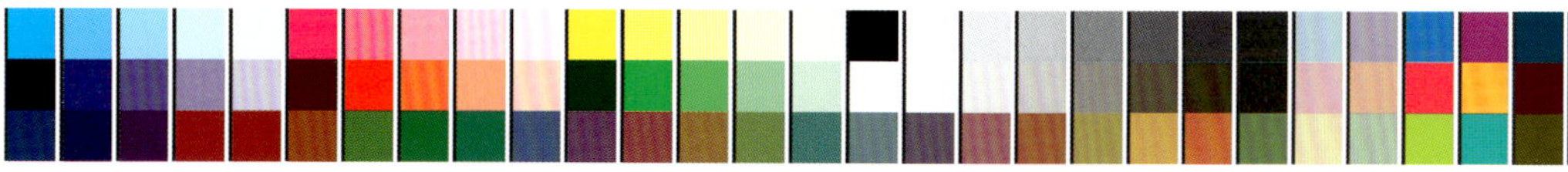

图 8-6　ISO 12647-7（2013）测试色靶

图 8-7　ISO 12640-1 的图像 S6

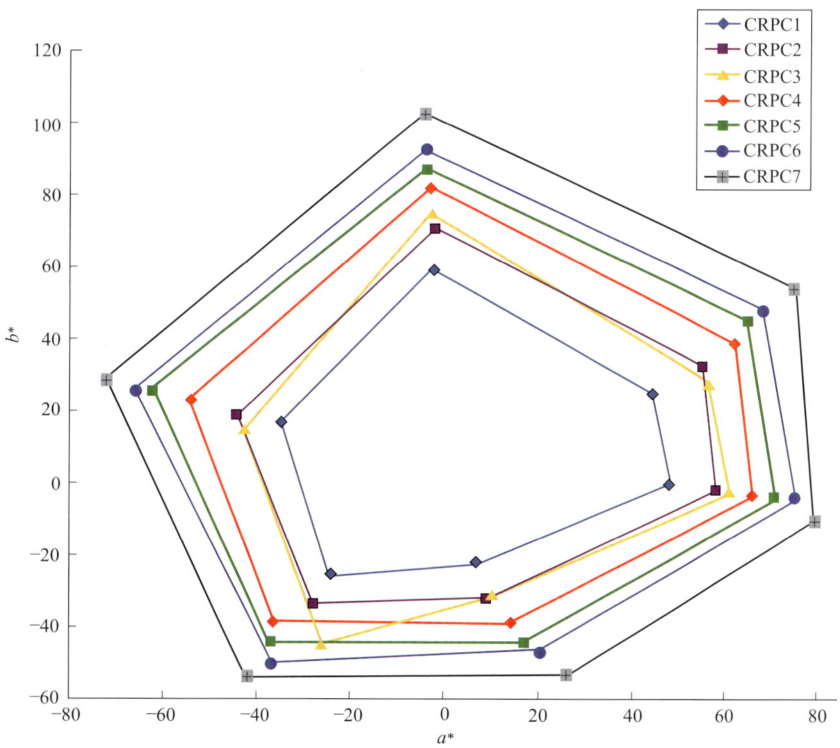


图 8-9　表 8-20 和表 8-21 中的色度定义在 CIE $a^*b^*$ 平面图投影

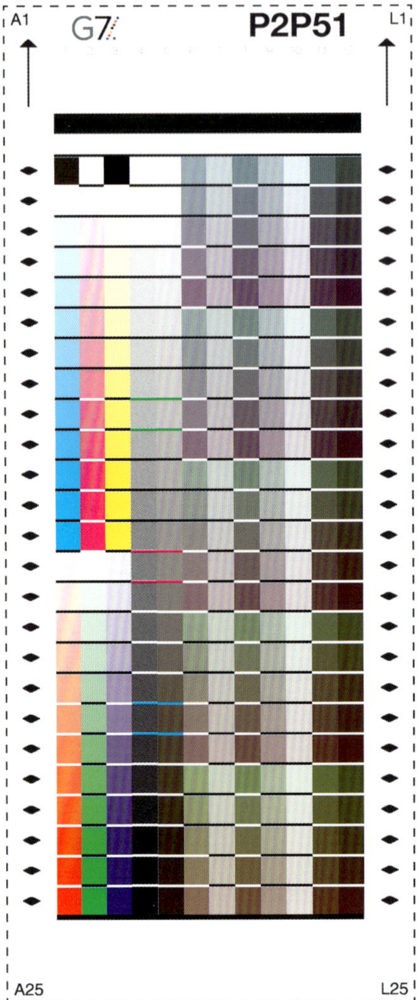

图 9-1　P2P51 色靶

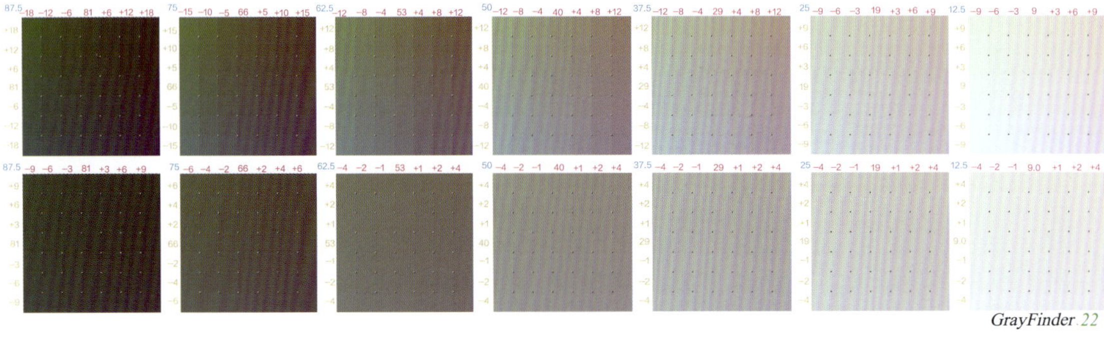

图 9-2　灰平衡查找表

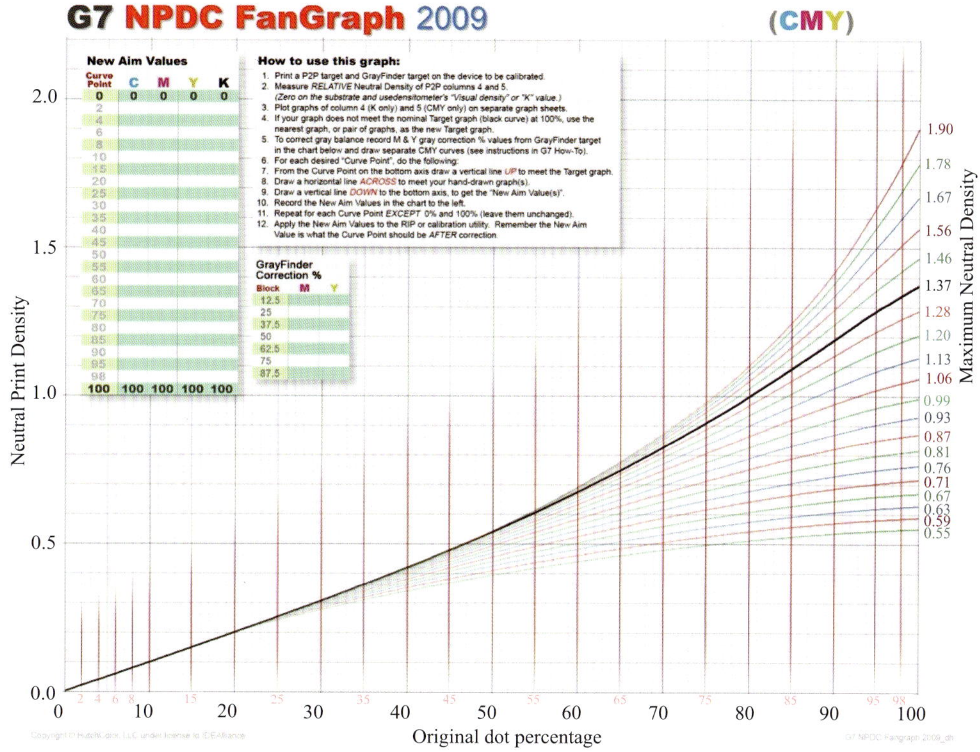

图 9-3　G7 NPDC FanGraph 图（CMY）

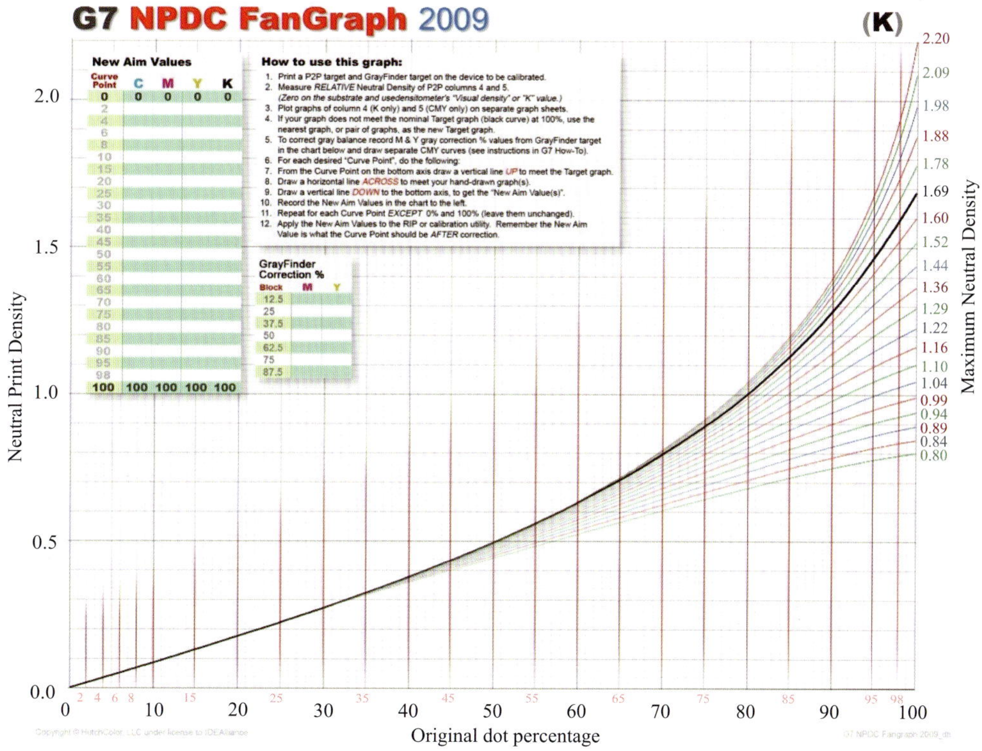

图 9-4　G7 NPDC FanGraph 图（K）

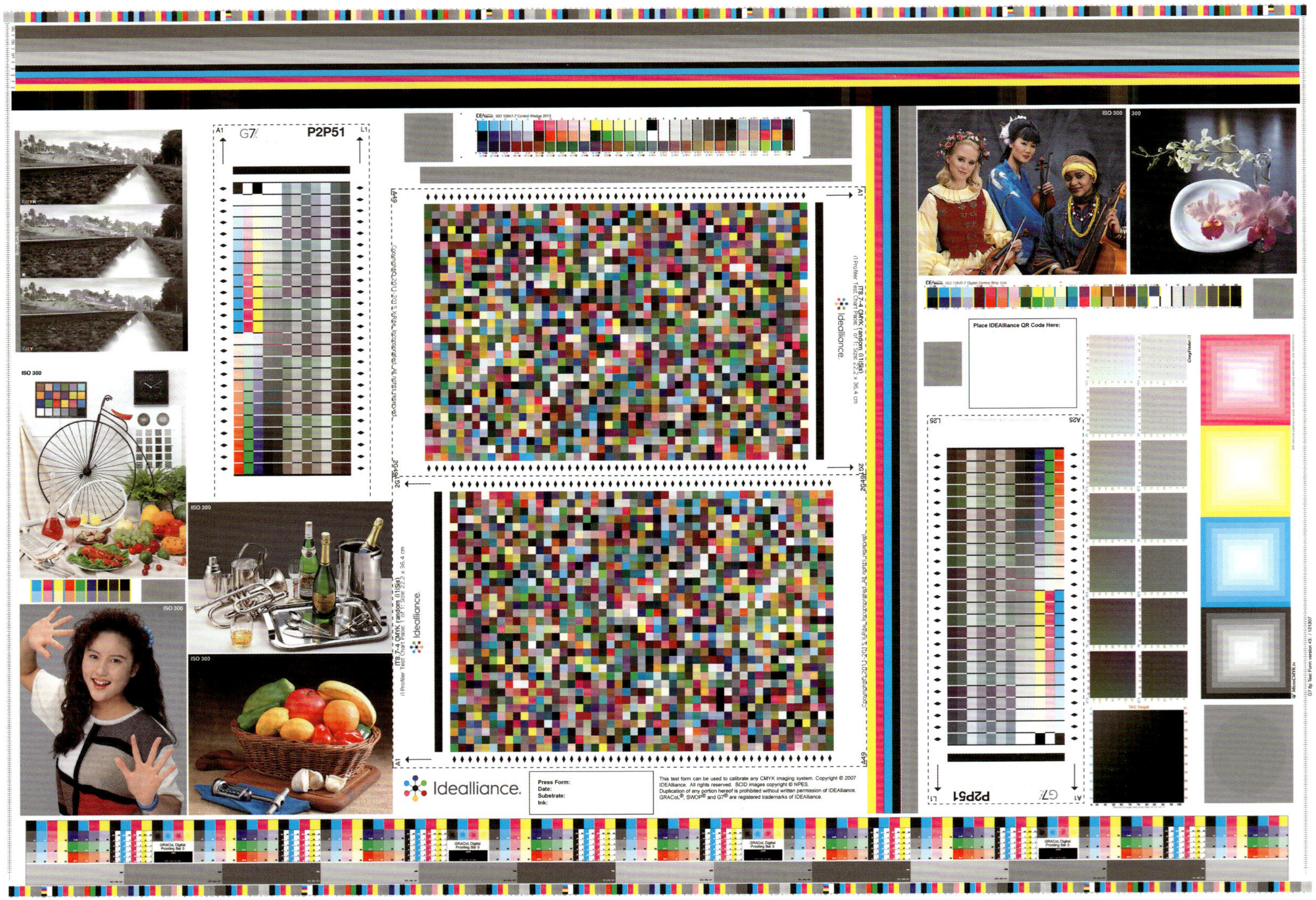


图 9-5　常见 G7 印刷测试版

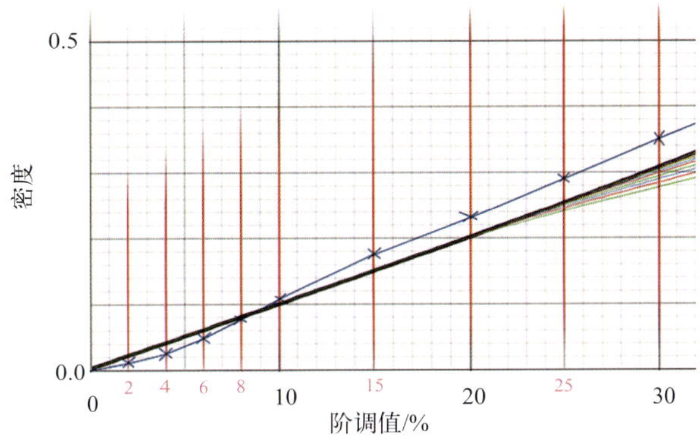


图 9-6　连接各标记点绘制 CMY 样本图表

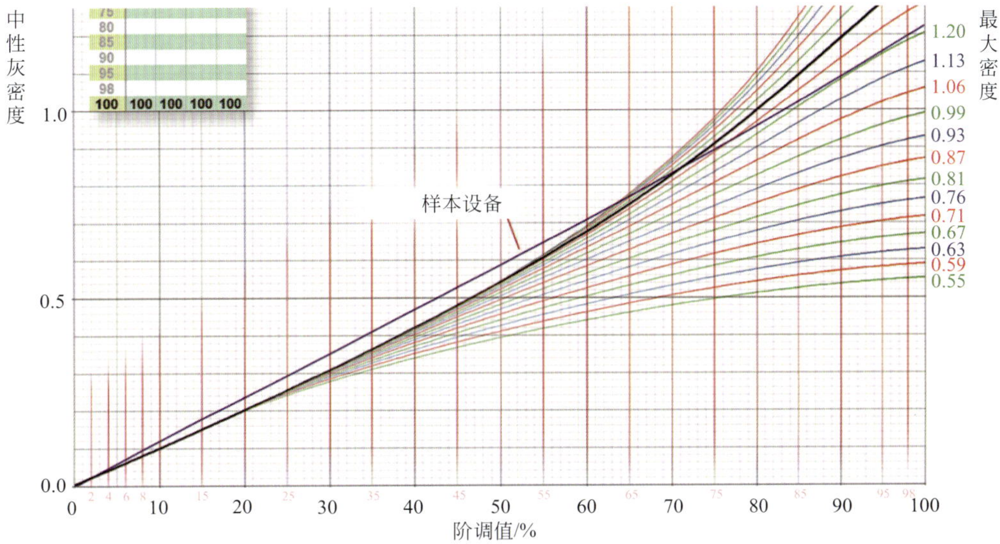


图 9-7　标准的 CMY 样本设备图表

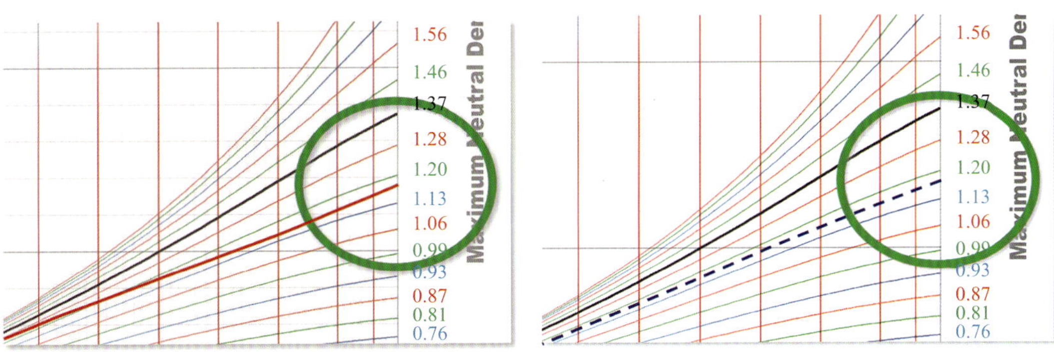


图 9-8　确定目标 NPDC 曲线

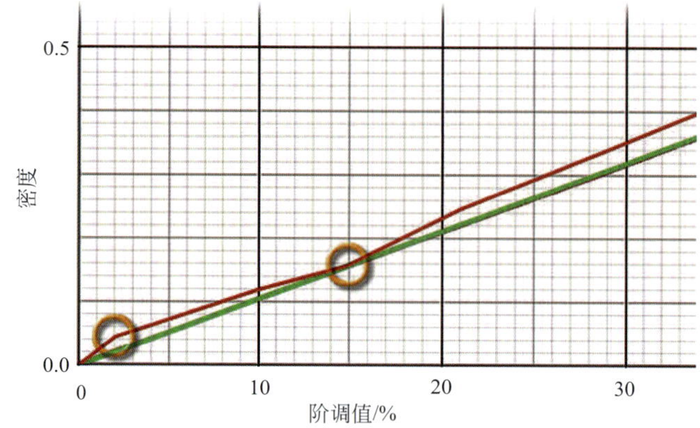


图 9-9　在带有转折点的样本曲线上的校准点

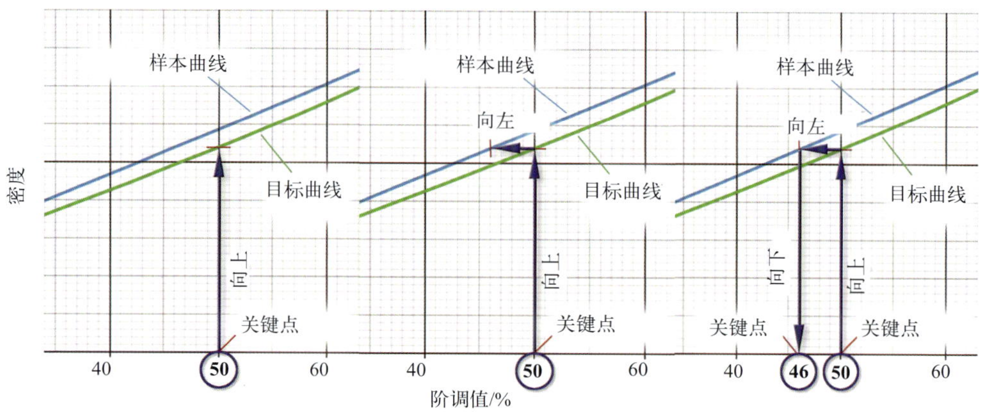


图 9-10　找到 50% 处新目标值

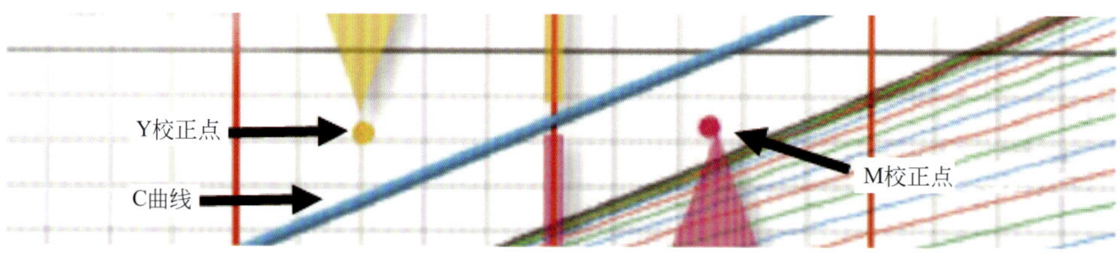


图 9-13　M 与 Y 的灰平衡校正值被标定在了与 40% 值与青色曲线交叉点的同一水平高度

| 灰色靶 | M和Y垂直线 |
|---|---|
| 12.5% | 9% |
| 25% | 19% |
| 37.5% | 29% |
| 50% | 40% |
| 62.5% | 53% |
| 75% | 66% |
| 87.5% | 81% |

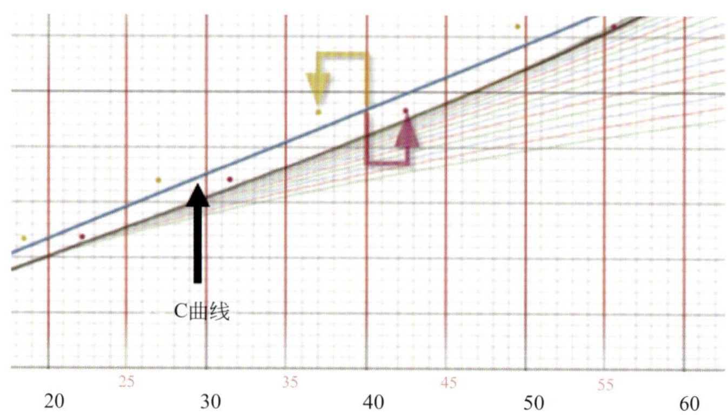


图 9-14　对每一色靶的 M 和 Y 网点标定

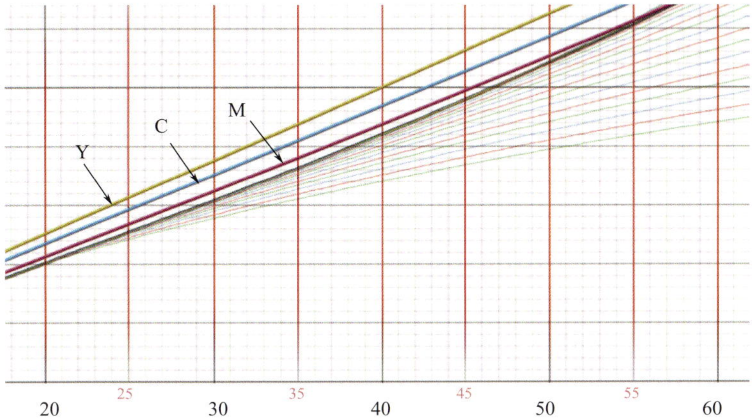


图 9-15　连接各点绘制三条分色 CMY 曲线

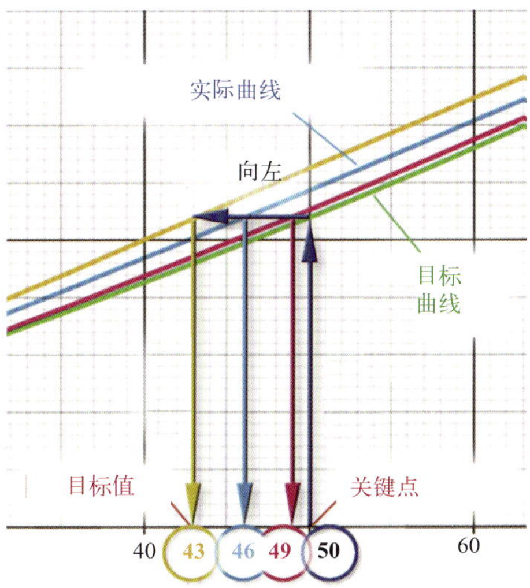


图 9-16　分别找到 CMY 目标点

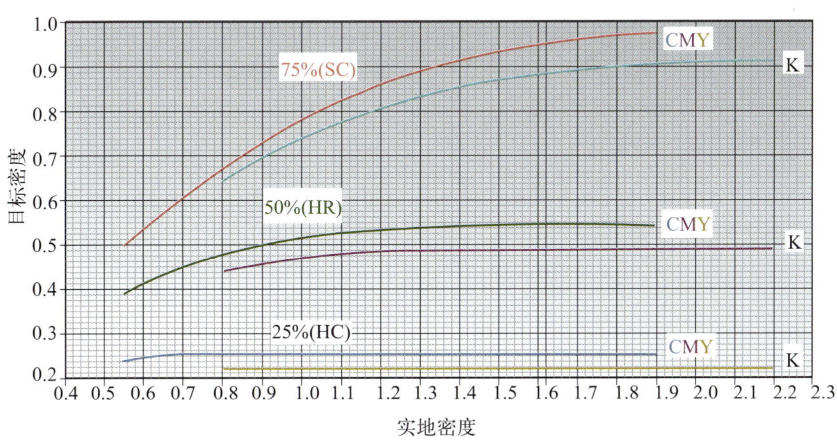


图 9-18　不同实地密度时的 HR、SC 和 HC 的目标值

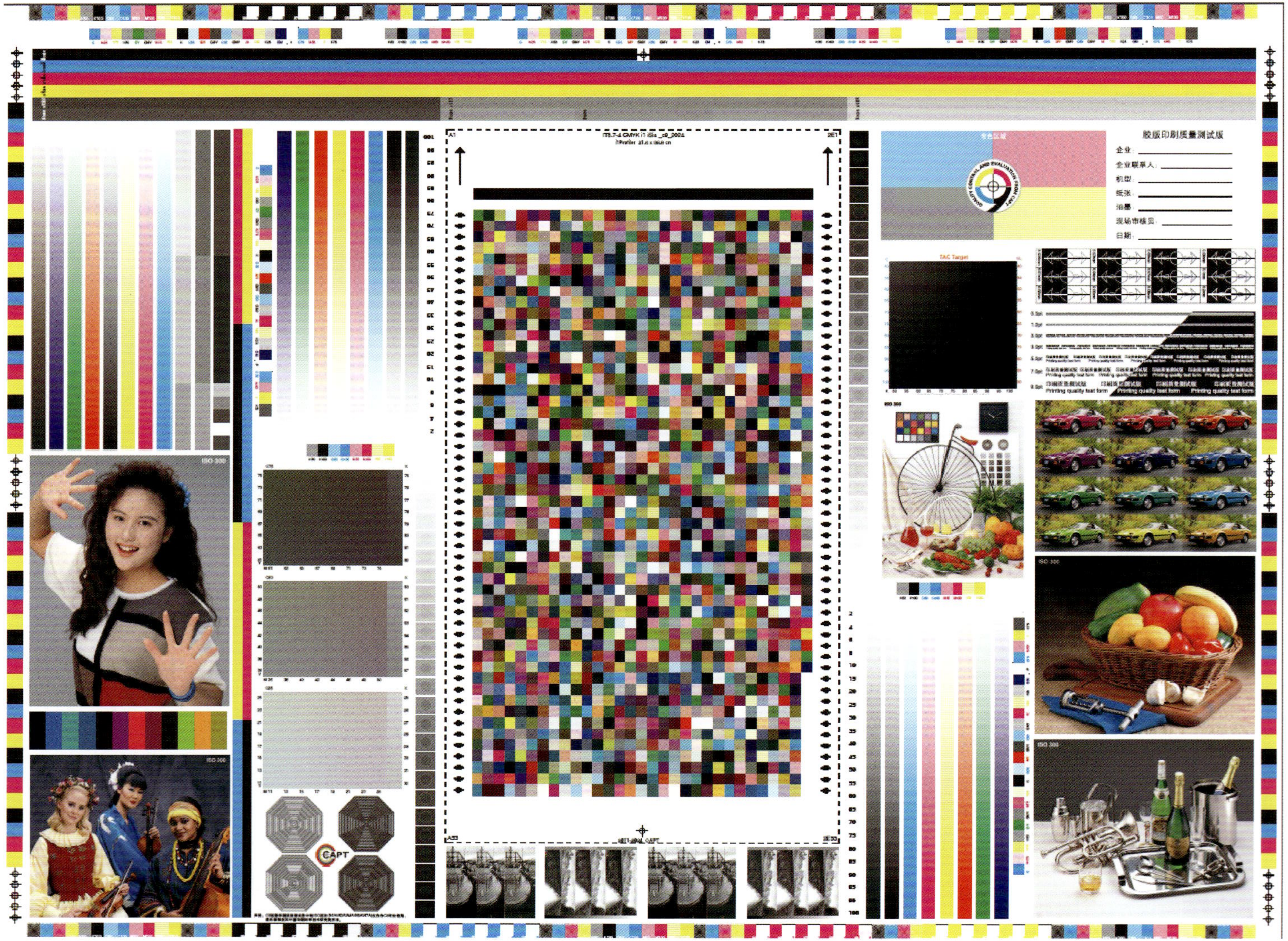


图 9-20　C9 胶印测试版